从 零 开始

AutoCAD 2020

中文版 基础教程

布克科技 姜勇 周克媛 施文超 ◉编著

人民邮电出版社
北京

U0384003

图书在版编目（CIP）数据

从零开始 ：AutoCAD 2020中文版基础教程 / 布克科技等编著. -- 北京 ：人民邮电出版社，2021.4
ISBN 978-7-115-54921-1

Ⅰ. ①从… Ⅱ. ①布… Ⅲ. ①AutoCAD软件—教材
Ⅳ. ①TP391.72

中国版本图书馆CIP数据核字(2020)第205735号

内 容 提 要

本书系统介绍了 AutoCAD 2020 中文版的基本功能及应用 AutoCAD 绘制二维图形、三维图形的方法和提高作图效率的技巧。在内容编排上，充分考虑初学者的学习特点，由浅入深，循序渐进，突出了常用命令的讲解及上机实战操作。

本书共 11 章，其中第 1 章～第 8 章主要介绍二维图形绘制及编辑命令、书写文字、标注尺寸、图块及外部引用等，第 9 章介绍轴测图的绘制方法及技巧，第 10 章通过实例介绍怎样从模型空间输出图形，第 11 章讲解创建三维实心体模型的基本方法。

本书内容系统、层次清晰、实用性强，可作为高等院校机械、电子及工业设计等专业的计算机辅助绘图课教材，也可作为广大工程技术人员及计算机绘图爱好者的自学用书。

♦ 编　著　布克科技　姜　勇　周克媛　施文超
　　责任编辑　李永涛
　　责任印制　马振武

♦ 人民邮电出版社出版发行　　北京市丰台区成寿寺路 11 号
　　邮编　100164　　电子邮件　315@ptpress.com.cn
　　网址　https://www.ptpress.com.cn
　　三河市君旺印务有限公司印刷

♦ 开本：787×1092　1/16
　　印张：17.25
　　字数：424 千字　　　　　　　　2021 年 4 月第 1 版
　　印数：1 – 2 000 册　　　　　　2021 年 4 月河北第 1 次印刷

定价：59.80 元

读者服务热线：(010)81055410　印装质量热线：(010)81055316
反盗版热线：(010)81055315
广告经营许可证：京东市监广登字 20170147 号

AutoCAD 是一款优秀的计算机辅助设计软件，其应有范围遍布机械、建筑、航天、轻工、军事等工程设计领域。它能有效地帮助工程技术人员提高设计水平及工作效率，还能输出清晰、整洁的图纸，这些都是手工绘图所无法比拟的。从某种意义上讲，掌握了 AutoCAD，就等于拥有了更先进、更标准的"工程语言工具"，因而也就有了更强的竞争力。

大家都清楚这样一个事实：计算机应用能力是很多公司招聘的重要条件之一，而 AutoCAD 使用技能则是应聘平面设计、产品设计及工程设计等岗位所必须具备的能力。掌握好这项技能，才有可能应聘到此类职位，从而获得理想的发展机会。本书就是基于这样的目标而编写的，相信读者在学习了本书后能够拥有较强的设计绘图能力。

内容和特点

本书在总体内容的组织上突出了两个重要方面：一是内容的可操作性；二是内容的实用性。"可操作性"是将理论知识融合于操作练习中，读者通过基础及综合练习掌握 AutoCAD 绘图功能和使用技巧。"实用性"则强调学以致用，确保读者在学习完本书后，可以得心应手地使用 AutoCAD 解决工作中的实际问题。

本书在各章节具体内容的编排方面充分考虑了学习 AutoCAD 的良好方法和一般规律，具有以下特点。

- 循序渐进地介绍 AutoCAD 的各项功能。对于常用命令都给出基本操作示例，并配以图解说明，此外，还对命令的各选项进行了详细解释。
- 围绕 3～5 个命令精选相关练习题，通过作图训练帮助读者逐渐掌握命令的基本用法和一些作图技巧。
- 各章围绕相关理论知识安排各类综合性练习，难度较大，读者在掌握其基本内容且能灵活运用的基础上才能较为顺利地完成练习任务。这些练习图样是从大量工程图样中抽取出来的典型平面图，掌握这些图样的绘制方法及技巧，是从事专业绘图及设计工作的基础。
- 为书中内容配套丰富的视频演示，读者可先看视频再练习，模仿操作，学习事半功倍。本书录制的视频文件，内容包括基本命令、综合绘图及三维建模等。视频详细介绍了命令的基本用法、主要选项功能及使用技巧等。综合作图视频还反映了作者采用的作图方法及多种实用绘图技巧，具有很好的参考价值。

全书共分为 11 章，主要内容如下。
- 第 1 章：介绍 AutoCAD 2020 的用户界面及常用基本操作。
- 第 2 章：介绍图层、线型、线宽及颜色的设置与修改。
- 第 3 章：介绍直线、圆弧连接的画法及常用编辑命令。
- 第 4 章：介绍矩形、椭圆等对象的画法及常用编辑命令。

- 第 5 章：介绍复杂图形对象的创建方法及高级编辑命令的用法。
- 第 6 章：介绍如何书写及编辑文本。
- 第 7 章：介绍怎样标注、编辑各种类型的尺寸及如何控制尺寸标注外观。
- 第 8 章：介绍如何查询信息及图块和外部引用的用法。
- 第 9 章：介绍使用 AutoCAD 绘制轴测图的方法。
- 第 10 章：介绍怎样打印单张及多张图纸。
- 第 11 章：介绍创建及编辑实体模型的方法。

读者对象

本书可作为高等院校机械、电子及工业设计等专业的计算机辅助绘图课教材，也可作为广大工程技术人员及计算机绘图爱好者的自学用书。

配套资源内容及用法

本书配套资源内容分为以下几部分。

1. ".dwg" 图形文件

本书所有练习用到的及典型实例完成后的 ".dwg" 图形文件都收录在配套资源的 "\dwg\第×章" 文件夹下，读者可以调用和参考这些文件。

2. ".mp4" 视频文件

本书典型习题的绘制过程都录制成了 ".mp4" 视频文件，并收录在配套资源的 "\mp4\第×章" 文件夹下。

".mp4" 是目前常用的视频文件格式，读者用 Windows 系统提供的 "Windows Media Player" 就可以播放 ".mp4" 文件。

3. PPT 文件

本书提供了 PPT 文件，以供教师上课使用。

4. 习题答案

配套资源中提供了书中习题的参考答案，便于读者检查自己的操作是否正确。

感谢您选择了本书，也欢迎您把对本书的意见和建议告诉我们，电子邮箱：liyongtao@ptpress.com.cn。

布克科技

2020 年 8 月

目　录

第1章 AutoCAD 的用户界面及基本操作

【学习目标】
- 熟悉 AutoCAD 2020 的用户界面。
- 了解 AutoCAD 2020 的工作空间。
- 掌握调用 AutoCAD 2020 命令的方法。
- 掌握选择对象的常用方法。
- 掌握删除对象、撤销和重复命令，取消已执行操作的方法。
- 掌握快速缩放、移动图形及全部缩放图形的方法。
- 掌握设定绘图区域大小的方法。
- 掌握新建、打开及保存图形文件的方法。
- 熟悉输入、输出图形文件的方法。

通过本章内容的学习，读者将了解 AutoCAD 用户界面的组成，掌握与 AutoCAD 程序交流的一些基本操作。

1.1 了解用户界面并学习基本操作

本节将介绍 AutoCAD 2020 用户界面的组成，并讲解一些常用的基本操作。

1.1.1 AutoCAD 2020 用户界面

启动 AutoCAD 2020 后，打开开始界面，如图 1-1 所示。单击开始绘制按钮新建图形，或者打开【样板】下拉列表选择样板文件新建图形，随后进入 AutoCAD 主界面。主界面主要由菜单浏览器、快速访问工具栏、功能区、绘图窗口、ViewCube 工具、导航栏、命令提示窗口和状态栏等部分组成，如图 1-2 所示。下面分别介绍各部分的功能。

一、 菜单浏览器

单击菜单浏览器按钮 A，展开菜单浏览器，如图 1-3 所示。该菜单包含【新建】【打开】及【保存】等常用命令。在菜单浏览器顶部的搜索栏中输入关键字或短语，就可定位相应的菜单命令。选择搜索结果，即可执行命令。

单击菜单浏览器顶部的 按钮，显示最近使用的文件。单击 按钮，显示已打开的所有图形文件。将鼠标光标悬停在文件名上时，将显示预览图片及文件路径、修改日期等信息。

二、 快速访问工具栏及其他工具栏

快速访问工具栏用于存放经常访问的命令按钮，在按钮上单击鼠标右键，弹出快捷菜单，如图 1-4 所示。选择【自定义快速访问工具栏】命令，就可向工具栏中添加命令按钮；选择【从快速访问工具栏中删除】命令，就可删除相应的命令按钮。

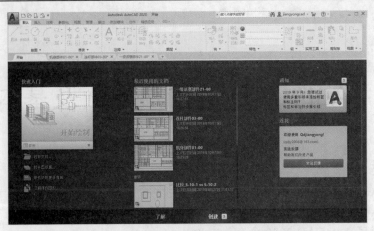

图1-1　开始界面

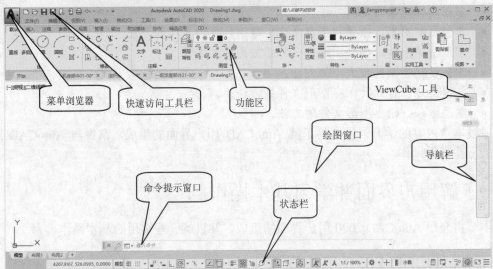

图1-2　AutoCAD 2020 用户界面

图1-3　菜单浏览器

图1-4　快捷菜单

单击快速访问工具栏上的 ▼ 按钮，选择【显示菜单栏】选项，显示 AutoCAD 主菜单。

除快速访问工具栏外，AutoCAD 还提供了许多其他工具栏。在【工具】/【工具栏】/【AutoCAD】菜单下选择相应的命令，即可打开相应的工具栏。

三、 功能区

功能区由【默认】【插入】及【注释】等选项卡组成，如图 1-5 所示。每个选项卡又由多个面板组成，如【默认】选项卡是由【绘图】【修改】及【图层】等面板组成的。面板上布置了许多命令按钮及控件。

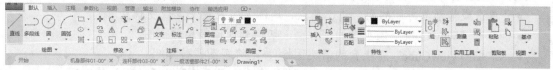

图1-5 功能区

单击功能区顶部右边的 ▭ 按钮，可收拢、展开及隐藏功能区。单击该按钮右边的三角按钮，弹出功能区显示形式的列表。

单击某一面板上的 ▼ 按钮，展开该面板。单击 ⊡ 按钮，固定面板。

用鼠标右键单击任一选项卡标签，弹出快捷菜单，选择【显示选项卡】命令，可打开相应选项卡。

选择菜单命令【工具】/【选项板】/【功能区】，可打开或关闭功能区，对应的命令为RIBBON 及 RIBBONCLOSE。

在功能区的顶部位置单击鼠标右键，弹出快捷菜单，选择【浮动】命令，即可移动功能区，还能改变功能区的形状。

四、 绘图窗口

绘图窗口是用户绘图的工作区域，该区域无限大，其左下方有一个表示坐标系的图标，此图标指示了绘图区的方位。图标中的箭头分别指示 *x* 轴和 *y* 轴的正方向。

当移动鼠标光标时，绘图区域中的十字形光标会跟随移动，与此同时，绘图区底部的状态栏中将显示光标点的坐标数值。单击该区域可改变坐标的显示方式。

绘图窗口包含两种绘图环境：一种为模型空间，另一种为图纸空间。在此窗口底部有 3 个选项卡 模型 布局1 布局2 ，默认情况下，【模型】选项卡是选中的，表明当前绘图环境是模型空间，用户一般在这里按实际尺寸绘制二维图形或三维图形。当选择【布局 1】或【布局 2】选项卡时，就切换至图纸空间。用户可以将图纸空间想象成一张图纸（系统提供的模拟图纸），可在这张图纸上将模型空间的图样按不同缩放比例进行布置。

绘图窗口上边布置了文件选项卡，单击不同选项卡可在不同文件间切换，单击选项卡最右边的 ➕ 按钮，创建新图形。用鼠标右键单击选项卡，弹出快捷菜单，该菜单包含【新建】【打开】【保存】及【关闭】等命令。将鼠标光标悬停在文件选项卡处，将显示模型空间及图纸空间的预览图片，再把鼠标光标移动到预览图片上，则绘图窗口中临时显示对应的图形。

绘图窗口左上角显示了视口、视图及视觉样式控件，用于设定视口形式、控制观察方向及模型显示方式等。

(1) 视口控件。

[-]：单击 " – " 号，显示选项，这些选项用于最大化视口、创建多视口及控制绘图窗口右边的 ViewCube 工具和导航栏的显示。

(2) 视图控件。

[俯视]: 单击【俯视】，显示设定标准视图（如前视图、俯视图等）的选项。

(3) 视觉样式控件。

[二维线框]: 单击【二维线框】，显示用于设定视觉样式的选项。视觉样式决定三维模型的显示方式。

五、 ViewCube 工具

ViewCube 是用于控制观察方向的可视化工具，其用法如下。

- 单击或拖动立方体的面、边、角点、周围文字及箭头等改变视点。
- 单击 "ViewCube" 左上角的图标 🏠，切换到西南等轴测视图。
- 单击 "ViewCube" 右上角的箭头图标 ↻ ，将视图旋转 90°。
- 单击 "ViewCube" 右下角的三角图标 ▼，显示【平行】及【透视】等选项。
- 单击 "ViewCube" 下边的图标 WCS ▼，切换到其他坐标系。

单击视口控件中的相关选项可打开或关闭 ViewCube 工具。

六、 导航栏

导航栏中主要有以下几种导航工具。

- 平移：用于沿屏幕平移视图。
- 缩放工具：用于增大或减小当前视图比例的导航工具集。
- 动态观察工具：用于旋转模型视图的导航工具集。

单击视口控件中的相关选项可打开或关闭导航栏。

七、 命令提示窗口

命令提示窗口位于 AutoCAD 程序窗口的底部，用户输入的命令、系统的提示及相关信息都反映在此窗口中。默认情况下，该窗口仅显示一行，将鼠标光标放在窗口的上边缘，鼠标光标变成双向箭头，按住鼠标左键并向上拖动就可以增加命令窗口显示的行数。

按 F2 键可打开命令提示窗口，再次按 F2 键可关闭此窗口。

八、 状态栏

状态栏中显示了光标所处位置的坐标值，还布置了各类辅助绘图工具。用鼠标右键单击这些工具，弹出快捷菜单，利用快捷菜单可设置必要的工具。下面简要介绍这些工具的功能。

- 模型：单击此按钮就切换到图纸空间，按钮也变为 图纸 ；再次单击它，就进入浮动模型视口（具有视口的模型空间）。浮动模型视口是指在图纸空间的模拟图纸上创建的可移动视口，通过该视口可观察模型空间的图形，并能进行绘图及编辑操作。用户可以改变浮动模型视口的大小，还可将其复制到图纸的其他地方。
- 栅格▦：打开或关闭栅格显示。当显示栅格时，屏幕上出现类似方格纸的图形，这将有助于绘图定位。栅格的间距可通过右键快捷菜单上的相关命令进行设定。
- 捕捉▦▾：打开或关闭捕捉功能。单击其右侧的三角形按钮，可设定根据栅格点捕捉或是沿极轴追踪方向、自动追踪方向以设定的增量值进行捕捉。
- 自动约束▯：在创建或编辑几何图形时自动添加重合、水平及垂直等几何约束。
- 动态输入▙：单击窗口底部最右边的 ≡ 按钮，在弹出的菜单中选择【动态输入】命令，可在窗口底部显示动态输入按钮。打开动态输入时，将在鼠标光标位置附近显示命令提示信息、命令选项及输入框。

- 正交 ⊾：打开或关闭正交模式。打开正交模式，就只能绘制水平或竖直直线。
- 极轴追踪 ⌖ ▾：打开或关闭极轴追踪模式。打开极轴追踪模式，可沿一系列极轴角方向进行追踪。单击其右侧的三角形按钮，可设定追踪的增量角度值或对追踪模式进行设置。
- 等轴测 ⿰ ▾：绘制轴测图时，打开轴测模式，鼠标光标将与轴测轴方向对齐。单击其右侧的三角形按钮，可设定鼠标光标位于左轴测面、右轴测面或顶轴测面内。
- 自动追踪 ⿰：打开或关闭自动追踪模式。打开自动追踪模式，启动绘图命令后，系统可自动从端点、圆心等几何点处沿正交方向或极轴角方向追踪。使用此项功能时，必须打开对象捕捉模式。
- 对象捕捉 ⿰ ▾：打开或关闭对象捕捉模式。打开对象捕捉模式，启动绘图命令后，可自动捕捉端点、圆心等几何点。
- 线宽 ⿰：打开或关闭线宽显示。
- 透明度 ⿰：打开或关闭对象的透明度特性。
- 选择循环 ⿰：将鼠标光标移动到对象重叠处时，其形状会发生变化，单击一点，弹出【选择集】列表框，可从中选择某一对象。
- 三维对象捕捉 ⿰ ▾：捕捉三维对象的顶点、面中心点及边中点等。单击其右侧的三角形按钮，可指定捕捉点类型及对捕捉模式进行设置。
- 动态 UCS ⿰：绘图及编辑过程中，用户坐标系自动与三维对象平面对齐。
- 选择过滤 ⿰ ▾：利用过滤器选择三维对象的顶点、边或面等对象。单击其右侧的三角形按钮，设置要选择的对象类型。
- 小控件 ⿰ ▾：打开或关闭控件显示。单击其右侧的三角形按钮，可指定选择实体、曲面、顶点、实体面及边等对象时，显示何种控件，以及在移动、旋转和缩放控件间切换。
- 注释可见性 ⿰：显示所有注释性对象或仅显示具有当前注释比例的注释性对象。
- 自动缩放 ⿰：改变当前注释比例时，将新的比例值赋予所有注释性对象。
- 注释比例 ⿰ 1:1/100% ▾：设置当前的注释比例，也可自定义注释比例。
- 切换工作空间 ⿰ ▾：切换工作空间，工作空间包括【草图与注释】【三维基础】及【三维建模】等。
- 注释监视器 ⿰：设置对非关联的注释性对象（尺寸标注等）是否进行标记。
- 单位 ⿰ 小数 ▾：单击其右侧的三角形按钮，设定单位显示形式。
- 快捷特性 ⿰：打开此功能，选择对象后，显示对象属性列表。
- 锁定用户界面 ⿰ ▾：单击其右侧的三角形按钮，选择要锁定或解锁的对象类型，如窗口、面板及工具栏等。
- 隔离对象 ⿰：单击此按钮，弹出快捷菜单，利用相关命令隔离或隐藏对象，也可解除这些操作。
- 全屏显示 ⿰：打开或关闭全屏显示。
- 自定义 ☰：自定义状态栏上的按钮。

一些工具按钮的打开或关闭可通过相应的快捷键来实现，如表 1-1 所示。

表 1-1　　　　　　　　　　　　　　　控制按钮及相应的快捷键

按钮	快捷键	按钮	快捷键
对象捕捉	F3	正交	F8
三维对象捕捉	F4	捕捉	F9
打开等轴测，切换轴测面	F5	极轴追踪	F10
动态 UCS	F6	自动追踪	F11
栅格	F7	动态输入	F12

 按钮和 按钮是互斥的，若打开其中一个按钮，则另一个自动关闭。

1.1.2　用 AutoCAD 绘图的基本过程

【练习1-1】：　　请读者跟随以下提示一步步练习，目的是了解用 AutoCAD 绘图的基本过程。

1. 启动 AutoCAD 2020。

2. 单击 图标，选择【新建】/【图形】命令（或单击快速访问工具栏上的 按钮创建新图形），打开【选择样板】对话框，如图 1-6 所示。该对话框列出了许多用于创建新图形的样板文件，默认的样板文件是 "acadiso.dwt"。单击 打开(O) 按钮，开始绘制新图形。

图1-6　【选择样板】对话框

3. 按下状态栏上的 、 及 按钮。注意，要关闭 、 和 按钮（默认是按下的）。

4. 单击【默认】选项卡中【绘图】面板上的 按钮，系统提示如下。

　　　命令: _line 指定第一点:　　　　　　//单击 A 点，如图 1-7 所示
　　　指定下一点或 [放弃(U)]: 520　　　　//向下移动鼠标光标，输入线段长度并按 Enter 键
　　　指定下一点或 [退出(E)/放弃(U)]: 300//向右移动鼠标光标，输入线段长度并按 Enter 键
　　　指定下一点或 [闭合(C)/退出(E)/放弃(U)]: 130
　　　　　　　　　　　　　　　　　　　　　//向下移动鼠标光标，输入线段长度并按 Enter 键
　　　指定下一点或 [闭合(C)/退出(E)/放弃(U)]: 800
　　　　　　　　　　　　　　　　　　　　　//向右移动鼠标光标，输入线段长度并按 Enter 键
　　　指定下一点或 [闭合(C)/退出(E)/放弃(U)]: c

　　　　　　　　　　　　　　　　　　//输入"C"选项，按 Enter 键结束

结果如图 1-7 所示。

5.　按 Enter 键重复画线命令，绘制线段 *BC*，如图 1-8 所示。

图1-7　绘制线段　　　　　　　　　　　　　　　　　　　图1-8　绘制线段 *BC*

6.　单击程序窗口上部的 ⇐ 按钮，线段 *BC* 消失，再单击该按钮，连续折线也消失。单击 ⇒ 按钮，连续折线又显示出来，继续单击该按钮，线段 *BC* 也显示出来。

7.　输入画圆命令全称 CIRCLE 或简称 C，系统提示如下。

　　命令：CIRCLE　　　　　　　　　　　　　//输入命令，按 Enter 键确认
　　指定圆的圆心或 [三点(3P)/两点(2P)/切点、切点、半径(T)]：
　　　　　　　　　　　　　　　　　　　　//单击 *D* 点，指定圆心，如图 1-9 所示
　　指定圆的半径或 [直径(D)]：150　　　　　//输入圆半径，按 Enter 键确认

结果如图 1-9 所示。

8.　单击【默认】选项卡中【绘图】面板上的 ⊘ 按钮，系统提示如下。

　　命令：_circle 指定圆的圆心或 [三点(3P)/两点(2P)/切点、切点、半径(T)]：
　　　　//将鼠标光标移到端点 *A* 处，系统自动捕捉该点，单击鼠标左键确认，如图 1-10 所示
　　指定圆的半径或 [直径(D)] <150.0000>：200　　　　//输入圆半径，按 Enter 键

结果如图 1-10 所示。

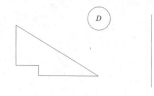

图1-9　画圆（1）　　　　　　　　　　　　　　　　　　图1-10　画圆（2）

9.　单击导航栏上的 ✋ 按钮，鼠标光标变成手的形状 ✋，按住鼠标左键并向右拖动鼠标，直至图形不可见为止。按 Esc 键或 Enter 键退出。

10.　单击导航栏上的 🔍 按钮，图形又全部显示在窗口中，如图 1-11 所示。

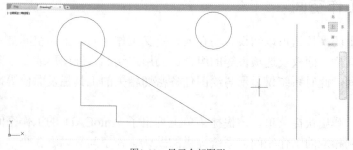

图1-11　显示全部图形

11. 单击导航栏 按钮下边的 按钮，在弹出的下拉列表中选择【实时缩放】选项，鼠标光标变成放大镜形状 ，此时按住鼠标左键并向下拖动鼠标，图形缩小，如图 1-12 所示。按 Esc 键或 Enter 键退出，也可单击鼠标右键，弹出快捷菜单，选择【退出】命令。使用该快捷菜单上的【范围缩放】命令可使图形充满整个图形窗口显示。

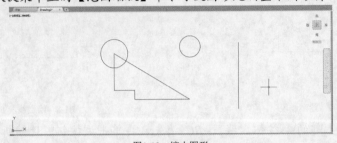

图1-12　缩小图形

12. 单击【默认】选项卡中【修改】面板上的 按钮（删除对象），AutoCAD 提示如下。

```
命令: _erase
选择对象:                              //单击 F 点，如图 1-13 左图所示
指定对角点: 找到 4 个                  //向右下方移动鼠标，出现一个实线矩形框
               //在 G 点处单击一点，矩形窗口内的对象被选中，被选对象变为虚线
选择对象:                              //按 Enter 键删除对象
命令: ERASE                            //按 Enter 键重复命令
选择对象:                              //单击 H 点
指定对角点: 找到 2 个                  //向左下方移动鼠标，出现一个虚线矩形框
               //在 I 点处单击一点，矩形框内及与该框相交的所有对象都被选中
选择对象:                              //按 Enter 键删除圆和直线
```

结果如图 1-13 右图所示。

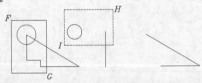

图1-13　删除对象

13. 单击 A 图标，选择【另存为】选项（或单击快速访问工具栏上的 按钮），弹出【图形另存为】对话框，在该对话框的【文件名】文本框中输入新文件名。该文件默认类型为 "dwg"，若想更改，可在【文件类型】下拉列表中选择其他类型。

1.1.3　切换工作空间

利用状态栏上的 按钮可以切换、另存或自定义工作空间。工作空间是 AutoCAD 用户界面中包含的工具栏、面板及选项板等的组合。当用户绘制二维图形或三维图形时，就切换到相应的工作空间，此时系统仅显示与绘图任务密切相关的工具栏及面板等，而隐藏一些不必要的界面元素。

单击 按钮，弹出快捷菜单，该快捷菜单上列出了 AutoCAD 的工作空间名称，选择其中之一，就切换到相应的工作空间。系统提供的默认工作空间有以下 3 个。

- 草图与注释。
- 三维基础。
- 三维建模。

1.1.4 调用命令

启动 AutoCAD 命令的方法一般有两种：一种是在命令行中输入命令全称或简称，另一种是用鼠标选择一个菜单命令或单击工具栏中的命令按钮。

使用命令行输入命令时，系统会自动显示一个命令列表，用户可以从中进行选择。单击命令提示窗口左边的 按钮，可以关闭自动功能，也可以控制使用哪些自动功能。

命令行还有搜索的功能，输入命令的开头或中间的几个字母，系统就弹出包含这些字母的所有命令。移动鼠标光标到某个命令上，系统显示出该命令的功能简介。此外，命令右边出现带问号及地球标志的按钮，单击该按钮将打开帮助文件或启动 Google 进行搜索。

除搜索命令外，还可通过命令行查找文件中包含的图层、文字样式、标注样式及图块等命名对象，方法与搜索命令相同。在显示的结果列表中，选择某一命名对象，就完成相应的切换操作，如切换图层或是改变当前的标注样式等。

AutoCAD 的命令执行过程是交互式的，当输入命令或必要的绘图参数后，需按 Enter 键或空格键确认，系统才执行该命令。一个典型的命令执行过程如下。

命令: circle   //输入画圆命令全称 CIRCLE 或简称 C，按 Enter 键
指定圆的圆心或 [三点(3P)/两点(2P)/切点、切点、半径(T)]: 90,100
                                  //输入圆心的 x、y 坐标，按 Enter 键
指定圆的半径或 [直径(D)] <50.7720>: 70   //输入圆半径，按 Enter 键

(1) 方括号"[ ]"中以"/"隔开的内容表示各个选项。若要选择某个选项，则需输入圆括号中的字母，字母可以是大写形式，也可以是小写形式，还可以用鼠标选择该选项。例如，想通过三点画圆，就单击"三点(3P)"选项，或输入"3P"。

(2) 单击亮显的命令选项可执行相应的功能。

(3) 尖括号"<>"中的内容是当前默认值。

 当使用某一命令时按 F1 键，系统将显示该命令的帮助信息。也可将鼠标光标在命令按钮上放置片刻，则系统在按钮附近显示该命令的简要提示信息。

1.1.5 鼠标操作

用 AutoCAD 绘图时，鼠标的使用是很频繁的，各按键的功能如下。

- 左键：拾取键，用于单击工具栏按钮及选取菜单选项以发出命令，也可在绘图过程中指定点和选择图形对象等。
- 右键：一般作为回车键，有确认及重复命令的功能。无论是否启动命令，单击右键将弹出快捷菜单，该菜单上有【确认】【取消】及【重复】等命令。这些命令与鼠标位置及系统的当前状态有关。例如，将鼠标光标放在作图区域、工具栏或功能区内然后单击鼠标右键，弹出的快捷菜单是不一样的。
- 滚轮：向前转动滚轮，放大显示图形；向后转动滚轮，缩小显示图形。默认

情况下，缩放增量为 10%。按住鼠标滚轮并拖动鼠标，则平移图形。双击滚轮，则全部缩放图形。

1.1.6　选择对象的常用方法

使用编辑命令时需要选择对象，被选对象构成一个选择集。系统提供了多种构造选择集的方法。默认情况下，用户能够逐个拾取对象，也可利用矩形窗口、交叉窗口一次性选取多个对象。

一、用矩形窗口选择对象

当系统提示"选择对象"时，用户在图形元素左上角或左下角单击一点，然后向右移动鼠标，系统显示一个实线矩形窗口，让此窗口完全包含要编辑的图形实体；再单击一点，矩形窗口中的所有对象（不包括与矩形边相交的对象）被选中，被选中的对象将以亮显形式表示出来。

下面通过 ERASE 命令演示这种选择方法。

【练习1-2】：　用矩形窗口选择对象。

打开素材文件"dwg\第 1 章\1-2.dwg"，如图 1-14 左图所示，用 ERASE 命令将左图修改为右图。

```
命令: _erase
选择对象:                         //在 A 点处单击一点，如图 1-14 左图所示
指定对角点: 找到 9 个             //在 B 点处单击一点
选择对象:                         //按 Enter 键结束
```

结果如图 1-14 右图所示。

 只有当 HIGHLIGHT 系统变量处于打开状态（等于 1）时，系统才以高亮度形式显示被选择的对象。可以使用 SYSVARMONITOR 命令查看系统变量是否被修改。

二、用交叉窗口选择对象

当系统提示"选择对象"时，在要编辑的图形元素的右上角或右下角单击一点，然后向左移动鼠标，此时出现一个虚线矩形框，使该矩形框包含被编辑对象的一部分，而让其余部分与矩形框边相交，再单击一点，则框内的对象及与框边相交的对象全部被选中。

下面用 ERASE 命令演示这种选择方法。

【练习1-3】：　用交叉窗口选择对象。

打开素材文件"dwg\第 1 章\1-3.dwg"，如图 1-15 左图所示，用 ERASE 命令将左图修改为右图。

```
命令: _erase
选择对象:                         //在 C 点处单击一点，如图 1-15 左图所示
指定对角点: 找到 14 个            //在 D 点处单击一点
选择对象:                         //按 Enter 键结束
```

结果如图 1-15 右图所示。

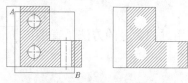

图1-14 用矩形窗口选择对象

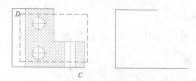

图1-15 用交叉窗口选择对象

三、 给选择集添加或去除对象

编辑过程中，用户构造选择集常常不能一次完成，需向选择集中加入对象或删除对象。在添加对象时，可直接选取或利用矩形窗口、交叉窗口选择要加入的图形元素。若要删除对象，可先按住 Shift 键，再从选择集中选择要清除的图形元素。

下面通过 ERASE 命令演示修改选择集的方法。

【练习1-4】： 修改选择集。

打开素材文件 "dwg\第 1 章\1-4.dwg"，如图 1-16 左图所示，用 ERASE 命令将左图修改为右图。

```
命令: _erase
选择对象:                          //在 C 点处单击一点，如图 1-16 左图所示
指定对角点: 找到 8 个             //在 D 点处单击一点
选择对象: 找到 1 个，删除 1 个，总计 7 个
                                  //按住 Shift 键，选取矩形 A，该矩形从选择集中去除
选择对象:找到 1 个，总计 8 个     //选择圆 B，如图 1-16 中图所示
选择对象:                         //按 Enter 键结束
```

结果如图 1-16 右图所示。

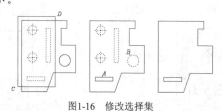

图1-16 修改选择集

1.1.7 删除对象

ERASE 命令用来删除图形对象，该命令没有任何选项。要删除一个对象，用户可以用鼠标先选择该对象，然后单击【修改】面板上的 按钮，或者键入命令 ERASE（命令简称 E）。也可先发出删除命令，再选择要删除的对象。

此外，选择对象，按 Delete 键也可以删除对象，或是利用右键快捷菜单上的【删除】命令删除对象。

1.1.8 撤销和重复命令

发出某个命令后，可随时按 Esc 键终止该命令。此时，系统又返回到命令行。

有时在图形区域内偶然选择了图形对象，该对象上出现了一些高亮的小框，这些小框被称为关键点，利用关键点可编辑对象（在 4.6 节中将详细介绍）。要取消这些关键点，按

Esc 键即可。

绘图过程中经常需要重复使用某个命令，重复刚使用过的命令的方法是直接按 Enter 键或空格键。

1.1.9　取消已执行的操作

在使用 AutoCAD 绘图的过程中，不可避免地会出现各种各样的错误，用户要修正这些错误可使用 UNDO（命令简称 U）命令或单击快速访问工具栏上的↶按钮。如果想要取消前面执行的多个操作，可反复使用 UNDO 命令或反复单击↶按钮。此外，也可单击↶按钮右边的·按钮，然后选择要放弃的几个操作。

当取消一个或多个操作后，若又想恢复原来的效果，用户可使用 MREDO 命令或单击快速访问工具栏上的↷按钮。此外，也可以单击↷按钮右边的·按钮，然后选择要恢复的几个操作。

1.1.10　快速缩放及移动图形

AutoCAD 的图形缩放及移动功能是很完备的，使用起来也很方便。绘图时，经常通过导航栏上的🔍、✋按钮来实现这两项功能。此外，不论 AutoCAD 命令是否运行，单击鼠标右键，弹出快捷菜单，该菜单上的【缩放】和【平移】命令也能实现同样的功能。

【练习1-5】：　观察图形的方法。

1. 打开素材文件 "dwg\第 1 章\1-5.dwg"，如图 1-17 所示。

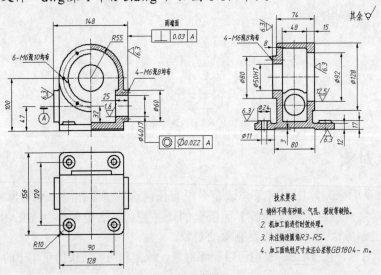

图1-17　观察图形

2. 将鼠标光标移到要缩放的区域，向前转动滚轮放大图形，向后转动滚轮缩小图形。
3. 按住滚轮，鼠标光标变成手的形状✋，拖动鼠标则平移图形。
4. 双击鼠标滚轮，全部缩放图形。
5. 单击导航栏🔍按钮上的·按钮，选择【窗口缩放】命令，在主视图左上角的空白处单击一点，向右下角移动鼠标，出现矩形框，再单击一点，系统把矩形框内的图形放大，以充满整个图形窗口。

6. 单击导航栏上的 🖐 按钮，AutoCAD 进入实时平移状态，鼠标光标变成手的形状 🖐，此时按住鼠标左键并拖动鼠标，就可以平移视图。单击鼠标右键，弹出快捷菜单，然后选择【退出】命令。

7. 单击鼠标右键，选择【缩放】命令，进入实时缩放状态，鼠标光标变成放大镜形状 🔍，此时按住鼠标左键并向上拖动鼠标，放大零件图；向下拖动鼠标，缩小零件图。单击鼠标右键，弹出快捷菜单，然后选择【退出】命令。

8. 单击鼠标右键，选择【平移】命令，切换到实时平移状态平移图形，按 Esc 键或 Enter 键退出。

9. 单击导航栏 🔍 按钮上的 ▾ 按钮，选择【缩放上一个】命令，返回上一次的显示。
不要关闭文件，下一小节将继续练习。

1.1.11　利用矩形窗口放大视图及返回上一次的显示

在绘图过程中，用户经常要将图形的局部区域放大，以方便绘图。绘制完成后，又要返回上一次的显示，以观察绘图效果。利用右键快捷菜单上的相关命令及导航栏上的 🔍 和 🔍 按钮可实现这两项功能。

继续前面的练习。

1. 单击鼠标右键，选择【缩放】命令。再次单击鼠标右键，选择【窗口缩放】命令，在要放大的区域拖出一个矩形窗口，则该矩形内的图形被放大至充满整个程序窗口。

2. 按住滚轮，拖动鼠标，平移图形。

3. 单击导航栏上的 🔍 按钮，返回上一次的显示。

4. 单击导航栏上的 🔍 按钮，指定矩形窗口的第一个角点，再指定另一个角点，系统将尽可能地把矩形内的图形放大，以充满整个程序窗口。

1.1.12　将图形全部显示在窗口中

将图形全部显示在窗口中有以下 3 种方法。

(1) 双击鼠标滚轮，将所有图形充满图形窗口显示出来。

(2) 单击导航栏 🔍 按钮上的 ▾ 按钮，选择【范围缩放】命令，则全部图形充满图形窗口显示出来。

(3) 单击鼠标右键，选择【缩放】命令；再次单击鼠标右键，选择【范围缩放】命令，则全部图形充满图形窗口显示出来。

1.1.13　设定绘图窗口高度——绘图区域的大小

AutoCAD 的绘图空间是无限大的，但用户可以设定程序窗口中显示的绘图区域大小。作图时，事先对绘图区大小进行设定，将有助于用户了解图形分布的范围。当然，也可以在绘图过程中随时缩放（使用 🔍 工具）图形，以控制其在屏幕上显示的效果。

设定绘图区域大小有以下两种方法。

(1) 将一个圆（或竖直线段）充满整个程序窗口显示出来，用户依据圆的尺寸就能轻易地估计出当前绘图区的大小了。

【练习1-6】：　设定绘图区域大小。

1.　单击【绘图】面板上的⊘按钮，系统提示如下。

　　　　　命令：_circle 指定圆的圆心或 [三点(3P)/两点(2P)/切点、切点、半径(T)]：

　　　　　　　　　　　　　　　　　　　　　　//在屏幕的适当位置单击一点

　　　　　指定圆的半径或 [直径(D)]：50　　　　　　　//输入圆半径

2.　双击鼠标滚轮，直径为 100 的圆充满整个绘图窗口显示出来，如图 1-18 所示。

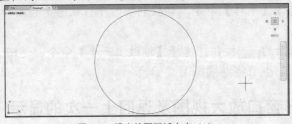

图1-18　设定绘图区域大小（1）

　　　（2）用 LIMITS 命令设定绘图区域大小。该命令可以改变栅格的长宽尺寸及位置。所谓栅格是指按行、列形式均布的直线形成的网格图案，类似手工绘图的坐标纸，如图 1-19 所示。当栅格在程序窗口中显示出来后，用户就可根据栅格分布的范围估算出当前绘图区的大小了。

【练习1-7】：　用 LIMITS 命令设定绘图区大小。

1.　选择菜单命令【格式】/【图形界限】，系统提示如下。

　　　　　命令：'_limits

　　　　　指定左下角点或 [开(ON)/关(OFF)] <0.0000,0.0000>:100,80

　　　　　　　　　　　//输入 A 点的 x、y 坐标值，或任意单击一点，如图 1-19 所示

　　　　　指定右上角点 <420.0000,297.0000>: @150,200

　　　　　　　　　　　//输入 B 点相对于 A 点的坐标值，按 Enter 键

2.　将鼠标光标移动到程序窗口下方的▦按钮上，单击鼠标右键，选择【网格设置】命令，打开【草图设置】对话框，取消对【显示超出界限的栅格】复选项的选择。

3.　关闭【草图设置】对话框，单击▦按钮，打开栅格显示，再双击鼠标滚轮，使矩形栅格充满整个绘图窗口。

4.　单击鼠标右键，选择【缩放】命令，按住鼠标左键并向下拖动鼠标，使矩形栅格缩小，如图 1-19 所示。该栅格的长宽尺寸是 "150×200"，且左下角点的 x、y 坐标为（100,80）。

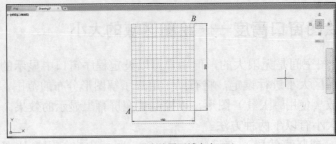

图1-19　设定绘图区域大小（2）

1.1.14 设置单位显示格式

默认情况下，AutoCAD 图形单位为十进制单位，用户可以根据工作需要设置其他单位类型及显示精度。

选择菜单命令【格式】/【单位】，打开【图形单位】对话框，如图 1-20 所示。利用此对话框可以设定长度及角度的单位显示格式及精度。长度单位包括【小数】【工程】【建筑】【分数】及【科学】，角度单位包括【十进制度数】【弧度】及【度/分/秒】等。

图1-20 【图形单位】对话框

1.1.15 预览打开的文件及在文件间切换

AutoCAD 是一个多文档环境，用户可同时打开多个图形文件。要预览打开的文件及在文件间切换，可采用以下方法。

- 将鼠标光标悬停在绘图窗口上部的某一文件选项卡上，显示出该文件预览图片，如图 1-21 所示，单击其中之一，就切换到该图形。
- 切换到【开始】选项卡，该选项卡"最近使用的文档"区域中显示了已打开文件的缩略图。
- 打开多个图形文件后，可利用【视图】选项卡中【界面】面板上的相关按钮控制多个文件的显示方式。例如，可将它们以层叠、水平或竖直排列等形式布置在主窗口中。

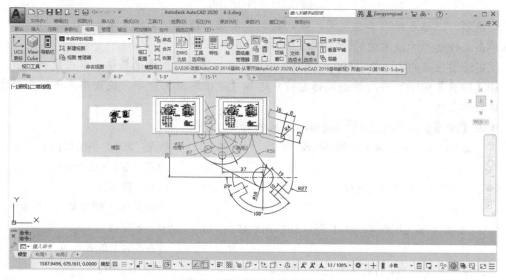

图1-21 预览文件及在文件间切换

多文档设计环境具有 Windows 窗口的剪切、复制和粘贴等功能，因而可以快捷地在各个图形文件间复制、移动对象。如果考虑到复制的对象需要在其他的图形中准确定位，那么还可在复制对象的同时指定基准点，这样在执行粘贴操作时就可根据基准点将图元复制到正确的位置。

1.1.16　上机练习——布置用户界面及设定绘图区域大小

【练习1-8】：　布置用户界面，练习 AutoCAD 基本操作。

1. 启动 AutoCAD，创建新图形，关闭栅格显示，显示主菜单。
2. 选择菜单命令【工具】/【工具栏】/【AutoCAD】/【绘图】，打开【绘图】工具栏，用同样的方法打开【修改】工具栏，调整工具栏的位置，如图 1-22 所示。
3. 在功能区的选项卡上单击鼠标右键，选择【浮动】命令，调整功能区的位置，如图 1-22 所示。

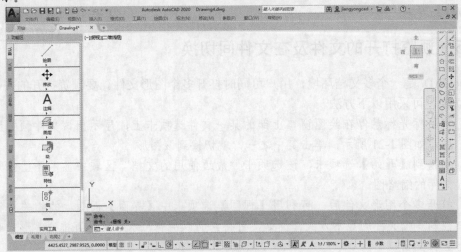

图1-22　新的用户界面

4. 切换到"三维基础"工作空间，再切换到"草图与注释"工作空间。
5. 单击文件选项卡最右边的 ✚ 按钮，创建新文件。
6. 设定绘图区域的大小为 1500×1200，并显示出该区域范围内的栅格。单击鼠标右键，选择【缩放】命令。再次单击鼠标右键，选择【范围缩放】命令，使栅格充满整个绘图窗口显示出来。
7. 单击【绘图】工具栏上的 ⊘ 按钮，系统提示如下。

　　命令：_circle 指定圆的圆心或 [三点(3P)/两点(2P)/切点、切点、半径(T)]:
　　　　　　　　　　　　　　　　　　　　　　　//在屏幕上单击一点

　　指定圆的半径或 [直径(D)] <30.0000>: 1　　　//输入圆半径
　　命令：　　　　　　　　　　　　　　　　　　//按 Enter 键重复上一个命令
　　CIRCLE 指定圆的圆心或 [三点(3P)/两点(2P)/切点、切点、半径(T)]:
　　　　　　　　　　　　　　　　　　　　　　　//在屏幕上单击一点

　　指定圆的半径或 [直径(D)] <1.0000>: 5　　　//输入圆半径
　　命令：　　　　　　　　　　　　　　　　　　//按 Enter 键重复上一个命令
　　CIRCLE 指定圆的圆心或 [三点(3P)/两点(2P)/ 切点、切点、半径(T)]: *取消*
　　　　　　　　　　　　　　　　　　　　　　　//按 Esc 键取消命令

8. 单击导航栏上的 ⌖ 按钮，或者双击鼠标滚轮，使圆充满整个绘图窗口。
9. 单击鼠标右键，弹出快捷菜单，选择【选项】命令，打开【选项】对话框，在【显示】选项卡的【圆弧和圆的平滑度】文本框中输入"10000"。

10. 利用导航栏上的 🖐、🔍 按钮移动和缩放图形。

11. 单击鼠标右键，利用快捷菜单上的相关命令平移、缩放图形，并使图形充满绘图窗口
    显示。

12. 以文件名"User.dwg"保存图形。

1.2 图形文件管理

图形文件管理一般包括创建新文件，打开已有的图形文件，保存文件及浏览、搜索图形
文件，输入及输出其他格式文件等，下面分别进行介绍。

1.2.1 新建、打开及保存图形文件

一、 建立新图形文件

命令启动方法

- 菜单命令:【文件】/【新建】。
- 工具栏: 快速访问工具栏上的 🗋 按钮。
- ▲:【新建】/【图形】。
- 命令: NEW。

启动新建图形命令后，系统打开【选择样板】对话框，如图 1-23 所示。在该对话框中
用户可选择样板文件或基于公制、英制测量系统创建新图形。

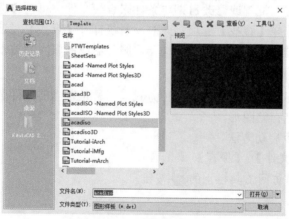

图1-23 【选择样板】对话框

要点提示 创建新图形时，若系统变量 STARTUP 为 1，则系统打开【创建新图形】对话框；若该变量为
0，则打开【选择样板】对话框。

在具体的设计工作中，为使图纸统一，许多项目都需要设定相同的标准，如字体、标注
样式、图层及标题栏等。建立标准绘图环境的有效方法是使用样板文件，因为样板文件中已
经保存了各种标准设置。每当建立新图时，就能以此文件为原型文件，将它的设置复制到当
前图样中，使新图具有与样板图相同的作图环境。

AutoCAD 中有许多标准的样板文件，它们都保存在 AutoCAD 安装目录的"Template"

文件夹中，扩展名为 ".dwt"，用户也可根据需要建立自己的标准样板。

常用的样板文件有 "acadiso.dwt" "acad.dwt"，前者是公制样板，图形界限为 420×300；后者是英制样板，图形界限为 12×9。

在【选择样板】对话框的 打开(O) 按钮旁边有一个带箭头的 按钮，单击此按钮，弹出下拉列表，该列表的部分选项介绍如下。

- 【无样板打开-英制】：基于英制测量系统创建新图形，系统使用内部默认值控制文字、标注、默认线型和填充图案文件等。
- 【无样板打开-公制】：基于公制测量系统创建新图形，系统使用内部默认值控制文字、标注、默认线型和填充图案文件等。

二、打开图形文件

命令启动方法

- 菜单命令：【文件】/【打开】。
- 工具栏：快速访问工具栏上的 按钮。
- :【打开】/【图形】。
- 命令：OPEN。

启动打开图形命令后，系统打开【选择文件】对话框，如图 1-24 所示。该对话框与微软公司 Office 软件中相应对话框的样式及操作方式类似，用户可直接在对话框中选择要打开的文件，或在【文件名】栏中输入要打开文件的名称（可以包含路径）。此外，还可在文件列表框中通过双击文件名打开文件。该对话框顶部有【查找范围】下拉列表，左边有文件位置列表，用户可利用它们确定要打开文件的位置并打开它。

如果需要根据名称、位置或修改日期等条件来查找文件，可在【选择文件】对话框中的【工具】下拉列表中选择【查找】选项，此时，系统打开【查找】对话框，在该对话框中用户可利用某种特定的过滤器在子目录、驱动器、服务器或局域网中搜索所需文件。

三、保存图形文件

将图形文件存入磁盘时，一般采取两种方式：一种是以当前文件名快速保存图形，另一种是指定新文件名换名存储图形。

(1) 快速保存命令启动方法。

- 菜单命令：【文件】/【保存】。
- 工具栏：快速访问工具栏上的 按钮。
- :【保存】。
- 命令：QSAVE。

发出快速保存命令后，系统将当前图形文件以原文件名直接存入磁盘，而不会给用户任何提示。若当前图形文件名是默认名且是第一次存储文件，则系统弹出【图形另存为】对话框，如图 1-25 所示，在该对话框中用户可指定文件的存储位置、文件类型及输入新文件名。

(2) 换名存盘命令启动方法。

- 菜单命令：【文件】/【另存为】。
- 工具栏：快速访问工具栏上的 按钮。
- :【另存为】。
- 命令：SAVEAS。

启动换名保存命令后，系统打开【图形另存为】对话框，如图 1-25 所示。用户在该对话框的【文件名】栏中输入新文件名，并可在【保存于】和【文件类型】下拉列表中分别设定文件的存储目录和类型。

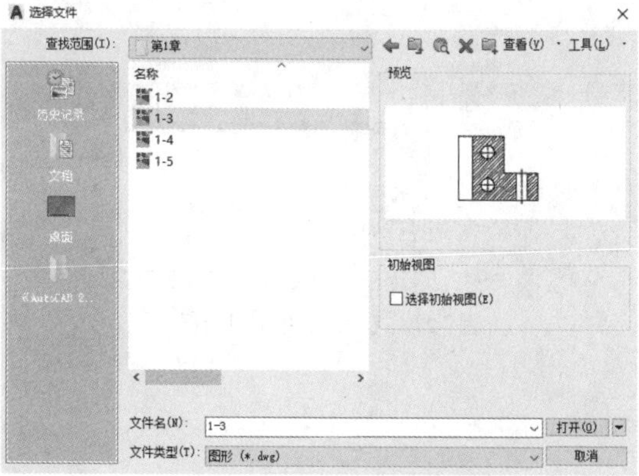

图1-24 【选择文件】对话框

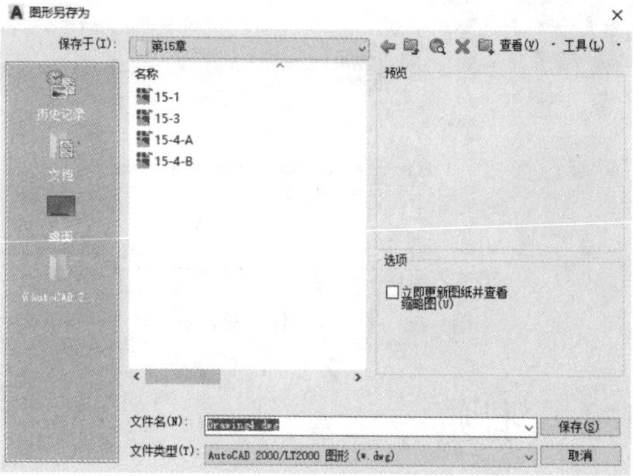

图1-25 【图形另存为】对话框

1.2.2 输入及输出其他格式的文件

AutoCAD 提供了图形输入与输出接口，这不仅可以将其他应用程序中处理好的数据传送给 AutoCAD，以显示其图形，还可以把它们的信息传送给其他应用程序。

一、 输入不同格式的文件

命令启动方法

- 菜单命令：【文件】/【输入】。
- 面板：【插入】选项卡中【输入】面板上的按钮。
- ：【输入】。
- 命令：IMPORT。

启动输入命令后，系统打开【输入文件】对话框，如图 1-26 所示。在其中的【文件类型】下拉列表中可以看到，系统允许输入【PDF 文件】【图元文件】【ACIS】及【3D Studio】等格式的文件。

二、 输出不同格式的文件

命令启动方法

- 菜单命令：【文件】/【输出】。
- ：【输出】。
- 命令：EXPORT。

启动输出命令后，系统打开【输出数据】对话框，如图 1-27 所示。用户可以在【保存于】下拉列表中设置文件输出的路径，在【文件名】栏中输入文件名称，在【文件类型】下拉列表中选择文件的输出类型，如【三维 DWF】【图元文件】【ACIS】【平板印刷】【封装 PS】【DXX 提取】【位图】及【块】等。

图1-26 【输入文件】对话框

图1-27 【输出数据】对话框

1.3 习题

1. 思考题。
　　(1) 怎样快速执行上一个命令？
　　(2) 如何取消正在执行的命令？
　　(3) 如何打开、关闭及移动工具栏？
　　(4) 如果用户想了解命令执行的详细过程，应怎样操作？
　　(5) AutoCAD 用户界面主要由哪几部分组成？
　　(6) 利用导航栏上的哪些按钮可以快速缩放及移动图形？
　　(7) 要将图形全部显示在绘图窗口中，应如何操作？

2. 以下练习内容包括重新布置用户界面，恢复用户界面及切换工作空间等。
　　(1) 移动功能区并改变功能区的形状，如图 1-28 所示。
　　(2) 打开【绘图】【修改】【对象捕捉】及【建模】工具栏，移动所有工具栏的位置，并调整【建模】工具栏的形状，如图 1-28 所示。

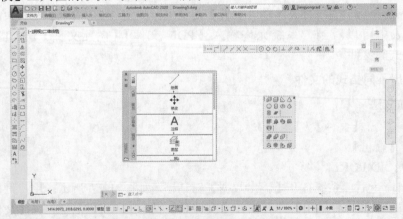

图1-28 重新布置用户界面

　　(3) 切换到"三维基础"工作空间，再切换到"草图与注释"工作空间，用户界面恢复成原始布置。

3. 以下练习内容包括创建及存储图形文件，熟悉 AutoCAD 命令执行过程及快速查看图形。

(1) 利用系统提供的样板文件"acadiso.dwt"创建新文件。

(2) 用 LIMITS 命令设定绘图区域的大小为 1000×1000。

(3) 仅显示绘图区域范围内的栅格，并使栅格充满整个绘图窗口显示出来。

(4) 单击【默认】选项卡中【绘图】面板上的 按钮，系统提示如下。

命令: _circle 指定圆的圆心或 [三点(3P)/两点(2P)/切点、切点、半径(T)]:

                           //在屏幕上单击一点

指定圆的半径或 [直径(D)] <30.0000>: 50　　　　//输入圆半径

命令:　　　　　　　　　　　　　　　　　　　　//按 Enter 键重复上一个命令

CIRCLE 指定圆的圆心或 [三点(3P)/两点(2P)/ 切点、切点、半径(T)]:

                           //在屏幕上单击一点

指定圆的半径或 [直径(D)] <50.0000>: 100　　　//输入圆半径

命令:　　　　　　　　　　　　　　　　　　　　//按 Enter 键重复上一个命令

CIRCLE 指定圆的圆心或 [三点(3P)/两点(2P)/ 切点、切点、半径(T)]: *取消*

                           //按 Esc 键取消命令

(5) 单击导航栏上的 按钮，使图形充满整个绘图窗口显示出来。

(6) 利用导航栏上的 、 按钮来移动和缩放图形。

(7) 单击鼠标右键，利用快捷菜单上的相关命令平移、缩放图形，并使图形充满绘图窗口。

(8) 以文件名"User.dwg"保存图形。

第2章 设置图层、线型、线宽及颜色

【学习目标】
- 掌握创建及设置图层的方法。
- 掌握如何控制及修改图层状态。
- 熟悉切换当前图层、使某一个图形对象所在的图层成为当前图层的方法。
- 熟悉修改已有对象的图层、颜色、线型或线宽的方法。
- 了解如何排序图层、删除图层及重新命名图层。
- 掌握如何修改非连续线型的外观。

本章主要介绍图层、线型、线宽和颜色的设置方法，并讲解如何控制图层的状态。

2.1 创建及设置图层

可以将 AutoCAD 图层想象成透明胶片，用户把各种类型的图形元素画在上面，系统再将它们叠加在一起显示出来。如图 2-1 所示，在图层 A 上绘有挡板，在图层 B 上绘有支架，在图层 C 上绘有螺钉，最终的显示结果是各层内容叠加后的效果。

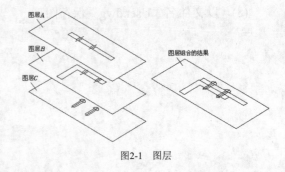

图2-1 图层

用 AutoCAD 绘图时，图形元素处于某个图层上。默认情况下，当前图层是 0 层，若没有切换至其他图层，则所画图形在 0 层上。每个图层都有与其相关联的颜色、线型和线宽等属性信息，用户可以对这些信息进行设定或修改。当在某一图层上作图时，生成图形元素的颜色、线型和线宽就与当前图层的设置完全相同（默认情况下）。对象的颜色将有助于辨别图样中的相似实体，而线型、线宽等特性可轻易地表示出不同类型的图形元素。

【练习2-1】： 下面的练习说明如何创建及设置图层。

名称	颜色	线型	线宽
轮廓线层	白色	Continuous	0.5
中心线层	红色	CENTER	默认
虚线层	黄色	DASHED	默认
剖面线层	绿色	Continuous	默认
尺寸标注层	绿色	Continuous	默认
文字说明层	绿色	Continuous	默认

一、 创建图层

1. 单击【默认】选项卡中【图层】面板上的  按钮，打开【图层特性管理器】对话框，再单击  按钮，在列表框中显示出名为 "图层1" 的图层。

2. 为便于区分不同图层，用户应取一个能表征图层上图元特性的新名字来取代该默认名。直接输入 "轮廓线层"，列表框中的 "图层 1" 就被 "轮廓线层" 代替，按 Enter 键继续创建其他的图层，结果如图 2-2 所示。

请读者注意，图层 "0" 前有绿色标记 "√"，表示该图层是当前图层。

要点提示 若在【图层特性管理器】对话框的列表框中事先选中一个图层，然后单击 按钮或按 Enter 键，则新图层与被选择的图层具有相同的颜色、线型和线宽等设置。

二、 指定图层颜色

1. 在【图层特性管理器】对话框中选中图层。

2. 单击图层列表中与所选图层关联的图标 ■白，此时打开【选择颜色】对话框，如图 2-3 所示。通过该对话框可设置图层颜色。

图2-2　创建图层

图2-3　【选择颜色】对话框

三、 给图层分配线型

1. 在【图层特性管理器】对话框中选中图层。

2. 该对话框图层列表的【线型】列中显示了与图层相关联的线型。默认情况下，图层线型是 "Continuous"。单击 "Continuous"，打开【选择线型】对话框，如图 2-4 所示，通过该对话框可以选择一种线型或从线型库文件中加载更多线型。

3. 单击 加载(L)... 按钮，打开【加载或重载线型】对话框，如图 2-5 所示。该对话框列出了线型文件中包含的所有线型，用户可在列表框中选择一种或几种所需的线型，再单击 确定 按钮，这些线型就被加载到系统中。当前线型文件是 "acadiso.lin"，单击 文件(F)... 按钮，可选择其他的线型库文件。

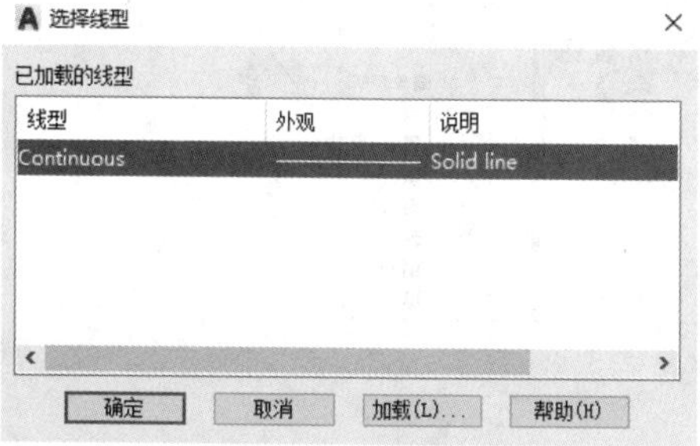

图2-4　【选择线型】对话框

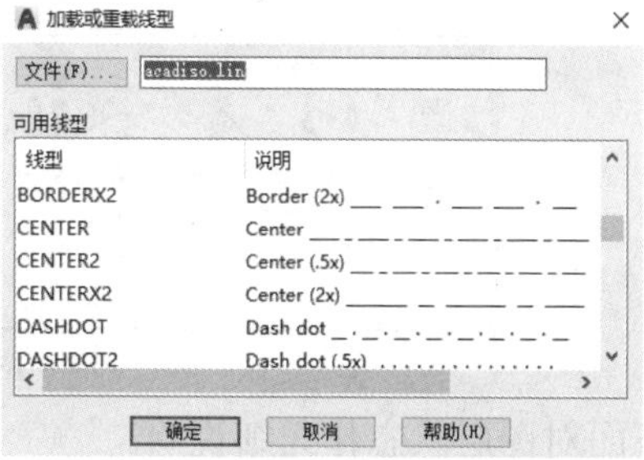

图2-5　【加载或重载线型】对话框

四、 设定线宽

1. 在【图层特性管理器】对话框中选中图层。

2. 单击图层列表【线宽】列中的 ── 默认，打开【线宽】对话框，如图 2-6 所示，通过该对话框可设置线宽。

如果要使图形对象的线宽在模型空间中显示得更宽或更窄一些，可以调整线宽比例。在状态栏的 按钮上单击鼠标右键，弹出快捷菜单，选取【线宽设置】命令，打开【线宽设置】对话框，如图 2-7 所示。在该对话框的【调整显示比例】分组框中移动滑块就可改变显示比例值。

图2-6 【线宽】对话框

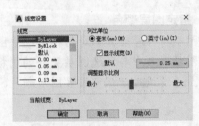

图2-7 【线宽设置】对话框

五、 在不同的图层上绘图

1. 指定当前图层。在【图层特性管理器】对话框中选中"轮廓线层"，单击 按钮，图层前出现绿色标记"√"，说明"轮廓线层"变为当前图层。

2. 关闭【图层特性管理器】对话框，单击【绘图】面板上的 按钮，绘制任意几条线段，这些线条的颜色为白色，线宽为 0.5mm。单击状态栏上的 按钮，这些线条就显示出线宽。

3. 设定"中心线层"或"虚线层"为当前图层，绘制线段，观察效果。

 中心线及虚线中的短画线及空格大小可通过线型全局比例因子（LTSCALE）调整，详见 2.6 节。

2.2 控制图层状态

图层状态主要包括打开与关闭、冻结与解冻、锁定与解锁、打印与不打印等，AutoCAD 用不同形式的图标表示这些状态。用户可通过【图层特性管理器】对话框或【图层】面板上的【图层控制】下拉列表对图层状态进行控制，如图 2-8 所示。

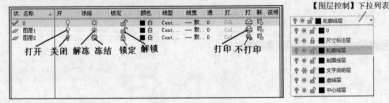

图2-8 控制图层状态

下面对图层状态作详细说明。

- 打开/关闭：单击图标 ，将关闭或打开某一图层。打开的图层是可见的，而关闭的图层不可见，也不能被打印。当重新生成图形时，被关闭的图层将一起生成。

- 解冻/冻结：单击图标☼，将冻结或解冻某一图层。解冻的图层是可见的，若冻结某个图层，则该层变为不可见，也不能被打印。当重新生成图形时，系统不再重新生成该图层上的对象，因而冻结一些图层后，可以加快 ZOOM、PAN 等命令和许多其他操作的运行速度。

 解冻一个图层将引起整个图形重新生成，而打开一个图层则不会导致这种现象发生（只是重画这个图层上的对象），因此如果需要频繁地改变图层的可见性，应关闭该图层而不应冻结。

- 解锁/锁定：单击图标🔓，将锁定或解锁某一图层。被锁定的图层是可见的，但图层上的对象不能被编辑。用户可以将锁定的图层设置为当前图层，并能向它添加图形对象。
- 打印/不打印：单击图标🖨，就可设定某一图层是否打印。指定某一图层不打印后，该图层上的对象仍会显示出来。图层的不打印设置只对图样中的可见图层（图层是打开的并且是解冻的）有效。若图层设为可打印但该图层是冻结的或关闭的，此时系统不会打印该图层。

2.3 有效地使用图层

控制图层的一种方法是单击【图层】面板上的按钮，打开【图层特性管理器】对话框，通过该对话框完成上述任务。此外，还有另一种更简捷的方法——使用【图层】面板上的【图层控制】下拉列表，如图 2-9 所示。该下拉列表中包含了当前图形中的所有图层，并显示各层的状态图标。该列表主要包含以下 3 项功能。

- 切换当前图层。
- 设置图层状态。
- 修改已有对象所在的图层。

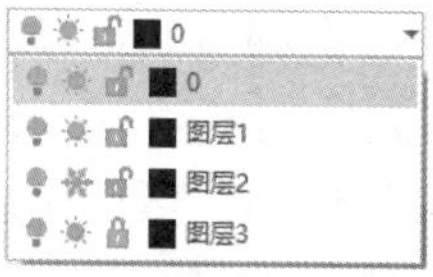

【图层控制】下拉列表有 3 种显示模式。

图2-9　【图层控制】下拉列表

- 若用户没有选择任何图形对象，则该下拉列表显示当前图层。
- 若用户选择了一个或多个对象，而这些对象又同属一个图层，则该下拉列表显示该层。
- 若用户选择了多个对象，而这些对象又不属于同一图层，则该下拉列表是空白的。

2.3.1 切换当前图层

要在某个图层上绘图，必须先使该图层成为当前图层。通过【图层控制】下拉列表，用户可以快速地切换当前图层，方法如下。

1. 单击【图层控制】下拉列表右边的箭头，打开列表。
2. 选择欲设置成当前图层的图层名称，操作完成后，该下拉列表自动关闭。

 此种方法只能在当前没有对象被选择的情况下使用。

切换当前图层也可在【图层特性管理器】对话框中完成。在该对话框中选择某一图层，然后单击对话框左上部的 ![](按钮，则被选择的图层变为当前图层。显然，此方法比前一种要烦琐一些。

> **要点提示** 在【图层特性管理器】对话框中选择某一图层，然后单击鼠标右键，弹出快捷菜单，如图 2-10 所示。利用此菜单，用户可以设置当前图层、新建图层或选择某些图层。

图2-10 快捷菜单

2.3.2 使某一个图形对象所在的图层成为当前图层

有两种方法可以将某个图形对象所在的图层修改为当前图层。

(1) 先选择图形对象，在【图层控制】下拉列表中将显示该对象所在的图层，再按 $\boxed{\text{Esc}}$ 键取消选择，然后通过【图层控制】下拉列表切换当前图层。

(2) 选择图形对象，单击【图层】面板上的 ![] 按钮，则此对象所在的图层就成为当前图层。显然，此方法更简捷一些。

2.3.3 修改图层状态

【图层控制】下拉列表中也显示了图层状态图标，单击图标就可以切换图层状态。在修改图层状态时，该下拉列表将保持打开状态，用户能一次在列表中修改多个图层的状态。修改完成后，单击列表框顶部将列表关闭。

修改对象所在图层的状态也可通过【图层】面板中的命令按钮来完成，如表 2-1 所示。

表 2-1
控制图层状态的命令按钮

按钮	功能	按钮	功能
![]	单击该按钮，选择对象，则对象所在的图层被关闭	![]	解冻所有图层
![]	打开所有图层	![]	单击该按钮，选择对象，则对象所在的图层被锁定
![]	单击该按钮，选择对象，则对象所在的图层被冻结	![]	解锁所有图层

2.3.4 修改图层透明度

打开【图层特性管理器】对话框，该对话框图层列表的【透明度】列中显示了各图层的透明度值。默认情况下，所有图层透明度值为"0"。单击"0"，打开【图层透明度】对话框，如图2-11 所示，通过该对话框改变图层的透明度。单击状态栏上的透明度  按钮可观察相应效果。

图2-11 【图层透明度】对话框

2.3.5 修改已有对象的图层

如果用户想把某个图层上的对象修改到其他图层上，可先选择该对象，然后在【图层控制】下拉列表中选取要放置的图层名称。操作结束后，列表框自动关闭，被选择的图形对象转移到新的图层上。

单击【图层】面板中的 按钮，选择图形对象，然后通过选择对象或图层名指定目标图层，则所选对象转移到目标图层上。

选择图形对象，单击【图层】面板中的 按钮，则所选对象转移到当前图层上。

选择图形对象，单击【图层】面板中的 按钮，再指定目标对象，则所选对象复制到目标图层上，且可指定复制的距离及方向。

2.3.6 浏览图层上的对象

单击【图层】面板中的 按钮，打开【图层漫游】对话框，如图 2-12 所示。该对话框列出了图形中的所有图层，选择其中之一，则图形窗口中仅显示出被选图层上的对象。

2.3.7 隔离图层

图层被隔离后，只有被隔离的图层可见，其他图层被关闭。选择对象，单击【图层】面板中的 按钮隔离图层，再单击 按钮解除隔离。

图2-12 【图层漫游】对话框

2.4 改变对象的颜色、线型及线宽

用户通过【特性】面板可以方便地设置对象的颜色、线型及线宽等。默认情况下，该面板上的【颜色控制】【线型控制】和【线宽控制】3 个下拉列表中显示【ByLayer】，如图 2-13 所示。"ByLayer"的意思是所绘对象的颜色、线型和线宽等属性与当前图层所设定的完全相同。本节将介绍怎样临时设置即将创建图形对象的这些特性，以及如何修改已有对象的这些特性。

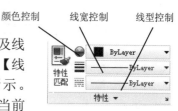

图2-13 【特性】面板

2.4.1　修改对象颜色

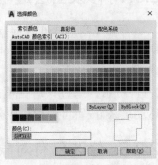

要改变已有对象的颜色，可通过【特性】面板上的【颜色控制】下拉列表来实现，方法如下。

1. 选择要改变颜色的图形对象。
2. 在【特性】面板上打开【颜色控制】下拉列表，然后从列表中选择所需颜色。
3. 如果选取【更多颜色】选项，则打开【选择颜色】对话框，如图 2-14 所示。通过该对话框可以选择更多种类的颜色。

图2-14　【选择颜色】对话框

2.4.2　设置当前颜色

默认情况下，用户在某一图层上创建的图形对象都将使用图层所设置的颜色。若想改变当前的颜色设置，可通过【特性】面板上的【颜色控制】下拉列表来实现，具体步骤如下。

1. 打开【特性】面板上的【颜色控制】下拉列表，从列表中选择一种颜色。
2. 当选取【更多颜色】选项时，系统打开【选择颜色】对话框，如图 2-14 所示。在该对话框中用户可作更多选择。

2.4.3　修改对象的线型或线宽

修改已有对象线型、线宽的方法与改变对象颜色类似，具体步骤如下。

1. 选择要改变线型的图形对象。
2. 在【特性】面板上打开【线型控制】下拉列表，从列表中选择所需的线型。
3. 选取该列表的【其他】选项，打开【线型管理器】对话框，如图 2-15 所示。在该对话框中可选择一种或加载更多种线型。

可以利用【线型管理器】对话框中的 删除 按钮删除未被使用的线型。

图2-15　【线型管理器】对话框

4. 单击【线型管理器】对话框右上角的 加载(L)... 按钮，打开【加载或重载线型】对话框（见图 2-5）。该对话框列出了当前线型库文件中的所有线型，用户可在列表框中选择一种或几种所需的线型，再单击 [确定] 按钮，这些线型就被加载到系统中。

5. 修改线宽是利用【线宽控制】下拉列表来实现，步骤与上述类似，这里不再赘述。

2.4.4 设置当前线型或线宽

默认情况下，绘制的对象采用当前图层所设置的线型、线宽。若要使用其他种类的线型、线宽，则必须改变当前线型、线宽的设置，方法如下。

1. 打开【特性】面板上的【线型控制】下拉列表，从列表中选择一种线型。
2. 若选取【其他】选项，则弹出【线型管理器】对话框（见图 2-15）。用户可在该对话框中选择所需线型或加载更多种类的线型。
3. 单击【线型管理器】对话框右上角的 [加载(L)...] 按钮，打开【加载或重载线型】对话框。该对话框列出了当前线型库文件中的所有线型，用户可在列表框中选择一种或几种所需的线型，再单击 [确定] 按钮，这些线型就被加载到系统中。
4. 在【线宽控制】下拉列表中可以方便地改变当前线宽的设置，步骤与上述类似，这里不再赘述。

2.5 管理图层

管理图层主要包括排序图层、显示所需的一组图层、删除不再使用的图层和重新命名图层等，下面分别进行介绍。

2.5.1 排序图层及按名称搜索图层

在【图层特性管理器】对话框的列表框中可以很方便地对图层进行排序。单击列表框顶部的【名称】标题，系统就将所有图层以字母顺序排列出来；再次单击此标题，排列顺序就会颠倒过来。单击列表框顶部的其他标题，也有类似的作用。

假设有几个图层名称均以某一字母开头，如 D-wall、D-door、D-window 等，若想从【图层特性管理器】对话框的列表中快速找出它们，可在【搜索图层】文本框中输入要寻找的图层名称，名称中可包含通配符"*"和"?"，其中"*"可用来代替任意数目的字符，"?"用来代替任意一个字符。例如，输入"D*"，则列表框中立刻显示所有以字母"D"开头的图层。

2.5.2 使用图层特性过滤器

如果图样中包含的图层较少，那么可以很容易地找到某个图层或具有某种特征的一组图层，但当图层数目达到几十个时，这项工作就变得相当困难了。图层特性过滤器可帮助用户轻松完成这一任务，该过滤器显示在【图层特性管理器】对话框左边的树状图中，如图 2-16 所示。树状图表明了当前图形中所有过滤器的层次结构，用户选中一个过滤器，系统就在【图层特性管理器】对话框右边的列表框中列出满足过滤条件的所有图层。默认情况下，系统提供以下 4 个过滤器。

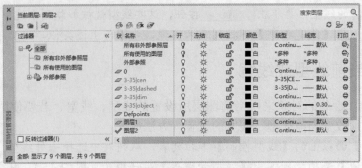

图2-16　【图层特性管理器】对话框

- 【全部】：显示当前图形中的所有图层。
- 【所有非外部参照层】：不显示外部参照图形的图层。
- 【所有使用的图层】：显示当前图形中所有对象所在的图层。
- 【外部参照】：显示外部参照图形的所有图层。

【练习2-2】：　创建及使用图层特性过滤器。

1. 打开素材文件"dwg\第 2 章\2-2.dwg"。
2. 单击【图层】面板上的![]按钮，打开【图层特性管理器】对话框，单击该对话框左上角的![]按钮，打开【图层过滤器特性】对话框，如图 2-17 所示。
3. 在【过滤器名称】文本框中输入新过滤器的名称"名称和颜色过滤器"。
4. 在【过滤器定义】列表框的【名称】列中输入"no*"，在【颜色】列中选择红色，则符合这两个过滤条件的 3 个图层显示在【过滤器预览】列表框中，如图 2-17 所示。

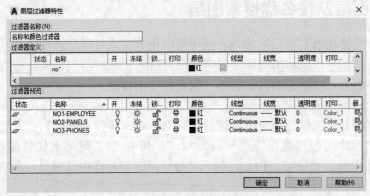

图2-17　【图层过滤器特性】对话框

5. 单击 确定 按钮，返回【图层特性管理器】对话框。在该对话框左边的树状图中选择新建过滤器，此时右边列表框中列出所有满足过滤条件的图层。

2.5.3　删除图层

单击【图层】面板中的![]按钮，选择图形对象，则该对象所在的图层及图层上所有对象被删除，但对当前图层无效。

删除不用图层的方法是在【图层特性管理器】对话框中选择图层名称，然后单击![]按钮，但当前图层、0 层、定义点层（Defpoints）及包含图形对象的图层不能被删除。

2.5.4　合并图层

合并图层的方法如下。

(1)　单击【图层】面板中的 ✎ 按钮，选择对象后指定要合并的一个或多个图层，然后选择对象指定目标图层，则被指定的图层合并为目标图层。

(2)　单击【图层】面板中的 ✎ 按钮，调用"命名(N)"选项，选择要合并的图层名称，然后再选择目标图层的名称，则所选图层合并为目标图层。

2.5.5　重新命名图层

良好的图层命名方式将有助于用户对图样进行管理。要重新命名一个图层，可打开【图层特性管理器】对话框，先选中要修改的图层名称，该名称周围出现一个矩形框，在矩形框内单击一点，图层名称高亮显示。此时，用户可输入新的图层名称，输入完成后，按 Enter 键结束。

2.6　修改非连续线型外观

非连续线型是由短横线、空格等构成的重复图案，图案中短线长度、空格大小是由线型比例来控制的。用户绘图时常会遇到以下情况，本来想画虚线或点画线，但最终绘制出的线型看上去却和连续线一样，其原因是线型比例设置得太大或太小。

2.6.1　改变全局线型比例因子以修改线型外观

LTSCALE 是用于控制线型的全局比例因子，它将影响图样中所有非连续线型的外观，其值增加时，将使非连续线中的短横线及空格加长，否则，会使它们缩短。当用户修改全局线型比例因子后，系统将重新生成图形，并使所有非连续线型发生变化。图 2-18 所示显示了使用不同比例因子时非连续线型的外观。

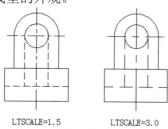

LTSCALE=1.5　　　　　LTSCALE=3.0

图2-18　使用不同比例因子时非连续线型的外观

改变全局线型比例因子的方法如下。

1.　打开【特性】面板上的【线型控制】下拉列表，如图 2-19 所示。

2.　在此下拉列表中选取【其他】选项，打开【线型管理器】对话框，单击 显示细节(D) 按钮，该对话框底部出现【详细信息】分组框，如图 2-20 所示。

3.　在【详细信息】分组框的【全局比例因子】文本框中输入新的比例值。

图2-19 【线型控制】下拉列表

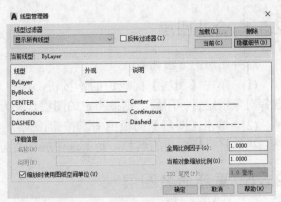

图2-20 【线型管理器】对话框

2.6.2 改变当前对象线型比例

有时用户需要为不同对象设置不同的线型比例，为此，就需单独控制对象的比例因子。当前对象线型比例是由当前线型比例因子 CELTSCALE 来设定的，调整该值后新绘制的非连续线型均会受到它的影响。

默认情况下 CELTSCALE=1，该因子与 LTSCALE 同时作用在线型对象上。例如，将 CELTSCALE 设置为 4，LTSCALE 设置为 0.5，则系统在最终显示线型时采用的缩放比例将为 2，即最终显示比例=CELTSCALE × LTSCALE。图 2-21 所示的是 CELTSCALE 分别为 1、2 时虚线及中心线的外观。

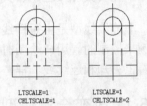

图2-21 设置当前对象的线型比例因子

设置当前线型比例因子的方法与设置全局线型比例因子类似，具体步骤请参见 2.6.1 小节。该比例因子也是在【线型管理器】对话框中设定，如图 2-20 所示。用户可在该对话框的【当前对象缩放比例】文本框中输入新比例值。

2.7 习题

1. 思考题。

(1) 绘制机械图或建筑图时，为便于图形信息的管理，可创建哪些图层？

(2) 与图层相关联的属性项目有哪些？

(3) 试说明以下图层的状态。

(4) 如果想知道图形对象在哪个图层上，应如何操作？

(5) 怎样快速地在图层间进行切换？

(6) 如何将某图形对象修改到其他图层上？

(7) 怎样快速修改对象的颜色、线型和线宽等属性？

(8) 试说明比例因子 LTSCALE 及 CELTSCALE 的作用。

2. 以下练习内容包括创建图层、控制图层状态、将图形对象修改到其他图层上、改变对象的颜色及线型。

(1) 打开素材文件"dwg\第 2 章\2-3.dwg"。

(2) 创建以下图层。

- 轮廓线。
- 尺寸线。
- 中心线。

(3) 将图形的外轮廓线、对称轴线及尺寸标注分别修改到"轮廓线""中心线"及"尺寸线"层上。

(4) 把尺寸标注及对称轴线修改为蓝色。

(5) 关闭或冻结"尺寸线"层。

3. 以下练习内容包括修改图层名称、利用图层特性过滤器查找图层。

(1) 打开素材文件"dwg\第 2 章\2-4.dwg"。

(2) 找到图层"LIGHT"及"DIMENSIONS",将图层名称分别改为"照明"和"尺寸标注"。

(3) 利用图层特性过滤器查找所有颜色为黄色的图层,将这些图层锁定,并将颜色改为红色。

第3章 基本绘图与编辑（一）

【学习目标】

- 熟悉输入点的坐标画线的方法。
- 掌握使用对象捕捉、正交模式辅助画线的方法。
- 掌握如何调整线条长度，剪断、延伸及打断线条的方法。
- 熟悉如何作平行线、垂线、斜线及切线。
- 掌握如何画圆及圆弧连接。
- 掌握移动对象及复制对象的方法。
- 熟悉如何倒圆角和倒角。

本章主要介绍绘制线段、圆及圆弧连接的方法，并给出一些简单图形的绘制实例让读者参照练习。

3.1 绘制线段

LINE 命令可在二维或三维空间中创建线段。发出命令后，用户通过鼠标指定线的端点或利用键盘输入端点坐标，系统就将这些点连接成线段。LINE 命令可生成单条线段，也可生成连续折线。不过，由该命令生成的连续折线并非一个对象，折线中的每条线段都是独立对象，用户可以对每条线段进行编辑操作。

一、命令启动方法

- 菜单命令：【绘图】/【直线】。
- 面板：【默认】选项卡中【绘图】面板上的 ✏ 按钮。
- 命令：LINE 或简写 L。

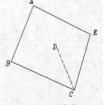

图3-1 画线段

【练习3-1】： 练习 LINE 命令。

```
命令：_line 指定第一点：              //单击 A 点，如图 3-1 所示
指定下一点或 [放弃(U)]：              //单击 B 点
指定下一点或 [退出(X)/放弃(U)]：       //单击 C 点
指定下一点或 [闭合(C)/退出(X)/放弃(U)]：    //单击 D 点
指定下一点或 [闭合(C)/退出(X)/放弃(U)]：U  //放弃 D 点
指定下一点或 [闭合(C)/退出(X)/放弃(U)]：    //单击 E 点
指定下一点或 [闭合(C)/退出(X)/放弃(U)]：C  //使线框闭合
```

结果如图 3-1 所示。

二、命令选项

- 指定第一点：在此提示下，用户需指定线段的起始点。若此时按 Enter 键，系

统将以上一次所画线段或圆弧的终点作为新线段的起点。

- 指定下一点：在此提示下，用户指定线段的端点，按 Enter 键后，系统继续提示"指定下一点"，用户可指定下一个端点。若在"指定下一点"提示下按 Enter 键，则命令结束。
- 放弃(U)：在"指定下一点"提示下，输入字母"U"，将删除上一条线段，多次输入"U"，则会删除多条线段，该选项可以及时纠正绘图过程中的错误。
- 闭合(C)：在"指定下一点"提示下，输入字母"C"，系统将使连续折线自动封闭。

3.1.1 输入点的坐标画线

启动画线命令后，系统提示用户指定线段的端点。指定端点的方法之一是输入点的坐标值。

默认情况下，绘图窗口的坐标系是世界坐标系，用户在屏幕左下角可以看到表示世界坐标系的图标。该坐标系 x 轴是水平的，y 轴是竖直的，z 轴则垂直于屏幕，正方向指向屏幕外。

二维绘图时，用户只需在 xy 平面内指定点的位置。点位置的坐标表示方式有绝对直角坐标、绝对极坐标、相对直角坐标和相对极坐标。绝对坐标值是相对于原点的坐标值，而相对坐标值则是相对于另一个几何点的坐标值。下面来说明如何输入点的绝对或相对坐标。

一、 输入点的绝对直角坐标、绝对极坐标

绝对直角坐标的输入格式为"x,y"。x 表示点的 x 坐标值，y 表示点的 y 坐标值，两坐标值之间用","分隔开。例如：（−50,20）和（40,60）分别表示图 3-2 中的 A、B 点。

绝对极坐标的输入格式为"R<α"。R 表示点到原点的距离，α 表示极轴方向与 x 轴正向间的夹角。若从 x 轴正向逆时针旋转到极轴方向，则 α 角为正；否则，α 角为负。例如，（60<120）和（45<−30）分别表示图 3-2 中的 C、D 点。

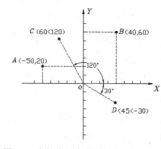

图3-2 点的绝对直角坐标和绝对极坐标

二、 输入点的相对直角坐标、相对极坐标

当知道某点与其他点的相对位置关系时，可使用相对坐标。相对坐标与绝对坐标相比，仅仅是在坐标值前增加了一个符号"@"。

相对直角坐标的输入形式为"@x,y"，相对极坐标的输入形式为"@R<α"。

画线时，若只输入"<α"，而不输入"R"，则表示沿 α 角度方向绘制任意长度的线段，这种绘制线方式称为角度覆盖方式。

【练习3-2】： 已知点 A 的绝对坐标及图形尺寸，如图 3-3 所示。现用 LINE 命令绘制此图形。

要点提示 为简化说明，仅将 LINE 命令的部分选项罗列出来。这种讲解方式在后续的例题中也将采用。

```
命令：_line 指定第一点：30,50          //输入 A 点的绝对直角坐标，如图 3-3 所示
指定下一点或 [放弃(U)]：@32<20          //输入 B 点的相对极坐标
```

指定下一点或 [放弃(U)]: @36,0	//输入 C 点的相对直角坐标
指定下一点或 [闭合(C)/放弃(U)]: @0,18	//输入 D 点的相对直角坐标
指定下一点或 [闭合(C)/放弃(U)]: @-37,22	//输入 E 点的相对直角坐标
指定下一点或 [闭合(C)/放弃(U)]: @-14,0	//输入 F 点的相对直角坐标
指定下一点或 [闭合(C)/放弃(U)]: 30,50	//输入 A 点的绝对直角坐标
指定下一点或 [闭合(C)/放弃(U)]:	//按 Enter 键结束

结果如图 3-3 所示。

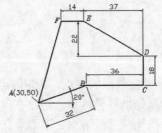

图3-3　通过输入点的坐标画线

3.1.2　使用对象捕捉精确画线

在用 LINE 命令绘制线段的过程中，可启动对象捕捉功能，以拾取一些特殊的几何点，如端点、圆心、切点等。调用对象捕捉功能的方法有以下 3 种。

（1）绘图过程中，当系统提示输入一个点时，可单击捕捉按钮或输入捕捉命令代号来启动对象捕捉，然后将鼠标光标移动到要捕捉的特征点附近，系统就自动捕捉该点。

（2）利用快捷菜单。发出 AutoCAD 命令后，按 Shift 键并单击鼠标右键，在弹出的快捷菜单中选择捕捉何种类型的点，如图 3-4 所示。

（3）前面所述的捕捉方式仅对当前操作有效，命令结束后，捕捉模式自动关闭，这种捕捉方式称为覆盖捕捉方式。除此之外，用户还可以采用自动捕捉方式来定位点，按下状态栏上的 按钮，就可以打开此方式。单击此按钮右边的三角箭头，弹出快捷菜单，如图 3-5 所示。通过此菜单设定自动捕捉点的类型。

图3-4　【对象捕捉】快捷菜单

图3-5　快捷菜单

常用对象捕捉方式的功能介绍如下。

- 端点：捕捉线段、圆弧等几何对象的端点，捕捉代号为 END。启动端点捕捉后，将鼠标光标移动到目标点的附近，系统就自动捕捉该点，再单击鼠标左键确认。

- 中点：捕捉线段、圆弧等几何对象的中点，捕捉代号为 MID。启动中点捕捉后，将鼠标光标的拾取框与线段、圆弧等几何对象相交，系统就自动捕捉这些对象的中点，再单击鼠标左键确认。

- 圆心：捕捉圆、圆弧、椭圆的中心，捕捉代号为 CEN。启动中心点捕捉后，将鼠标光标的拾取框与圆弧、椭圆等几何对象相交，系统就自动捕捉这些对象的中心点，再单击鼠标左键确认。

要点提示 捕捉圆心时，只有当十字光标与圆、圆弧相交时才有效。

- 几何中心：捕捉封闭多段线（多边形等）的形心。启动几何中心捕捉后，将鼠标光标的拾取框与封闭多段线相交，系统就自动捕捉该对象的中心，再单击鼠标左键确认。

- 节点：捕捉 POINT 命令创建的点对象，捕捉代号为 NOD。操作方法与端点捕捉类似。

- 象限点：捕捉圆、圆弧、椭圆的 0°、90°、180° 或 270° 处的点（象限点），捕捉代号为 QUA。启动象限点捕捉后，将鼠标光标的拾取框与圆弧、椭圆等几何对象相交，系统就显示出与拾取框最近的象限点，再单击鼠标左键确认。

- 交点：捕捉几何对象间真实的或延伸的交点，捕捉代号为 INT。启动交点捕捉后，将鼠标光标移动到目标点附近，系统就自动捕捉该点，单击鼠标左键确认。若两个对象没有直接相交，可先将鼠标光标的拾取框放在其中一个对象上，单击鼠标左键，然后把拾取框移到另一对象上，再单击鼠标左键，AutoCAD 就捕捉到交点。

- 范围（延长线）：捕捉延伸点，捕捉代号为 EXT。把鼠标光标从几何对象端点开始移动，此时系统沿该对象显示出捕捉辅助线及捕捉点的相对极坐标，如图3-6所示。输入捕捉距离后，系统定位一个新点。

- 插入：捕捉图块、文字等对象的插入点，捕捉代号为 INS。

- 垂足：在绘制垂直的几何关系时，该捕捉方式让用户可以捕捉垂足，捕捉代号为PER。启动垂足捕捉后，将鼠标光标的拾取框与线段、圆弧等几何对象相交，系统就自动捕捉垂足点，再单击鼠标左键确认。

- 切点：在绘制相切的几何关系时，该捕捉方式使用户可以捕捉切点，捕捉代号为TAN。启动切点捕捉后，将鼠标光标的拾取框与圆弧、椭圆等几何对象相交，系统就显示出相切点，再单击鼠标左键确认。

- 最近点：捕捉距离鼠标光标中心最近的几何对象上的点，捕捉代号为 NEA。操作方法与端点捕捉类似。

- 外观交点：在二维空间中与"交点"功能相同，该捕捉方式还可在三维空间中捕捉两个对象的视图交点（在投影视图中显示相交，但实际上并不一定相交），捕捉代号为 APP。

- 平行：平行捕捉，可用于绘制平行线，捕捉代号为 PAR。如图 3-7 所示，用 LINE 命令绘制线段 *AB* 的平行线 *CD*。发出 LINE 命令后，首先指定线段起点 *C*，然后选择"平行"捕捉，移动鼠标光标到线段 *AB* 上，此时该线段上出现小的平行线符号，表示线段 *AB* 已被选定。再移动鼠标光标到即将创建平行线的位置，此时系统显示出平行线，输入该线长度，就绘制出平行线。
- 正交偏移捕捉：该捕捉方式可以使用户相对于一个已知点定位另一点，捕捉代号为 FRO。下面的例子说明偏移捕捉的用法，已经绘制出一个矩形，现在想从 *B* 点开始画线，*B* 点与 *A* 点的关系如图 3-8 所示。

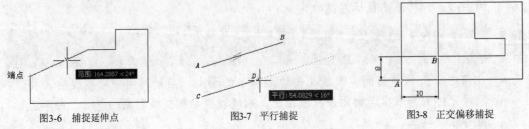

图3-6　捕捉延伸点　　　　　　　图3-7　平行捕捉　　　　　　　图3-8　正交偏移捕捉

命令：_line 指定第一点：_from 基点：_int 于

　　　　　　　　　//调用画线命令，启动正交偏移捕捉，再捕捉交点 *A* 作为偏移的基点

<偏移>：@10,8　　　　　　　　　//输入 *B* 点对于 *A* 点的相对坐标

指定下一点或 [放弃(U)]：　　　　//拾取下一个端点

指定下一点或 [放弃(U)]：　　　　//按 Enter 键结束

- 捕捉两点间连线的中点：捕捉代号为 M2P。使用该捕捉方式时，用户先指定两个点，系统将捕捉这两点连线的中点。

【练习3-3】：　设置自动捕捉方式。

1. 用鼠标右键单击状态栏上的 □▾ 按钮，弹出快捷菜单，选取【对象捕捉设置】命令，打开【草图设置】对话框，在该对话框的【对象捕捉】选项卡中设置捕捉点的类型，如图 3-9 所示。

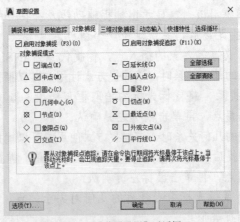

图3-9　【草图设置】对话框

2. 单击 确定 按钮，关闭对话框，然后用鼠标左键按下 □▾ 按钮，打开自动捕捉方式。

【练习3-4】：　打开素材文件"dwg\第 3 章\3-4.dwg"，如图 3-10 左图所示，使用 LINE 命令将左图修改为右图。本案例的目的是练习对象捕捉的运用。

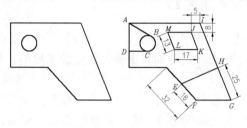

图3-10　利用对象捕捉精确画线

命令：_line 指定第一点：int 于　　　　　//输入交点代号"INT"并按 Enter 键

　　　　　　　　　　　　　　　　　　//将鼠标光标移动到 A 点处单击鼠标左键，如图 3-10 右图所示

指定下一点或 [放弃(U)]：tan 到　　　　//输入切点代号"TAN"并按 Enter 键

　　　　　　　　　　　　　　　　　　//将鼠标光标移动到 B 点附近，单击鼠标左键

指定下一点或 [放弃(U)]：　　　　　　　//按 Enter 键结束

命令：　　　　　　　　　　　　　　　　//重复命令

LINE 指定第一点：qua 于　　　　　　　//输入象限点代号"QUA"并按 Enter 键

　　　　　　　　　　　　　　　　　　//将鼠标光标移动到 C 点附近，单击鼠标左键

指定下一点或 [放弃(U)]：per 到　　　　//输入垂足代号"PER"并按 Enter 键

　　　　　　　　　　　　　//使鼠标光标拾取框与线段 AD 相交，系统显示垂足 D，单击鼠标左键

指定下一点或 [放弃(U)]：　　　　　　　//按 Enter 键结束

命令：　　　　　　　　　　　　　　　　//重复命令

LINE 指定第一点：mid 于　　　　　　　//输入中点代号"MID"并按 Enter 键

　　　　　　　　　　　　//使鼠标光标拾取框与线段 EF 相交，系统显示中点 E，单击鼠标左键

指定下一点或 [放弃(U)]：ext 于　　　　//输入延伸点代号"EXT"并按 Enter 键

25　　　　　　　　　　　　　　　　　//将鼠标光标移动到 G 点附近，系统自动沿线段进行追踪

　　　　　　　　　　　　　　　　　　//输入 H 点与 G 点的距离

指定下一点或 [放弃(U)]：　　　　　　　//按 Enter 键结束

命令：　　　　　　　　　　　　　　　　//重复命令

LINE 指定第一点：from 基点：　　　　　//输入正交偏移捕捉代号"FROM"并按 Enter 键

end 于　　　　　　　　　　　　　　　//输入端点代号"END"并按 Enter 键

　　　　　　　　　　　　　　　　　　//将鼠标光标移动到 I 点处，单击鼠标左键

<偏移>：@-5,-8　　　　　　　　　　 //输入 J 点相对于 I 点的坐标

指定下一点或 [放弃(U)]：par 到　　　　//输入平行偏移捕捉代号"PAR"并按 Enter 键

13　　　　　　　　　//将鼠标光标从线段 HG 处移动到 JK 处，再输入 JK 线段的长度

指定下一点或 [放弃(U)]：par 到　　　　//输入平行偏移捕捉代号"PAR"并按 Enter 键

17　　　　　　　　　//将鼠标光标从线段 AI 处移动到 KL 处，再输入 KL 线段的长度

指定下一点或或 [闭合(C)/放弃(U)]：par 到

　　　　　　　　　　　　　　　　　　//输入平行偏移捕捉代号"PAR"并按 Enter 键

13　　　　　　　　　//将鼠标光标从线段 JK 处移动到 LM 处，再输入 LM 线段的长度

指定下一点或 [闭合(C)/放弃(U)]：c　 //使线框闭合

结果如图 3-10 右图所示。

3.1.3　利用正交模式辅助画线

单击状态栏上的![]按钮，打开正交模式。在正交模式下，鼠标光标只能沿水平或竖直方向移动。画线时若同时打开该模式，则只需输入线段的长度值，系统就自动画出水平线段或竖直线段。

当调整水平或竖直方向线段的长度时，可利用正交模式限制鼠标光标的移动方向。选择线段，线段上出现关键点（实心矩形点），选中端点处的关键点后，移动鼠标光标，系统就沿水平或竖直方向改变线段的长度。

【练习3-5】：　使用 LINE 命令并结合正交模式画线，如图 3-11 所示。

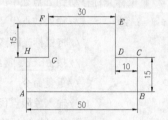

图3-11　打开正交模式画线

命令：_line 指定第一点:<正交 开> //拾取点 *A* 并打开正交模式，鼠标光标向右移动一定距离

指定下一点或 [放弃(U)]: 50　　　　　　　　　　//输入线段 *AB* 的长度

指定下一点或 [放弃(U)]: 15　　　　　　　　　　//输入线段 *BC* 的长度

指定下一点或 [闭合(C)/放弃(U)]: 10　　　　　　//输入线段 *CD* 的长度

指定下一点或 [闭合(C)/放弃(U)]: 15　　　　　　//输入线段 *DE* 的长度

指定下一点或 [闭合(C)/放弃(U)]: 30　　　　　　//输入线段 *EF* 的长度

指定下一点或 [闭合(C)/放弃(U)]: 15　　　　　　//输入线段 *FG* 的长度

指定下一点或 [闭合(C)/放弃(U)]: 10　　　　　　//输入线段 *GH* 的长度

指定下一点或 [闭合(C)/放弃(U)]: c　　　　　　　//使连续线闭合

结果如图 3-11 所示。

3.1.4　结合极轴追踪、自动追踪功能画线

首先详细说明 AutoCAD 极轴追踪及自动追踪功能的使用方法。

一、　极轴追踪

打开极轴追踪功能后，鼠标光标就按用户设定的极轴方向移动，系统将在该方向上显示一条追踪辅助线及光标点的极坐标值，如图 3-12 所示。

图3-12　极轴追踪

【练习3-6】：　练习如何使用极轴追踪功能。

1. 用鼠标右键单击状态栏上的![]按钮，弹出快捷菜单，选取【正在追踪设置】命令，打开【草图设置】对话框，如图 3-13 所示。

【极轴追踪】选项卡中与极轴追踪有关的选项的功能介绍如下。

- 【增量角】：在此下拉列表中可选择极轴角变化的增量值，也可以输入新的增量值。

- 【附加角】：除了根据极轴增量角进行追踪外，还能通过该选项添加其他的追踪角度。
- 【绝对】：以当前坐标系的 x 轴作为计算极轴角的基准线。
- 【相对上一段】：以最后创建的对象为基准线计算极轴角度。

2. 在【极轴追踪】选项卡的【增量角】下拉列表中设定极轴角增量为"30"，此后，若用户打开极轴追踪画线，则鼠标光标将自动沿 0°、30°、60°、90° 和 120° 等方向进行追踪，再输入线段长度值，系统就在该方向上画出线段。单击 确定 按钮，关闭【草图设置】对话框。

3. 按下 按钮，打开极轴追踪。键入 LINE 命令，系统提示如下。

命令: _line 指定第一点: //拾取点 A，如图 3-14 所示
指定下一点或 [放弃(U)]: 30   //沿 0° 方向追踪，并输入线段 AB 的长度
指定下一点或 [放弃(U)]: 10   //沿 120° 方向追踪，并输入线段 BC 的长度
指定下一点或 [闭合(C)/放弃(U)]: 15   //沿 30° 方向追踪，并输入线段 CD 的长度
指定下一点或 [闭合(C)/放弃(U)]: 10   //沿 300° 方向追踪，并输入线段 DE 的长度
指定下一点或 [闭合(C)/放弃(U)]: 20   //沿 90° 方向追踪，并输入线段 EF 的长度
指定下一点或 [闭合(C)/放弃(U)]: 43   //沿 180° 方向追踪，并输入线段 FG 的长度
指定下一点或 [闭合(C)/放弃(U)]: c   //使连续折线闭合

结果如图 3-14 所示。

图3-13 【草图设置】对话框

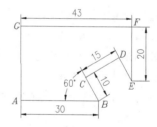

图3-14 使用极轴追踪画线

 如果线段的倾斜角度不在极轴追踪的范围内，则可使用角度覆盖方式画线。方法是：当系统提示"指定下一点"时，按照"<角度"形式输入线段的倾角，这样系统将暂时沿设置的角度画线。

二、 自动追踪

在使用自动追踪功能时，必须打开对象捕捉。系统首先捕捉一个几何点作为追踪参考点，然后按水平方向、竖直方向或设定的极轴方向进行追踪，如图 3-15 所示。

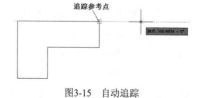

图3-15 自动追踪

追踪参考点的追踪方向可通过【极轴追踪】选项卡中的两个选项进行设定，这两个选项是【仅正交追踪】和【用所有极轴角设置追踪】，如图 3-13 所示。它们的功能介绍如下。

- 【仅正交追踪】：当自动追踪打开时，仅在追踪参考点处显示水平或竖直的追

踪路径。

- 【用所有极轴角设置追踪】：如果自动追踪功能打开，则当指定点时，系统将在追踪参考点处沿任何极轴角方向显示追踪路径。

【练习3-7】：　练习如何使用自动追踪功能。

1. 打开素材文件 "dwg\第 3 章\3-7.dwg"，如图 3-16 所示。
2. 在【草图设置】对话框中设置对象捕捉方式为 "交点" "中点"。
3. 按下状态栏上的 、 按钮，打开对象捕捉及自动追踪功能。
4. 启动 LINE 命令。
5. 将鼠标光标放置在 A 点附近，系统自动捕捉 A 点（注意不要单击鼠标左键），并在此建立追踪参考点，同时显示出追踪辅助线，如图 3-16 所示。

> **要点提示**　AutoCAD 把追踪参考点用符号 "+" 标记出来，当用户再次移动鼠标光标到这个符号的位置时，符号 "+" 将消失。

6. 向上移动鼠标，鼠标光标将沿竖直辅助线运动，输入距离值 "10"，按 Enter 键，则系统追踪到 B 点，该点是线段的起始点。
7. 再次在 A 点建立追踪参考点，并向右追踪，然后输入距离值 "15"，按 Enter 键，此时系统追踪到 C 点，如图 3-17 所示。

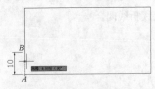

图3-16　沿竖直辅助线追踪

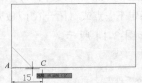

图3-17　沿水平辅助线追踪

8. 将鼠标光标移动到中点 M 处，系统自动捕捉该点（注意不要单击鼠标左键），并在此建立追踪参考点，如图 3-18 所示。用同样的方法在中点 N 处建立另一个追踪参考点。
9. 移动鼠标光标到 D 点附近，系统显示两条追踪辅助线，如图 3-18 所示。在两条辅助线的交点处单击鼠标左键，则系统绘制出线段 CD。
10. 以 F 点为追踪参考点，向左和向上追踪就可以确定 E、G 点，结果如图 3-19 所示。

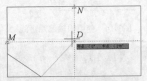

图3-18　利用两条追踪辅助线定位点

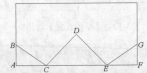

图3-19　确定 E、G 点

上述例子中系统仅沿水平方向或竖直方向追踪，若想使系统沿设定的极轴角方向追踪，可在【极轴追踪】选项卡的【对象捕捉追踪设置】分组框中选择【用所有极轴角设置追踪】单选项，如图 3-13 所示。

以上两个例子说明了极轴追踪及自动追踪功能的用法。在实际绘图过程中，常将这两项功能结合起来使用，这样既能方便地沿极轴方向画线，又能轻易地沿极轴方向定位点。

【练习3-8】：　使用 LINE 命令并结合极轴追踪、捕捉追踪功能将图 3-20 中的左图修改为右图。

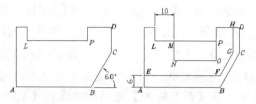

图3-20　结合极轴追踪、捕捉追踪功能绘制图形

1. 打开素材文件 "dwg\第 3 章\3-8.dwg"，如图 3-20 左图所示。
2. 打开极轴追踪、对象捕捉及捕捉追踪功能。设置极轴追踪角度增量为 "30"，设定对象捕捉方式为 "端点" "交点"，设置沿所有极轴角进行捕捉追踪。
3. 键入 LINE 命令，系统提示如下。

> 命令: _line 指定第一点: 6
> 　　　　　　　　　　　　　　//以 *A* 点为追踪参考点向上追踪，输入追踪距离并按 Enter 键
> 指定下一点或 [放弃(U)]: 　　//从 *E* 点向右追踪，再在 *B* 点建立追踪参考点以确定 *F* 点
> 指定下一点或 [放弃(U)]: 　　//从 *F* 点沿 60° 方向追踪，再在 *C* 点建立参考点以确定 *G* 点
> 指定下一点或 [闭合(C)/放弃(U)]: 　　//从 *G* 点向上追踪并捕捉交点 *H*
> 指定下一点或 [闭合(C)/放弃(U)]: 　　//按 Enter 键结束
> 命令: 　　　　　　　　　　　//按 Enter 键重复命令
> LINE 指定第一点: 10 　　　　//从基点 *L* 向右追踪，输入追踪距离并按 Enter 键
> 指定下一点或 [放弃(U)]: 10 　　//从 *M* 点向下追踪，输入追踪距离并按 Enter 键
> 指定下一点或 [放弃(U)]: 　　//从 *N* 点向右追踪，再在 *P* 点建立追踪参考点以确定 *O* 点
> 指定下一点或 [闭合(C)/放弃(U)]: 　　//从 *O* 点向上追踪并捕捉交点 *P*
> 指定下一点或 [闭合(C)/放弃(U)]: 　　//按 Enter 键结束

结果如图 3-20 右图所示。

3.1.5　利用动态输入及动态提示功能画线

按下状态栏上的 按钮，打开动态输入及动态提示功能。此时，用户若启动 AutoCAD 命令，则系统将在十字光标附近显示命令提示信息、光标点的坐标值、线段的长度和角度等，用户可直接在信息提示栏中选择命令选项或输入新坐标值、线段长度或角度等参数。

一、动态输入

动态输入包含以下两项功能。

- 指针输入：在鼠标光标附近的信息提示栏中显示点的坐标值。默认情况下，第一点显示为绝对直角坐标值，第二点及后续点显示为相对极坐标值。用户可在信息栏中输入新坐标值来定位点，输入坐标值时，先在第一个框中输入数值，再按 Tab 键进入下一框中继续输入数值。每次切换坐标框时，前一框中的数值将被锁定，框中显示 图标。
- 标注输入：在鼠标光标附近显示线段的长度及角度，按 Tab 键可在长度及角度值间切换，并可输入新的长度及角度值。

二、动态提示

在鼠标光标附近显示命令提示信息，用户可直接在信息栏（而不是在命令行）中输入所

需的命令参数。若命令有多个选项，则信息栏中将出现 图标，按向下的箭头键，弹出菜单，菜单上显示命令所包含的选项，用鼠标选择其中之一就执行相应的功能。

【**练习3-9**】：　打开动态输入及动态提示功能，用 LINE 命令绘制图 3-21 所示的图形。

1. 用鼠标右键单击状态栏上的 按钮，弹出快捷菜单，选取【动态输入设置】命令，打开【草图设置】对话框。在【动态输入】选项卡中选取【启用指针输入】【可能时启用标注输入】【在十字光标附近显示命令提示和命令输入】及【随命令提示显示更多提示】复选项，如图 3-22 所示。

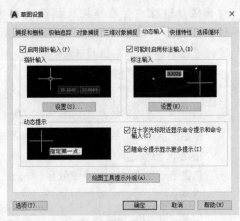

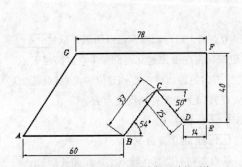

图3-21　利用动态输入及动态提示功能画线　　　图3-22　【草图设置】对话框

2. 按下 按钮，打开动态输入及动态提示。键入 LINE 命令，系统提示如下。

命令：_line 指定第一点：260,120　　//输入 A 点的 x 坐标值

　　　　　　　　　　　　　　　　　　//按 Tab 键，输入 A 点的 y 坐标值，按 Enter 键

指定下一点或 [放弃(U)]：0　　　　//输入线段 AB 的长度 60

　　　　　　　　　　　　　　　　　　//按 Tab 键，输入线段 AB 的角度 0°，按 Enter 键

指定下一点或 [放弃(U)]：54　　　　//输入线段 BC 的长度 33

　　　　　　　　　　　　　　　　　　//按 Tab 键，输入线段 BC 的角度 54°，按 Enter 键

指定下一点或 [闭合(C)/放弃(U)]：50　//输入线段 CD 的长度 25

　　　　　　　　　　　　　　　　　　//按 Tab 键，输入线段 CD 的角度 50°，按 Enter 键

指定下一点或 [闭合(C)/放弃(U)]：0　//输入线段 DE 的长度 14

　　　　　　　　　　　　　　　　　　//按 Tab 键，输入线段 DE 的角度 0°，按 Enter 键

指定下一点或 [闭合(C)/放弃(U)]：90　//输入线段 EF 的长度 40

　　　　　　　　　　　　　　　　　　//按 Tab 键，输入线段 EF 的角度 90°，按 Enter 键

指定下一点或 [闭合(C)/放弃(U)]：180　　//输入线段 FG 的长度 78

　　　　　　　　　　　　　　　　　　//按 Tab 键，输入线段 FG 的角度 180°，按 Enter 键

指定下一点或 [闭合(C)/放弃(U)]：c　//按 ↓ 键，选取"闭合"选项

结果如图 3-21 所示。

3.1.6　调整线条长度

调整线条长度，可采取以下 3 种方法。

(1) 打开极轴追踪或正交模式，选择线段，线段上出现关键点（实心矩形点），选中端

点处的关键点后，移动鼠标光标，系统就沿水平方向或竖直方向改变线段的长度。

(2) 选择线段，线段上出现关键点（实心矩形点），将鼠标光标悬停在端点处的关键点上，弹出快捷菜单，选择【拉长】命令调整线段长度，操作时，也可输入数值改变线段长度。

(3) 利用 LENGTHEN 命令可一次改变线段、圆弧、椭圆弧等多个对象的长度。使用此命令时，经常采用的选项是"动态"，即直观地拖动对象来改变其长度。此外，也可利用"增量"选项按指定值编辑线段长度，或是通过"总计"选项设定对象的总长。

一、 命令启动方法

- 菜单命令:【修改】/【拉长】。
- 面板:【默认】选项卡中【修改】面板上的 ✏ 按钮。
- 命令: LENGTHEN 或简写 LEN。

【练习3-10】: 练习 LENGTHEN 命令。

打开素材文件"dwg\第 3 章\3-10.dwg"，如图 3-23 左图所示，下面用 LENGTHEN 命令将左图修改为右图。

命令: lengthen
选择要测量的对象或 [增量(DE)/百分比(P)/总计(T)/动态(DY)]: dy
　　　　　　　　　　　　　　　　　　//使用"动态(DY)"选项
选择要修改的对象或 [放弃(U)]:　　　　//选择线段 A 的右端，如图 3-23 左图所示
指定新端点:　　　　　　　　　　　　//调整线段端点到适当位置
选择要修改的对象或 [放弃(U)]:　　　　//选择线段 B 的右端
指定新端点:　　　　　　　　　　　　//调整线段端点到适当位置
选择要修改的对象或 [放弃(U)]:　　　　//按 Enter 键结束

结果如图 3-23 右图所示。

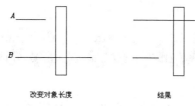

图3-23　改变对象长度

二、 命令选项

- 增量(DE): 以指定的增量值改变线段或圆弧的长度。对于圆弧，还可通过设定角度增量改变其长度。
- 百分比(P): 以对象总长度的百分比形式改变对象长度。
- 总计(T): 通过指定线段或圆弧的新长度来改变对象总长。
- 动态(DY): 拖动鼠标光标就可以动态地改变对象长度。

3.1.7　剪断线段

绘图过程中，常有许多线条交织在一起，若想将线条的某一部分修剪掉，可使用 TRIM 命令。启动该命令后，系统提示用户指定一个或几个对象作为剪切边（可以想象为剪刀），

然后用户就可以选择被剪掉的部分。剪切边可以是线段、圆弧、样条曲线等对象，剪切边本身也可作为被修剪的对象。

除修剪功能外，TRIM 命令也可将对象延伸到剪切边。

一、命令启动方法

- 菜单命令：【修改】/【修剪】。
- 面板：【默认】选项卡中【修改】面板上的 按钮。
- 命令：TRIM 或简写 TR。

【练习3-11】：练习 TRIM 命令。

打开素材文件 "dwg\第 3 章\3-11.dwg"，如图 3-24 左图所示，下面用 TRIM 命令将左图修改为右图。

```
命令: _trim
选择对象或 <全部选择>：找到 1 个          //选择剪切边 AB，如图 3-24 左图所示
选择对象：找到 1 个，总计 2 个            //选择剪切边 CD
选择对象：                                //按 Enter 键确认
选择要修剪的对象，或按住 Shift 键选择要延伸的对象，或
[栏选(F)/窗交(C)/投影(P)/边(E)/删除(R)/放弃(U)]：  //选择被修剪的对象
选择要修剪的对象，或按住 Shift 键选择要延伸的对象，或
[栏选(F)/窗交(C)/投影(P)/边(E)/删除(R)/放弃(U)]：  //选择其他被修剪的对象
选择要修剪的对象，或按住 Shift 键选择要延伸的对象，或
[栏选(F)/窗交(C)/投影(P)/边(E)/删除(R)/放弃(U)]：  //选择其他被修剪的对象
选择要修剪的对象，或按住 Shift 键选择要延伸的对象，或
[栏选(F)/窗交(C)/投影(P)/边(E)/删除(R)/放弃(U)]：  //按 Enter 键结束
```

结果如图 3-24 右图所示。

 当修剪图形中某一区域的线条时，可直接把这个部分的所有图元都选中，这样图元之间就能进行相互修剪。用户接下来的任务仅仅是仔细地选择被剪切的对象。

二、命令选项

(1) 按住 Shift 键选择要延伸的对象：将选定的对象延伸至剪切边。

(2) 栏选(F)：用户绘制连续折线，与折线相交的对象被修剪。

(3) 窗交(C)：利用交叉窗口选择对象。

(4) 投影(P)：该选项可以使用户指定执行修剪的空间。例如，三维空间中两条线段呈交叉关系，用户可利用该选项假想将其投影到某一平面上执行修剪操作。

(5) 边(E)：选择此选项，系统提示如下。

输入隐含边延伸模式 [延伸(E)/不延伸(N)] <不延伸>：

- 延伸(E)：如果剪切边太短，没有与被修剪对象相交，则系统假想将剪切边延长，然后执行修剪操作，如图 3-25 所示。
- 不延伸(N)：只当剪切边与被剪切对象实际相交，才进行修剪。

(6) 放弃(U)：若修剪有误，可输入字母 "U" 撤销修剪。

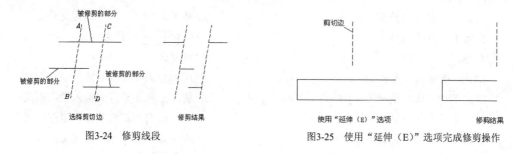

图3-24　修剪线段　　　　　　　　　图3-25　使用"延伸（E）"选项完成修剪操作

3.1.8　例题———画线的方法

【练习3-12】： 绘制图 3-26 所示的图形。这个练习的目的是使用户掌握 LINE 命令的用法，学会如何输入点的坐标及怎样利用对象捕捉、极轴追踪和自动追踪等功能快速画线。

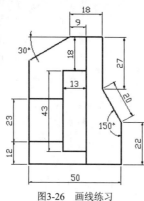

图3-26　画线练习

1. 打开极轴追踪、对象捕捉及自动追踪功能。设置极轴追踪角度增量为"30"，设定对象捕捉方式为"端点""交点"，设置沿所有极轴角进行自动追踪。

2. 画线段 *AB*、*BC*、*CD* 等，如图 3-27 所示。

命令：_line 指定第一点：	//单击 *A* 点，如图 3-27 所示
指定下一点或 [放弃(U)]：50	//从 *A* 点向右追踪并输入追踪距离
指定下一点或 [放弃(U)]：22	//从 *B* 点向上追踪并输入追踪距离
指定下一点或 [闭合(C)/放弃(U)]：20	//从 *C* 点沿 120° 方向追踪并输入追踪距离
指定下一点或 [闭合(C)/放弃(U)]：27	//从 *D* 点向上追踪并输入追踪距离
指定下一点或 [闭合(C)/放弃(U)]：18	//从 *E* 点向左追踪并输入追踪距离
	//从 *A* 点向上移动鼠标光标，系统显示竖直追踪线
	//当鼠标光标移动到某一位置时，系统显示 210° 方向追踪线
指定下一点或 [闭合(C)/放弃(U)]：	//在两条追踪线的交点处单击一点 *G*
指定下一点或 [闭合(C)/放弃(U)]：	//捕捉 *A* 点
指定下一点或 [闭合(C)/放弃(U)]：	//按 Enter 键结束

结果如图 3-27 所示。

3. 画线段 *HI*、*JK*、*KL* 等，如图 3-28 所示。

命令：_line 指定第一点：9　　　　　　　//从 *F* 点向右追踪并输入追踪距离

指定下一点或 [放弃(U)]:　　　　　　　　　　//从 *H* 点向下追踪并捕捉交点 *I*

指定下一点或 [放弃(U)]:　　　　　　　　　　//按 [Enter] 键结束

命令:　　　　　　　　　　　　　　　　　　　//重复命令

LINE 指定第一点: 18　　　　　　　　　　　　//从 *H* 点向下追踪并输入追踪距离

指定下一点或 [放弃(U)]: 13　　　　　　　　　//从 *J* 点向左追踪并输入追踪距离

指定下一点或 [放弃(U)]: 43　　　　　　　　　//从 *K* 点向下追踪并输入追踪距离

指定下一点或 [闭合(C)/放弃(U)]:　　　　　　//从 *L* 点向右追踪并捕捉交点 *M*

指定下一点或 [闭合(C)/放弃(U)]:　　　　　　//按 [Enter] 键结束

结果如图 3-28 所示。

4. **画线段 *NO*、*PQ*，如图 3-29 所示。**

命令: _line 指定第一点: 12　　　　　　　　　//从 *A* 点向上追踪并输入追踪距离

指定下一点或 [放弃(U)]:　　　　　　　　　　//从 *N* 点向右追踪并捕捉交点 *O*

指定下一点或 [放弃(Up)]:　　　　　　　　　 //按 [Enter] 键结束

命令:　　　　　　　　　　　　　　　　　　　//重复命令

LINE 指定第一点: 23　　　　　　　　　　　　//从 *N* 点向上追踪并输入追踪距离

指定下一点或 [放弃(U)]:　　　　　　　　　　//从 *P* 点向右追踪并捕捉交点 *Q*

指定下一点或 [放弃(U)]:　　　　　　　　　　//按 [Enter] 键结束

结果如图 3-29 所示。

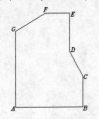　　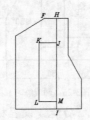　　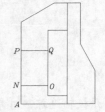

图3-27　画闭合线框　　　　　图3-28　画线段 *HI*、*JK*、*KL* 等　　　　　图3-29　画线段 *NO*、*PQ*

3.2　延伸、打断对象

下面介绍延伸及打断对象的方法。

3.2.1　延伸线条

利用 EXTEND 命令可以将线段、曲线等对象延伸到一个边界对象，使其与边界对象相交。有时边界对象可能是隐含边界，这时对象延伸后并不与实体直接相交，而是与边界的隐含部分相交。

除延伸功能外，EXTEND 命令也可将边界对象作为剪切边修剪对象。

一、 命令启动方法

- 菜单命令:【修改】/【延伸】。
- 面板:【默认】选项卡中【修改】面板上的 按钮。
- 命令: EXTEND 或简写 EX。

【练习3-13】：练习 EXTEND 命令。

打开素材文件 "dwg\第 3 章\3-13.dwg"，如图 3-30 左图所示，用 EXTEND 命令将左图修改为右图。

```
命令: _extend
选择对象或 <全部选择>: 找到 1 个              //选择边界线段 C，如图 3-30 左图所示
选择对象:                                   //按 Enter 键
选择要延伸的对象，或按住 Shift 键选择要修剪的对象，或
[栏选(F)/窗交(C)/投影(P)/边(E)/放弃(U)]:    //选择要延伸的线段 A
选择要延伸的对象，或按住 Shift 键选择要修剪的对象，或
[栏选(F)/窗交(C)/投影(P)/边(E)/放弃(U)]: e
                                          //利用"边(E)"选项将线段 B 延伸到隐含边界
输入隐含边延伸模式 [延伸(E)/不延伸(N)] <不延伸>: e   //指定"延伸(E)"选项
选择要延伸的对象，或按住 Shift 键选择要修剪的对象，或
[栏选(F)/窗交(C)/投影(P)/边(E)/放弃(U)]:          //选择线段 B
选择要延伸的对象，或按住 Shift 键选择要修剪的对象，或
[栏选(F)/窗交(C)/投影(P)/边(E)/放弃(U)]:          //按 Enter 键结束
```

结果如图 3-30 右图所示。

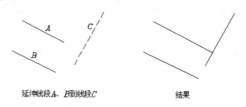

图3-30   延伸线段

要点提示　在延伸操作中，一个对象可同时被用作边界边及延伸对象。

二、 命令选项

- 按住 Shift 键选择要修剪的对象：将选择的对象修剪到边界而不是将其延伸。
- 栏选(F)：用户绘制连续折线，与折线相交的对象被延伸。
- 窗交(C)：利用交叉窗口选择对象。
- 投影(P)：该选项使用户可以指定延伸操作的空间。对于二维绘图来说，延伸操作是在当前用户坐标平面（xy 平面）内进行的。在三维空间作图时，用户可通过该选项将两个交叉对象投影到 xy 平面或当前视图平面内执行延伸操作。
- 边(E)：该选项控制是否把对象延伸到隐含边界。当边界边太短、延伸对象后不能与其直接相交（如图 3-30 中的边界边 C）时，就打开该选项，此时系统假想将边界边延长，然后使延伸边伸长到与边界相交的位置。
- 放弃(U)：取消上一次的操作。

3.2.2　打断线条

BREAK 命令可以删除对象的一部分，常用于打断线段、圆、圆弧和椭圆等。此命令既可以在一个点处打断对象，也可以在指定的两点间打断对象。

一、　命令启动方法

- 菜单命令:【修改】/【打断】。
- 面板:【默认】选项卡中【修改】面板上的 按钮。
- 命令: BREAK 或简写 BR。

【练习3-14】:　练习 BREAK 命令。

打开素材文件 "dwg\第 3 章\3-14.dwg"，如图 3-31 左图所示，用 BREAK 命令将左图修改为右图。

命令: _break 选择对象:
　　　　　　　　　　　　//在 C 点处选择对象，如图 3-31 左图所示，系统将该点作为第一打断点
指定第二个打断点或 [第一点(F)]:　　　　//在 D 点处选择对象
命令:　　　　　　　　　　　　　//重复命令
BREAK 选择对象:　　　　　　　　//选择线段 A
指定第二个打断点或 [第一点(F)]: f　　　//使用"第一点(F)"选项
指定第一个打断点: int 于　　　　　　//捕捉交点 B
指定第二个打断点: @　　　　　　　//第二打断点与第一打断点重合，线段 A 将在 B 点处断开

结果如图 3-31 右图所示。

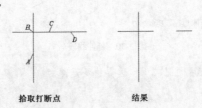

拾取打断点　　　　　　　　结果

图3-31　打断线段

　在圆上选择两个打断点后，系统沿逆时针方向将第一打断点与第二打断点间的那部分圆弧删除。

二、　命令选项

- 指定第二个打断点: 在图形对象上选取第二点后，系统将第一打断点与第二打断点间的部分删除。
- 第一点(F): 该选项使用户可以重新指定第一打断点。

BREAK 命令还有以下一些操作方式。

(1)　如果要删除线段、圆弧或多段线的一端，可在选择被打断的对象后，将第二打断点指定在要删除部分那端的外面。

(2)　当系统提示输入第二打断点时，键入"@"，则系统将第一断点和第二断点视为同一点，这样就将一个对象拆分为二而没有删除其中的任何一部分。

3.3 作平行线

作已知线段的平行线，一般采取以下的方法。

- 使用 OFFSET 命令画平行线。
- 利用平行捕捉"PAR"画平行线。

3.3.1 用 OFFSET 命令绘制平行线

OFFSET 命令可将对象偏移指定的距离，创建一个与原对象类似的新对象。它可操作的图元包括线段、圆、圆弧、多段线、椭圆、构造线和样条曲线等。当偏移一个圆时，可创建同心圆。当偏移一条闭合的多段线时，可建立一个与原对象形状相同的闭合图形。

使用 OFFSET 命令时，用户可以通过两种方式创建新线段：一种是输入平行线间的距离，另一种是指定新平行线通过的点。

一、命令启动方法

- 菜单命令:【修改】/【偏移】。
- 面板:【默认】选项卡中【修改】面板上的 按钮。
- 命令: OFFSET 或简写 O。

【练习3-15】： 练习 OFFSET 命令。

打开素材文件"dwg\第 3 章\3-15.dwg"，如图 3-32 左图所示，下面用 OFFSET 命令将左图修改为右图。

```
命令: _offset                          //绘制与 AB 平行的线段 CD，如图 3-32 左图所示
指定偏移距离或 [通过(T)/删除(E)/图层(L)] <通过>: 10  //输入平行线间的距离
选择要偏移的对象，或 [退出(E)/放弃(U)] <退出>:     //选择线段 AB
指定要偏移的那一侧上的点，或 [退出(E)/多个(M)/放弃(U)] <退出>:
                                                    //在线段 AB 的右边单击一点
选择要偏移的对象，或 [退出(E)/放弃(U)] <退出>:     //按 Enter 键结束
命令:OFFSET                            //过 K 点画线段 EF 的平行线 GH
指定偏移距离或 [通过(T)/删除(E)/图层(L)] <10.0000>: t  //选取"通过(T)"选项
选择要偏移的对象，或 [退出(E)/放弃(U)] <退出>:     //选择线段 EF
指定通过点或 [退出(E)/多个(M)/放弃(U)] <退出>:     //捕捉平行线通过的点 K
选择要偏移的对象，或 [退出(E)/放弃(U)] <退出>:     //按 Enter 键结束
```

结果如图 3-32 右图所示。

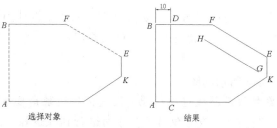

图3-32　作平行线

二、　命令选项

- 指定偏移距离：用户输入偏移距离值，系统根据此数值偏移原始对象来产生新对象。
- 通过(T)：通过指定点创建新的偏移对象。
- 删除(E)：偏移原对象后将其删除。
- 图层(L)：指定将偏移后的新对象放置在当前图层上或原对象所在的图层上。
- 多个(M)：在要偏移的一侧单击多次，就创建多个等距对象。

3.3.2　利用平行捕捉"PAR"绘制平行线

过某一点作已知线段的平行线，可利用平行捕捉"PAR"，这种绘制平行线的方式使用户可以很方便地画出倾斜位置的图形结构。

【练习3-16】：　平行捕捉方式的应用。

打开素材文件"dwg\第 3 章\3-16.dwg"，如图 3-33 左图所示，下面用 LINE 命令并结合平行捕捉"PAR"将左图修改为右图。

命令：_line 指定第一点：ext	//用"EXT"捕捉 C 点，如图 3-33 右图所示
于 10	//输入 C 点与 B 点的距离值
指定下一点或 [放弃(U)]：par	//利用"PAR"画线段 AB 的平行线 CD
到 15	//输入线段 CD 的长度
指定下一点或 [放弃(U)]：par	//利用"PAR"画平行线 DE
到 30	//输入线段 DE 的长度
指定下一点或 [闭合(C)/放弃(U)]：per 到	//用"PER"绘制垂线 EF
指定下一点或 [闭合(C)/放弃(U)]：	//按 Enter 键结束

结果如图 3-33 右图所示。

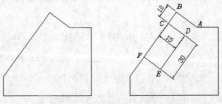

图3-33　利用"PAR"绘制平行线

3.3.3　例题二——用 OFFSET 和 TRIM 命令构图

OFFSET 命令可以偏移已有图形对象生成新对象，因此在设计图纸时并不需要用 LINE 命令绘制图中的每一条线段，用户可通过偏移已有线条构建新图形。下面的例子演示了这种绘图方法。

【练习3-17】：　绘制图 3-34 所示的图形。

1. 打开极轴追踪、对象捕捉及捕捉追踪功能。设置极轴追踪角度增量为"90"，设定对象捕捉方式为"端点""交点"，设置仅沿正交方向进行捕捉追踪。

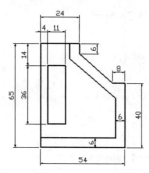

图3-34　用 OFFSET 命令构建新图形

2. 画两条正交线段 *AB*、*CD*，如图 3-35 所示。线段 *AB* 的长度为 70 左右，线段 *CD* 的长度为 80 左右。

　　命令：_line 指定第一点：　　　　　　　　　//在屏幕上单击 *A* 点

　　指定下一点或 [放弃(U)]：　　　　　　　//水平向右移动鼠标光标再单击 *B* 点

　　指定下一点或 [放弃(U)]：　　　　　　　//按 Enter 键结束

　再绘制竖直线段 *CD*，结果如图 3-35 所示。

3. 画平行线 *G*、*H*、*I*、*J*，如图 3-36 所示。

　　命令：_offset

　　指定偏移距离或 [通过(T)] <12.0000>：24　　　//输入偏移的距离

　　选择要偏移的对象或 <退出>：　　　　　　//选择线段 *F*

　　指定要偏移的那一侧上的点：　　　　　　//在线段 *F* 的右边单击一点

　　选择要偏移的对象或 <退出>：　　　　　　//按 Enter 键结束

　　命令：OFFSET　　　　　　　　　　　//重复命令

　　指定偏移距离或 [通过(T)] <24.0000>：54　　　//输入偏移的距离

　　选择要偏移的对象 或 <退出>：　　　　　//选择线段 *F*

　　指定要偏移的那一侧上的点：　　　　　　//在线段 *F* 的右边单击一点

　　选择要偏移的对象或 <退出>：　　　　　//按 Enter 键结束

　继续绘制以下平行线。

　向上偏移线段 *E* 至 *I*，偏移距离等于 40。

　向上偏移线段 *E* 至 *J*，偏移距离等于 65。

　结果如图 3-36 所示。修剪多余线条，结果如图 3-37 所示。

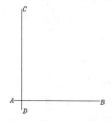 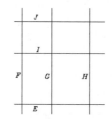 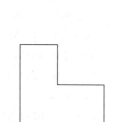

图3-35　画线段 *AB*、*CD*　　　　图3-36　画平行线 *G*、*H*、*I*、*J*　　　　图3-37　修剪结果（1）

 为简化说明，仅将 OFFSET 命令序列中与当前操作相关的提示信息及命令选项罗列出来，而将其他部分省略。这种讲解方式在后续的例题中也将采用。

4. 画平行线 *L*、*M*、*O*、*P*，如图 3-38 所示。

命令：_offset

指定偏移距离或 [通过(T)] <12.0000>: 4   //输入偏移的距离

选择要偏移的对象或 <退出>:   //选择线段 *K*

指定要偏移的那一侧上的点: //在线段 *K* 的右边单击一点

选择要偏移的对象或 <退出>:   //按 Enter 键结束

命令：OFFSET   //重复命令

指定偏移距离或 [通过(T)] <4.0000>:11   //输入偏移的距离

选择要偏移的对象或 <退出>:   //选择线段 *L*

指定要偏移的那一侧上的点: //在线段 *L* 的右边单击一点

选择要偏移的对象或 <退出>:   //按 Enter 键结束

继续绘制以下平行线。

向下偏移线段 *N* 至 *O*，偏移距离等于 14。

向下偏移线段 *O* 至 *P*，偏移距离等于 36。

结果如图 3-38 所示。修剪多余线条，结果如图 3-39 所示。

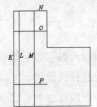

图3-38　画平行线 *L*、*M*、*O*、*P*

图3-39　修剪结果（2）

5. 画斜线 *BC*，如图 3-40 所示。

命令：_line 指定第一点: 8   //从 *S* 点向左追踪并输入追踪距离

指定下一点或 [放弃(U)]: 6   //从 *T* 点向下追踪并输入追踪距离

指定下一点或 [放弃(U)]:   //按 Enter 键结束

结果如图 3-40 所示。修剪多余线条，结果如图 3-41 所示。

6. 画平行线 *H*、*I*、*J*、*K*，如图 3-42 所示。

命令：_offset

指定偏移距离或 [通过(T)] <36.0000>: 6   //输入偏移的距离

选择要偏移的对象或 <退出>:   //选择线段 *D*

指定要偏移的那一侧上的点: //在线段 *D* 的上边单击一点

选择要偏移的对象或 <退出>:   //选择线段 *E*

指定要偏移的那一侧上的点: //在线段 *E* 的左边单击一点

选择要偏移的对象或 <退出>:   //选择线段 *F*

指定要偏移的那一侧上的点: //在线段 *F* 的下边单击一点

选择要偏移的对象或 <退出>:   //选择线段 *G*

指定要偏移的那一侧上的点: //在线段 *G* 的左边单击一点

选择要偏移的对象或 <退出>:   //按 Enter 键结束

结果如图 3-42 所示。

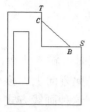

图3-40　画斜线 *BC*

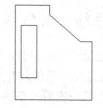

图3-41　修剪结果（3）

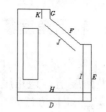

图3-42　画平行线 *H*、*I*、*J*、*K*

7. 延伸线条 *J*、*K*。

命令：_extend

选择对象：指定对角点：找到 2 个　　　　　　//选择线段 *K*、*J*，如图 3-42 所示

选择对象：找到 1 个，总计 3 个　　　　　　//选择线段 *I*

选择对象：　　　　　　　　　　　　　　　　//按 Enter 键

选择要延伸的对象[投影(P)/边(E)/放弃(U)]：　//向下延伸线段 *K*

选择要延伸的对象[投影(P)/边(E)/放弃(U)]：　//向左上方延伸线段 *J*

选择要延伸的对象[投影(P)/边(E)/放弃(U)]：　//向右下方延伸线段 *J*

选择要延伸的对象[投影(P)/边(E)/放弃(U)]：　//按 Enter 键结束

结果如图 3-43 所示。修剪多余线条，结果如图 3-44 所示。

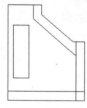

图3-43　延伸线条

图3-44　修剪结果（4）

3.4　画垂线、斜线及切线

工程设计中经常要画出某条线段的垂线、与圆弧相切的切线或与已知线段成某一夹角的斜线。下面介绍垂线、切线及斜线的画法。

3.4.1　利用垂足捕捉"PER"画垂线

若是过线段外的一点 *A* 作已知线段 *BC* 的垂线 *AD*，则可使用 LINE 命令并结合垂足捕捉"PER"绘制该条垂线，如图 3-45 所示。绘制完成后，可用移动命令并结合延伸点捕捉（EXT）将垂线移动到指定位置。

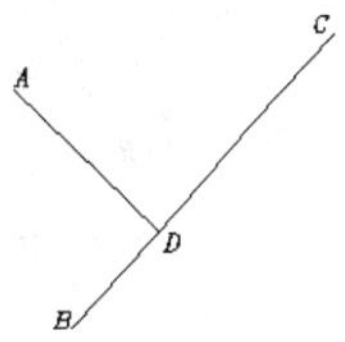

【练习3-18】：利用垂足捕捉"PER"画垂线。

命令：_line 指定第一点：　　　　//拾取 *A* 点，如图 3-45 所示

指定下一点或 [放弃(U)]：per 到　//利用"PER"捕捉垂足 *D*

指定下一点或 [放弃(U)]：　　　　//按 Enter 键结束

图3-45　画垂线

结果如图 3-45 所示。

3.4.2　利用角度覆盖方式画垂线及倾斜线段

如果要沿某一方向画任意长度的线段，用户可在系统提示输入点时，输入一个小于号"<"及角度值，该角度表明了画线的方向，系统将把鼠标光标锁定在此方向上。移动鼠标光标，线段的长度就发生变化，获取适当长度后，单击鼠标左键结束，这种画线方式为角度覆盖方式。

【练习3-19】：画垂线及倾斜线段。

打开素材文件"dwg\第 3 章\3-19.dwg"，如图 3-46 所示，利用角度覆盖方式画垂线 *BC* 和斜线 *DE*。

命令：_line 指定第一点：ext	//使用延伸捕捉"EXT"
于 20	//输入 *B* 点与 *A* 点的距离
指定下一点或 [放弃(U)]：<120	//指定线段 *BC* 的方向
指定下一点或 [放弃(U)]：	//在 *C* 点处单击一点
指定下一点或 [放弃(U)]：	//按 Enter 键结束
命令：	//重复命令
LINE 指定第一点：ext	//使用延伸捕捉"EXT"
于 50	//输入 *D* 点与 *A* 点的距离
指定下一点或 [放弃(U)]：<130	//指定线段 *DE* 的方向
指定下一点或 [放弃(U)]：	//在 *E* 点处单击一点
指定下一点或 [放弃(U)]：	//按 Enter 键结束

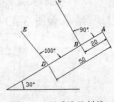

图3-46　画垂线及斜线

结果如图 3-46 所示。

3.4.3　用 XLINE 命令画任意角度斜线

XLINE 命令可以画无限长的构造线，利用它能直接画出水平方向、竖直方向、倾斜方向及平行关系的线段。作图过程中采用此命令画定位线或绘图辅助线是很方便的。

一、命令启动方法

- 菜单命令：【绘图】/【构造线】。
- 面板：【默认】选项卡中【绘图】面板上的 ✐ 按钮。
- 命令：XLINE 或简写 XL。

【练习3-20】：练习 XLINE 命令。

打开素材文件"dwg\第 3 章\3-20.dwg"，如图 3-47 左图所示，下面用 XLINE 命令将左图修改为右图。

命令：_xline 指定点或 [水平(H)/垂直(V)/角度(A)/二等分(B)/偏移(O)]：v	//使用"垂直(V)"选项
指定通过点：ext	//使用延伸捕捉
于 12	//输入 *B* 点与 *A* 点的距离，如图 3-47 右图所示
指定通过点：	//按 Enter 键结束
命令：	//重复命令

XLINE 指定点或 [水平(H)/垂直(V)/角度(A)/二等分(B)/偏移(O)]: a
　　　　　　　　　　　　　　　　　　　//使用"角度(A)"选项

输入构造线的角度 (0) 或 [参照(R)]: r　　//使用"参照(R)"选项

选择直线对象:　　　　　//选择线段 AC

输入构造线的角度 <0>: -50　//输入角度值

指定通过点: ext　　　//使用延伸捕捉

于 10　　　　　//输入 D 点与 C 点的距离

指定通过点:　　　//按 Enter 键结束

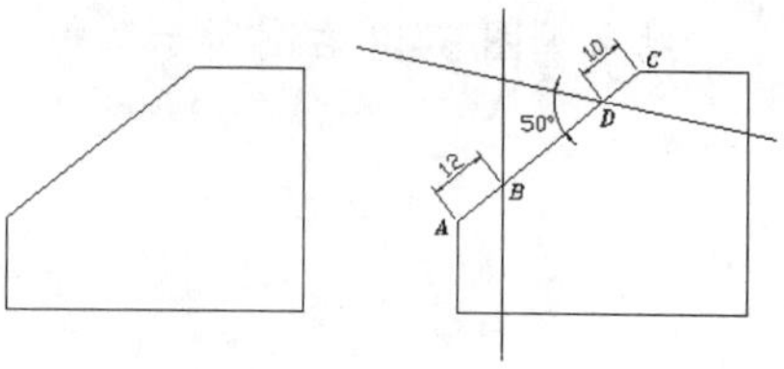

结果如图 3-47 右图所示。

图3-47　画构造线

二、命令选项

- 指定点: 通过两点绘制直线。
- 水平(H): 画水平方向直线。
- 垂直(V): 画竖直方向直线。
- 角度(A): 通过某点画一个与已知线段成一定角度的直线。
- 二等分(B): 绘制一条平分已知角度的直线。
- 偏移(O): 可输入一个偏移距离值绘制平行线,或指定直线通过的点来创建新平行线。

3.4.4　画切线

画圆切线的情况一般有两种。

- 过圆外的一点作圆的切线。
- 绘制两个圆的公切线。

用户可利用 LINE 命令并结合切点捕捉"TAN"来绘制切线。此外,还有一种切线形式是沿指定的方向与圆或圆弧相切,可用 LINE 及 OFFSET 命令来绘制。

【练习3-21】: 画圆的切线。

打开素材文件"dwg\第 3 章\3-21.dwg",如图 3-48 左图所示,用 LINE 命令将左图修改为右图。

命令: _line 指定第一点: end 于　　　//捕捉端点 A,如图 3-48 右图所示

指定下一点或 [放弃(U)]: tan 到　　　//捕捉切点 B

指定下一点或 [放弃(U)]:　　　//按 Enter 键结束

命令:　　　　　//重复命令

LINE 指定第一点: end 于　　　//捕捉端点 C

指定下一点或 [放弃(U)]: tan 到　　　//捕捉切点 D

指定下一点或 [放弃(U)]:　　　//按 Enter 键结束

命令:　　　　　//重复命令

LINE 指定第一点: tan 到　　　//捕捉切点 E

指定下一点或[放弃(U)]:tan 到　　　//捕捉切点 F

指定下一点或 [放弃(U)]:　　　//按 Enter 键结束

命令:　　　　　//重复命令

```
LINE 指定第一点: tan 到                    //捕捉切点 G
指定下一点或[放弃(U)]:tan 到               //捕捉切点 H
指定下一点或 [放弃(U)]:                     //按 Enter 键结束
```

结果如图 3-48 右图所示。

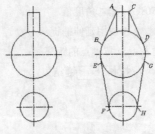

图3-48　画切线

3.4.5　例题三——画斜线、切线及垂线的方法

【练习3-22】：　打开素材文件 "dwg\第 3 章\3-22.dwg"，如图 3-49 左图所示，将左图修改为右图。这个练习的目的是让读者熟练掌握绘制斜线、切线及垂线的方法。

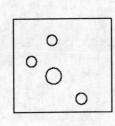 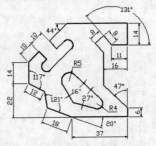

图3-49　画斜线、切线及垂线

1. 打开极轴追踪、对象捕捉及捕捉追踪功能。设置极轴追踪角度增量为 "90"，设定对象捕捉方式为 "端点" "交点"，设置仅沿正交方向进行捕捉追踪。

2. 画斜线 F、G 等。

```
命令: _line 指定第一点: 37        //从 A 点向左追踪并输入追踪距离，如图 3-50 所示
指定下一点或 [放弃(U)]: @18<160    //输入 C 点的相对坐标
指定下一点或 [放弃(U)]:            //按 Enter 键结束
命令:                             //重复命令
命令: _xline 指定点或 [水平(H)/垂直(V)/角度(A)/二等分(B)/偏移(O)]: a
                                  //使用 "角度(A)" 选项
输入构造线的角度 (0) 或 [参照(R)]:  r   //使用 "参照(R)" 选项
选择直线对象:                      //选择线段 BC
输入构造线的角度 <0>: 121          //输入角度值
指定通过点:                       //捕捉端点 C
指定通过点:                       //按 Enter 键结束
命令:                             //重复命令
XLINE 指定点或 [水平(H)/垂直(V)/角度(A)/二等分(B)/偏移(O)]: a
```

	//使用"角度(A)"选项
输入构造线的角度 (0) 或 [参照(R)]: r	//使用"参照(R)"选项
选择直线对象:	//选择线段 *DE*
输入构造线的角度 <0>: -117	//输入角度值
指定通过点: 22	//从 *D* 点向上追踪并输入追踪距离
指定通过点:	//按 Enter 键结束
命令:	//重复命令
XLINE 指定点或 [水平(H)/垂直(V)/角度(A)/二等分(B)/偏移(O)]: a	
	//使用"角度(A)"选项
输入构造线的角度 (0) 或 [参照(R)]: 44	//输入角度值
指定通过点: 36	//从 *D* 点向上追踪并输入追踪距离
指定通过点:	//按 Enter 键结束

结果如图 3-50 所示。修剪多余线条，结果如图 3-51 所示。

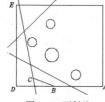

图3-50　画斜线

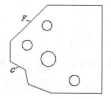

图3-51　修剪结果（1）

3. 画切线 *A*、*B* 及垂线 *C*、*D*。

命令: _line 指定第一点: tan 到	//捕捉切点 *H*，如图 3-52 所示
指定下一点或 [放弃(U)]: tan 到	//捕捉切点 *I*
指定下一点或 [放弃(U)]:	//按 Enter 键结束
命令:	//重复命令
LINE 指定第一点: tan 到	//捕捉切点 *K*
指定下一点或 [放弃(U)]: tan 到	//捕捉切点 *J*
指定下一点或 [放弃(U)]:	//按 Enter 键结束
命令:	//重复命令
LINE 指定第一点: ext	//使用延伸点捕捉
于 10	//输入 *M* 点与 *L* 点的距离
指定下一点或 [放弃(U)]: per 到	//捕捉垂足 *O*
指定下一点或 [放弃(U)]:	//按 Enter 键结束
命令:	//重复命令
LINE 指定第一点: ext	//使用延伸点捕捉
于 20	//输入 *N* 点与 *L* 点的距离
指定下一点或 [放弃(U)]: per 到	//捕捉垂足 *P*
指定下一点或 [放弃(U)]:	//按 Enter 键结束

结果如图 3-52 所示。修剪多余线条，结果如图 3-53 所示。

4. 画线段 *FG*、*GK*、*KJ*，如图 3-54 所示。

命令: _line 指定第一点: 14	//从 *E* 点向下追踪并输入追踪距离

指定下一点或 [放弃(U)]: 16　　　　　　　　　　//从 *F* 点向左追踪并输入追踪距离

指定下一点或 [放弃(U)]:　　　　　　　　　　　//从 *G* 点向下追踪并单击一点 *H*

指定下一点或 [闭合(C)/放弃(U)]:　　　　　　　//按 Enter 键结束

命令:　　　　　　　　　　　　　　　　　　　　//重复命令

LINE 指定第一点: 6　　　　　　　　　　　　　//从 *I* 点向上追踪并输入追踪距离

指定下一点或 [放弃(U)]: <137　　　　　　　　//输入画线角度

　　　　　　　　　　　　　　　　　　　　　　//在 *G* 点建立追踪参考点

指定下一点或 [放弃(U)]:　　　　　　　　　　　//单击 *K* 点

指定下一点或 [放弃(U)]:　　　　　　　　　　　//按 Enter 键结束

结果如图 3-54 所示。

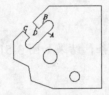

图3-52　画切线和垂线　　　　　图3-53　修剪结果（2）

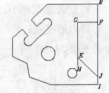

图3-54　画线段 *FG*、*GK* 等

5. 用 XLINE 命令画斜线 *O*、*P*、*R* 等，如图 3-55 所示。

命令: _xline 指定点或 [水平(H)/垂直(V)/角度(A)/二等分(B)/偏移(O)]: a

　　　　　　　　　　　　　　　　　　　　　　//使用"角度(A)"选项

输入构造线的角度 (0) 或 [参照(R)]: 131　　　//输入角度值

指定通过点: 11　　　　　　　　　　　　　　　//从 *L* 点向左追踪并输入追踪距离

指定通过点:　　　　　　　　　　　　　　　　 //按 Enter 键结束

命令: _offset

指定偏移距离或 [通过(T)] <7.0000>: 8　　　　//输入偏移距离

选择要偏移的对象或 <退出>:　　　　　　　　　//选择直线 *O*

指定要偏移的那一侧上的点:　　　　　　　　　　//在直线 *O* 的左下方单击一点

选择要偏移的对象或 <退出>:　　　　　　　　　//按 Enter 键结束

命令: _xline 指定点或 [水平(H)/垂直(V)/角度(A)/二等分(B)/偏移(O)]: a

　　　　　　　　　　　　　　　　　　　　　　//使用"角度(A)"选项

输入构造线的角度 (0) 或 [参照(R)]: r　　　　//使用"参照(R)"选项

选择直线对象:　　　　　　　　　　　　　　　　//选择直线 *O*

输入构造线的角度 <0>: 90　　　　　　　　　　//输入角度值

指定通过点:　　　　　　　　　　　　　　　　　//捕捉交点 *M*

指定通过点:　　　　　　　　　　　　　　　　　//按 Enter 键结束

命令: _offset

指定偏移距离或 [通过(T)] <8.0000>: 8　　　　//输入偏移距离

选择要偏移的对象或 <退出>:　　　　　　　　　//选择直线 *Q*

指定要偏移的那一侧上的点:　　　　　　　　　　//在直线 *Q* 的左上方单击一点

选择要偏移的对象或 <退出>:　　　　　　　　　//按 Enter 键结束

结果如图 3-55 所示。修剪及删除多余线条，结果如图 3-56 所示。

图3-55 画斜线 *O*、*P* 等

图3-56 修剪结果（3）

6. **画切线 *G*、*H* 等，如图 3-57 所示。**

命令：_line 指定第一点：tan 到	//捕捉切点 *A*，如图 3-57 所示
指定下一点或 [放弃(U)]：tan 到	//捕捉切点 *B*
指定下一点或 [放弃(U)]：	//按 Enter 键结束
命令：_xline 指定点或 [水平(H)/垂直(V)/角度(A)/二等分(B)/偏移(O)]：a	
	//使用"角度(A)"选项
输入构造线的角度 (0) 或 [参照(R)]： r	//使用"参照(R)"选项
选择直线对象：	//选择线段 *AB*
输入构造线的角度 <0>：-16	//输入角度值
指定通过点：cen 于	//捕捉圆心 *C*
指定通过点：	//按 Enter 键结束
命令：	//重复命令
XLINE 指定点或 [水平(H)/垂直(V)/角度(A)/二等分(B)/偏移(O)]：a	
	//使用"角度(A)"选项
输入构造线的角度 (0) 或 [参照(R)]： r	//使用"参照(R)"选项
选择直线对象：	//选择线段 *AB*
输入构造线的角度 <0>：27	//输入角度值
指定通过点：cen 于	//捕捉圆心 *D*
指定通过点：	//按 Enter 键结束
命令：_offset	
指定偏移距离或 [通过(T)] <8.0000>：5	//输入偏移距离
选择要偏移的对象或 <退出>：	//选择直线 *E*
指定要偏移的那一侧上的点：	//在直线 *E* 的左下方单击一点
选择要偏移的对象或 <退出>：	//按 Enter 键结束
命令：OFFSET	//重复命令
指定偏移距离或 [通过(T)] <4.0000>：4	//输入偏移距离
选择要偏移的对象或 <退出>：	//选择直线 *F*
指定要偏移的那一侧上的点：	//在直线 *F* 的左下方单击一点
选择要偏移的对象或 <退出>：	//按 Enter 键结束

结果如图 3-57 所示。修剪及删除多余线条，结果如图 3-58 所示。

图3-57 画切线 *G*、*H* 等

图3-58 修剪结果（4）

3.5 画圆及圆弧连接

工程图中画圆及圆弧连接的情况是很多的，本节将介绍画圆及圆弧连接的方法。

3.5.1 画圆

用 CIRCLE 命令绘制圆，默认的画圆方法是指定圆心和半径，此外，还可通过两点或三点来画圆。

一、命令启动方法

- 菜单命令：【绘图】/【圆】。
- 面板：【默认】选项卡中【绘图】面板上的 ⊘ 按钮。
- 命令：CIRCLE 或简写 C。

【练习3-23】：练习 CIRCLE 命令。

命令：_circle 指定圆的圆心或 [三点(3P)/两点(2P)/切点、切点、半径(T)]：
　　　　　　　　　　　　　　　　　　　　//指定圆心，如图 3-59 所示
指定圆的半径或 [直径(D)] <16.1749>:20　　　//输入圆半径

结果如图 3-59 所示。

二、命令选项

- 指定圆的圆心：默认选项。输入圆心坐标或拾取圆心后，系统提示输入圆半径或直径值。
- 三点(3P)：输入 3 个点绘制圆，如图 3-60 所示。
- 两点(2P)：指定直径的两个端点画圆。
- 切点、切点、半径(T)：选取与圆相切的两个对象，然后输入圆半径，如图 3-61 所示。

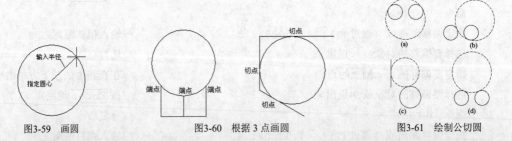

图3-59 画圆　　　　　图3-60 根据 3 点画圆　　　　　图3-61 绘制公切圆

 用 CIRCLE 命令的"切点、切点、半径(T)"选项绘制公切圆时，相切的情况常常取决于所选切点的位置及公切圆半径的大小。图 3-61 中的（a）（b）（d）图显示了在不同位置选择切点所创建的公切圆。当然，对于图中（a）（b）两种相切形式，公切圆半径不能太小，否则将不能出现内切的情况。

3.5.2 画圆弧连接

利用 CIRCLE 命令还可绘制各种圆弧连接，下面的练习将演示用 CIRCLE 命令绘制圆弧连接的方法。

【练习3-24】：打开素材文件"dwg\第 3 章\3-24.dwg"，如图 3-62 左图所示，用 CIRCLE

命令将左图修改为右图。

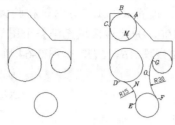

图3-62　圆弧连接

命令: _circle 指定圆的圆心或 [三点(3P)/两点(2P)/切点、切点、半径(T)]: 3p

　　　　　　　　　　　　　　　　　//利用"3P"选项画圆 M, 如图 3-62 右图所示

指定圆上的第一点: tan 到　　　　　　　//捕捉切点 A

指定圆上的第二点: tan 到　　　　　　　//捕捉切点 B

指定圆上的第三点: tan 到　　　　　　　//捕捉切点 C

命令:　　　　　　　　　　　　　　　　//重复命令

CIRCLE 指定圆的圆心或 [三点(3P)/两点(2P)/ 切点、切点、半径(T)]: t

　　　　　　　　　　　　　　　　　//利用"T"选项画圆 N

指定对象与圆的第一个切点:　　　　　　//捕捉切点 D

指定对象与圆的第二个切点:　　　　　　//捕捉切点 E

指定圆的半径 <10.8258>: 15　　　　　　//输入圆半径

命令:　　　　　　　　　　　　　　　　//重复命令

CIRCLE 指定圆的圆心或 [三点(3P)/两点(2P)/ 切点、切点、半径(T)]: t

　　　　　　　　　　　　　　　　　//利用"T"选项画圆 O

指定对象与圆的第一个切点:　　　　　　//捕捉切点 F

指定对象与圆的第二个切点:　　　　　　//捕捉切点 G

指定圆的半径 <15.0000>: 30　　　　　　//输入圆半径

修剪及删除多余线条, 结果如图 3-62 右图所示。

 当绘制与两圆相切的圆弧时, 在圆的不同位置拾取切点, 将画出内切或外切的圆弧。

3.5.3　例题四——画简单圆弧连接

【练习3-25】: 绘制图 3-63 所示的图形。

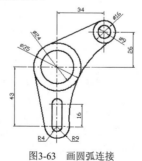

图3-63　画圆弧连接

1. 打开极轴追踪、对象捕捉及捕捉追踪功能。设置极轴追踪角度增量为 "90"，设定对象捕捉方式为 "端点" "交点"，设置仅沿正交方向进行捕捉追踪。

2. 设定绘图区域大小为 100×100，并使该区域充满整个图形窗口显示出来。

3. 画两条长度为 60 左右的正交线段 *AB*、*CD*，如图 3-64 所示。

命令：_line 指定第一点：	//在屏幕上单击 *A* 点
指定下一点或 [放弃(U)]：	//水平向右移动鼠标光标再单击 *B* 点
指定下一点或 [放弃(U)]：	//按 Enter 键结束

继续绘制竖直线段 *CD*，结果如图 3-64 所示。

4. 画圆 *E*、*F*、*J*、*H* 和 *I*，如图 3-65 所示。

命令：_circle 指定圆的圆心或 [三点(3P)/两点(2P)/切点、切点、半径(T)]：	//捕捉交点 *J*，如图 3-65 所示
指定圆的半径或 [直径(D)]：17.5	//输入圆半径
命令：	//重复命令
CIRCLE 指定圆心或 [三点(3P)/两点(2P)/切点、切点、半径(T)]：	//捕捉交点 *J*
指定圆的半径或 [直径(D)] <17.5000>：12	//输入圆半径
命令：	//重复命令
CIRCLE 指定圆的圆心或 [三点(3P)/两点(2P)/切点、切点、半径(T)]：from	//使用正交偏移捕捉
基点：cen 于	//捕捉交点 *J*
<偏移>：@34,26	//输入相对坐标
指定圆的半径或 [直径(D)] <12.0000>：8	//输入圆半径
命令：	//重复命令
CIRCLE 指定圆心或 [三点(3P)/两点(2P)/切点、切点、半径(T)]：cen 于	//捕捉圆 *H* 的圆心
指定圆的半径或 [直径(D)] <8.0000>：4.5	//输入圆半径
命令：	//重复命令
CIRCLE 指定圆的圆心或 [三点(3P)/两点(2P)/切点、切点、半径(T)]：43	//从 *J* 点向下追踪并输入追踪距离
指定圆的半径或 [直径(D)] <4.5000>：9	//输入圆半径

结果如图 3-65 所示。

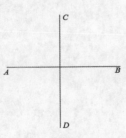

图3-64　画线段 *AB*、*CD*

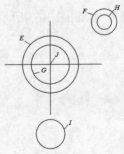

图3-65　画圆

5.　画切线及过渡圆弧，如图 3-66 所示。

> 命令：_line 指定第一点：tan 到　　　　　　//捕捉切点 K
> 指定下一点或 [放弃(U)]：tan 到　　　　　　//捕捉切点 L
> 指定下一点或 [放弃(U)]：　　　　　　　　　//按 Enter 键结束
> 命令：　　　　　　　　　　　　　　　　　　//重复命令
> LINE 指定第一点：tan 到　　　　　　　　　　//捕捉切点 M
> 指定下一点或 [放弃(U)]：tan 到　　　　　　//捕捉切点 N
> 指定下一点或 [放弃(U)]：　　　　　　　　　//按 Enter 键结束
> 命令：_circle 指定圆的圆心或 [三点(3P)/两点(2P)/切点、切点、半径(T)]：3p
> 指定圆上的第一个点：tan 到　　　　　　　　//捕捉切点 O
> 指定圆上的第二个点：tan 到　　　　　　　　//捕捉切点 P
> 指定圆上的第三个点：tan 到　　　　　　　　//捕捉切点 Q

结果如图 3-66 所示。修剪多余线条，结果如图 3-67 所示。

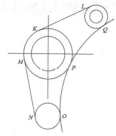

图3-66　画切线及相切圆

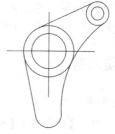

图3-67　修剪结果（1）

6.　画圆及切线，如图 3-68 所示。

> 命令：_circle 指定圆的圆心或 [三点(3P)/两点(2P)/切点、切点、半径(T)]：cen 于
> 　　　　　　　　　　　　　　　　　　　　　//捕捉圆心 R
> 指定圆的半径或 [直径(D)] <70.4267>：4　　//输入圆半径
> 命令：　　　　　　　　　　　　　　　　　　//重复命令
> CIRCLE 指定圆的圆心或 [三点(3P)/两点(2P)/切点、切点、半径(T)]：from
> 　　　　　　　　　　　　　　　　　　　　　//使用正交偏移捕捉
> 基点：cen 于　　　　　　　　　　　　　　　//捕捉圆心 R
> 　<偏移>：@0,16　　　　　　　　　　　　　//输入相对坐标
> 指定圆的半径或 [直径(D)] <4.0000>：4　　//输入圆半径
> 命令：_line 指定第一点：tan 到　　　　　　//捕捉切点 S
> 指定下一点或 [放弃(U)]：tan 到　　　　　　//捕捉切点 T
> 指定下一点或 [放弃(U)]：　　　　　　　　　//按 Enter 键结束
> 命令：　　　　　　　　　　　　　　　　　　//重复命令
> LINE 指定第一点：tan 到　　　　　　　　　　//捕捉切点 U
> 指定下一点或 [放弃(U)]：tan 到　　　　　　//捕捉切点 V
> 指定下一点或 [放弃(U)]：　　　　　　　　　//按 Enter 键结束

结果如图 3-68 所示。修剪多余线条，再用 LENGTHEN 命令调整定位线的长度，结果如图 3-69 所示。

图3-68　画圆及切线

图3-69　修剪结果（2）

3.6　移动及复制对象

移动图形实体的命令是 MOVE，复制图形实体的命令是 COPY，这两个命令都可以在二维空间、三维空间中操作，它们的使用方法相似。发出 MOVE 或 COPY 命令后，选择要移动或复制的图形元素，然后通过两点或直接输入位移值来指定对象移动的距离和方向，系统就将图形元素从原位置移动或复制到新位置。

3.6.1　移动对象

命令启动方法

- 菜单命令:【修改】/【移动】。
- 面板:【默认】选项卡中【修改】面板上的 ✣ 按钮。
- 命令: MOVE 或简写 M。

【练习3-26】：练习 MOVE 命令。

打开素材文件 "dwg\第 3 章\3-26.dwg"，如图 3-70 左图所示，用 MOVE 命令将左图修改为右图。

命令:_move	
选择对象: 指定对角点: 找到 3 个	//选择圆，如图 3-70 左图所示
选择对象:	//按 Enter 键确认
指定基点或 [位移(D)] <位移>:	//捕捉交点 A
指定第二个点或 <使用第一个点作为位移>:	//捕捉交点 B
命令:	//重复命令
MOVE	
选择对象: 指定对角点: 找到 1 个	//选择小矩形，如图 3-70 左图所示
选择对象:	//按 Enter 键确认
指定基点或 [位移(D)] <位移>: 90,30	//输入沿 x、y 轴移动的距离
指定第二个点或 <使用第一个点作为位移>:	//按 Enter 键结束
命令:MOVE	//重复命令
选择对象: 找到 1 个	//选择大矩形
选择对象:	//按 Enter 键确认
指定基点或 [位移(D)] <位移>: 45<-60	//输入移动的距离和方向
指定第二个点或 <使用第一个点作为位移>:	//按 Enter 键结束

结果如图 3-70 右图所示。

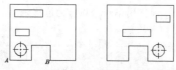

图3-70 移动对象

使用 MOVE 命令时，用户可以通过以下方式指明对象移动的距离和方向。

(1) 在屏幕上指定两个点，这两点的距离和方向代表了实体移动的距离和方向。

当系统提示"指定基点或[位移(D)]<位移>:"时，指定移动的基准点。在系统提示"指定第二个点或 <使用第一个点作为位移>:"时，捕捉第二点或输入第二点相对于基准点的相对直角坐标或极坐标。

(2) 以"X,Y"方式输入对象沿 x、y 轴移动的距离，或用"距离<角度"方式输入对象位移的距离和方向。

当 AutoCAD 提示"指定基点或[位移(D)]<位移>:"时，输入位移值。在系统提示"指定第二个点或 <使用第一个点作为位移>:"时，按 Enter 键确认，这样系统就以输入的位移值来移动实体对象。

(3) 打开止交状态或极轴追踪功能，就能方便地将实体只沿 x 或 y 轴方向移动。

当系统提示"指定基点或[位移(D)]<位移>:"时，单击一点并把实体向水平或竖直方向移动，然后输入位移值。

3.6.2 复制对象

命令启动方法

- 菜单命令: 【修改】/【复制】。
- 面板: 【默认】选项卡中【修改】面板上的 按钮。
- 命令: COPY 或简写 CO。

【练习3-27】：练习 COPY 命令。

打开素材文件 "dwg\第 3 章\3-27.dwg"，如图 3-71 左图所示，用 COPY 命令将左图修改为右图。

```
命令: _copy
选择对象: 指定对角点: 找到 3 个                    //选择圆，如图 3-71 左图所示
选择对象:                                        //按 Enter 键确认
指定基点或 [位移(D)/模式(O)] <位移>:              //捕捉交点 A
指定第二个点或 [阵列(A)] <使用第一个点作为位移>:    //捕捉交点 B
指定第二个点或 [阵列(A)/退出(E)/放弃(U)] <退出>:   //捕捉交点 C
指定第二个点或 [阵列(A)/退出(E)/放弃(U)] <退出>:   //按 Enter 键结束
命令:                                           //重复命令
COPY
选择对象: 找到 1 个                              //选择矩形，如图 3-71 左图所示
选择对象:                                        //按 Enter 键确认
```

指定基点或 [位移(D)/模式(O)] <位移>:-90,-20　　//输入沿 x、y 轴移动的距离

指定第二个点或 [阵列(A)] <使用第一个点作为位移>:　//按 Enter 键结束

结果如图 3-71 右图所示。

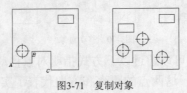

图3-71　复制对象

使用 COPY 命令时，用户需指定原对象位移的距离和方向，具体方法请参考 MOVE 命令。

3.6.3　复制时阵列对象

使用 COPY 命令的"阵列(A)"选项可在复制对象的同时阵列对象。启动该命令，指定复制的距离、方向及沿复制方向上的阵列数目，就创建出线性阵列，如图 3-72 所示。操作时，可设定两个对象间的距离，也可设定阵列的总距离。

图3-72　复制时阵列对象

【练习3-28】：　利用 COPY 命令阵列对象，如图 3-72 所示。

打开极轴追踪、对象捕捉及自动追踪功能。

命令：_copy

选择对象：找到 1 个　　　　　　　　　　//选择矩形 A，如图 3-72 所示

选择对象：　　　　　　　　　　　　　　//按 Enter 键

指定基点或 [位移(D)/模式(O)] <位移>:　//捕捉 B 点

指定第二个点或 [阵列(A)] <使用第一个点作为位移>: a　//选取"阵列(A)"选项

输入要进行阵列的项目数：6　　　　　　//输入阵列数目

指定第二个点或 [布满(F)]: 16　　　　　//输入对象间的距离

指定第二个点或 [阵列(A)/退出(E)/放弃(U)] <退出>:　//按 Enter 键结束

结果如图 3-72 所示。

3.6.4　用 MOVE 及 COPY 命令绘图

【练习3-29】：　绘制图 3-73 所示的平面图形，目的是让读者实际演练 MOVE 及 COPY 命令，并学会利用这两个命令构造图形的技巧。

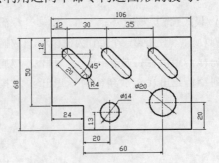

图3-73　用 MOVE 及 COPY 命令绘图

1. 打开极轴追踪、对象捕捉及自动追踪功能。设置极轴追踪角度增量为"90"，设定对象捕捉方式为"端点""交点"。

2. 设定绘图区域大小为 150×150，并使该区域充满整个绘图窗口显示出来。

3. 用 LINE 命令直接绘制图形的外轮廓线，如图 3-74 所示。

命令: _line 指定第一点:	//在 A 点处单击一点
指定下一点或 [放弃(U)]: 50	//向下追踪并输入线段 AB 的长度
指定下一点或 [放弃(U)]: 24	//向右追踪并输入线段 BC 的长度
指定下一点或 [闭合(C)/放弃(U)]: 18	//向下追踪并输入线段 CD 的长度
指定下一点或 [闭合(C)/放弃(U)]: 82	//向右追踪并输入线段 DE 的长度
指定下一点或 [闭合(C)/放弃(U)]:	//在 A 点处建立追踪参考点
指定下一点或 [闭合(C)/放弃(U)]:	//竖直追踪辅助线与水平追踪辅助线相交于 F 点
指定下一点或 [闭合(C)/放弃(U)]:	//捕捉 A 点
指定下一点或 [闭合(C)/放弃(U)]:	//按 Enter 键结束

结果如图 3-74 所示。

4. 绘制圆 G，并将此圆复制到 H 处，然后画切线，如图 3-75 所示。

命令: _circle 指定圆的圆心或 [三点(3P)/两点(2P)/切点、切点、半径(T)]: from	
	//使用正交偏移捕捉
基点:	//捕捉交点 I
<偏移>: @12,-12	//输入圆 G 圆心的相对坐标
指定圆的半径或 [直径(D)] <7.0357>: 4	//输入圆半径
命令: _copy	//将圆 G 复制到 H 处
选择对象: 找到 1 个	//选择圆 G
选择对象:	//按 Enter 键确认
指定基点或 [位移(D)] <位移>: 20<-45	//输入位移的距离和方向
指定第二个点或 <使用第一个点作为位移>:	//按 Enter 键结束
命令: _line 指定第一点: tan 到	//捕捉切点 J
指定下一点或 [放弃(U)]: tan 到	//捕捉切点 K
指定下一点或 [放弃(U)]:	//按 Enter 键结束
命令:	//重复命令
LINE 指定第一点: tan 到	//捕捉切点 L
指定下一点或 [放弃(U)]: tan 到	//捕捉切点 M
指定下一点或 [放弃(U)]:	//按 Enter 键结束

结果如图 3-75 所示。修剪多余线条，结果如图 3-76 所示。

图3-74　绘制外轮廓线

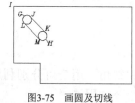

图3-75　画圆及切线

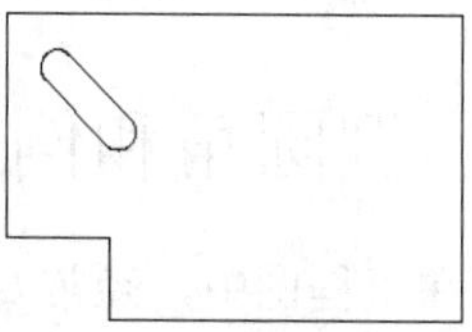

图3-76　修剪结果

5. 将线框 N 复制到 O、P 处，如图 3-77 所示。

命令: _copy

选择对象: 指定对角点: 找到 4 个　　　　　　　　　//选择线框 N，如图 3-77 所示

选择对象:　　　　　　　　　　　　　　　　　　//按 Enter 键

指定基点或 [位移(D)] <位移>:　　　　　　　//在屏幕上单击一点

指定第二个点或 <使用第一个点作为位移>: 30　//向右追踪并输入追踪距离

指定第二个点: 65　　　　　　　　　　　　　　//向右追踪并输入追踪距离

指定第二个点:　　　　　　　　　　　　　　　　//按 Enter 键结束

结果如图 3-77 所示。

6. 画圆 Q、R，再用 MOVE 命令将它们移动到正确的位置。

命令: _circle 指定圆的圆心或 [三点(3P)/两点(2P)/切点、切点、半径(T)]:

　　　　　　　　　　　　　　　　　　　　　　//捕捉交点 S，如图 3-78 所示

指定圆的半径或 [直径(D)] <2.0000>: 7　　　//输入圆半径

命令:　　　　　　　　　　　　　　　　　　　　//重复命令

CIRCLE 指定圆的圆心或 [三点(3P)/两点(2P)/切点、切点、半径(T)]:

　　　　　　　　　　　　　　　　　　　　　　//捕捉交点 S

指定圆的半径或 [直径(D)] <7.0000>: 10　　　//输入圆半径

结果如图 3-78 所示。

命令: _move

选择对象: 找到 1 个　　　　　　　　　　　　//选择圆 Q，如图 3-78 所示

选择对象:　　　　　　　　　　　　　　　　　　//按 Enter 键

指定基点或 [位移(D)] <位移>: 20,13　　　　//输入沿 x、y 轴移动的距离

指定第二个点或 <使用第一个点作为位移>:　　//按 Enter 键结束

命令:MOVE　　　　　　　　　　　　　　　　　//重复命令

选择对象: 找到 1 个　　　　　　　　　　　　//选择圆 R

选择对象:　　　　　　　　　　　　　　　　　　//按 Enter 键

指定基点或 [位移(D)] <位移>: 60,20　　　　//输入沿 x、y 轴移动的距离

指定第二个点或 <使用第一个点作为位移>:　　//按 Enter 键结束

结果如图 3-79 所示。

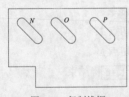
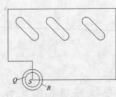

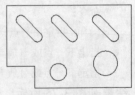

图3-77　复制线框　　　　　　　图3-78　画圆　　　　　　　图3-79　移动对象

3.7　倒圆角和倒角

在工程图中，经常要绘制圆角和斜角。用户可分别利用 FILLET 和 CHAMFER 命令创建这些几何特征，下面介绍这两个命令的用法。

3.7.1　倒圆角

倒圆角是利用指定半径的圆弧光滑地连接两个对象，操作的对象包括直线、多段线、样条线、圆和圆弧等。对于多段线可一次将多段线的所有顶点都光滑地过渡（在第 5 章将详细介绍多段线）。

一、　命令启动方法

- 菜单命令:【修改】/【圆角】。
- 面板:【默认】选项卡中【修改】面板上的 按钮。
- 命令: FILLET 或简写 F。

【练习3-30】: 练习 FILLET 命令。

打开素材文件 "dwg\第 3 章\3-30.dwg"，如图 3-80 左图所示，下面用 FILLET 命令将左图修改为右图。

```
命令: _fillet
选择第一个对象或 [放弃(U)/多段线(P)/半径(R)/修剪(T)/多个(M)]: r
                                         //设置圆角半径
指定圆角半径 <3.0000>: 5                   //输入圆角半径值
选择第一个对象或 [放弃(U)/多段线(P)/半径(R)/修剪(T)/多个(M)]:
                      //选择要倒圆角的第一个对象，如图 3-80 左图所示
选择第二个对象，或按住 Shift 键选择对象以应用角点或 [半径(R)]:
                                         //选择要倒圆角的第二个对象
```

结果如图 3-80 右图所示。

二、　命令选项

- 多段线(P): 选择多段线后，系统对多段线的每个顶点进行倒圆角操作，如图 3-81 左图所示。
- 半径(R): 设定圆角半径。若圆角半径为 0，则系统将使被修剪的两个对象交于一点。
- 修剪(T): 指定倒圆角操作后是否修剪对象，如图 3-81 右图所示。

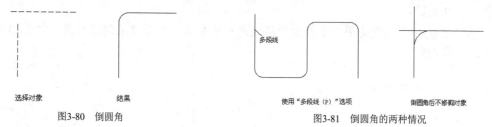

图3-80　倒圆角　　　　　　　　　　　图3-81　倒圆角的两种情况

- 多个(M): 可一次创建多个圆角。系统将重复提示"选择第一个对象"和"选择第二个对象"，直到用户按 Enter 键结束命令为止。
- 按住 Shift 键选择对象以应用角点: 若按住 Shift 键选择第二个圆角对象，则以 0 值替代当前的圆角半径。

3.7.2 倒角

倒角使用一条斜线连接两个对象。倒角时既可以输入每条边的倒角距离，也可以指定某条边上倒角的长度及与此边的夹角。

一、 命令启动方法

- 菜单命令:【修改】/【倒角】。
- 面板:【默认】选项卡中【修改】面板上的 ▨ 按钮。
- 命令: CHAMFER 或简写 CHA。

【练习3-31】: 练习 CHAMFER 命令。

打开素材文件 "dwg\第 3 章\3-31.dwg"，如图 3-82 左图所示，下面用 CHAMFER 命令将左图修改为右图。

选择第一条直线[放弃(U)/多段线(P)/距离(D)/角度(A)/修剪(T)/方式(E)/多个(M)]: d
//设置倒角距离

指定第一个倒角距离 <5.0000>: 5   //输入第一个边的倒角距离
指定第二个倒角距离 <5.0000>: 8   //输入第二个边的倒角距离
选择第一条直线或 [放弃(U)/多段线(P)/距离(D)/角度(A)/修剪(T)/方式(E)/多个(M)]:
//选择第一个倒角边，如图 3-82 左图所示

选择第二条直线，或按住 Shift 键选择直线以应用角点或 [距离(D)/角度(A)/方法(M)]:
//选择第二个倒角边

结果如图 3-82 右图所示。

二、 命令选项

- 多段线(P): 选择多段线后，系统将对多段线的每个顶点执行倒角操作，如图 3-83 左图所示。
- 距离(D): 设定倒角距离。若倒角距离为 0，则系统将被倒角的两个对象交于一点。
- 角度(A): 指定倒角角度，如图 3-83 右图所示。
- 修剪(T): 设置倒角时是否修剪对象。该选项与 FILLET 命令的"修剪(T)"选项相同。
- 方式(E): 设置使用两个倒角距离还是一个距离一个角度来创建倒角，如图 3-83 右图所示。

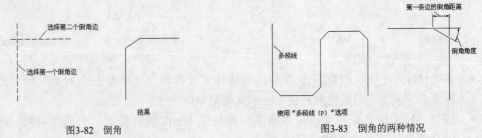

图3-82 倒角   图3-83 倒角的两种情况

- 多个(M): 可一次创建多个倒角。系统将重复提示"选择第一条直线"和"选择第二条直线"，直到用户按 Enter 键结束命令。

- 按住 Shift 键选择直线以应用角点：若按住 Shift 键选择第二个倒角对象，则以 0 值替代当前的倒角距离。

3.8 综合练习一——画线段构成的图形

【练习3-32】： 绘制图 3-84 所示的图形。

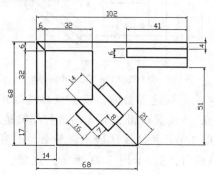

图3-84　画线段构成的图形

1. 打开极轴追踪、对象捕捉及自动追踪功能。设置极轴追踪角度增量为"90"，设定对象捕捉方式为"端点""交点"，设置仅沿正交方向进行捕捉追踪。
2. 设定绘图区域大小为 150×150，并使该区域充满整个绘图窗口显示出来。
3. 画两条水平及竖直的作图基准线 A、B，如图 3-85 所示。线段 A 的长度约为 130，线段 B 的长度约为 80。
4. 使用 OFFSET 及 TRIM 命令绘制线框 C，如图 3-86 所示。

图3-85　画作图基准线　　　　　　　　　图3-86　绘制线框 C

5. 连线 EF，再用 OFFSET 及 TRIM 命令画线框 G，如图 3-87 所示。
6. 用 XLINE、OFFSET 及 TRIM 命令绘制线段 H、I、J 等，如图 3-88 所示。
7. 用 LINE 命令绘制线框 K，结果如图 3-89 所示。

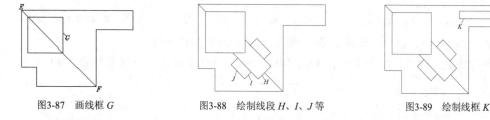

图3-87　画线框 G　　　　图3-88　绘制线段 H、I、J 等　　　　图3-89　绘制线框 K

3.9 综合练习二——用 OFFSET 和 TRIM 命令构图

【练习3-33】： 绘制图 3-90 所示的图形。

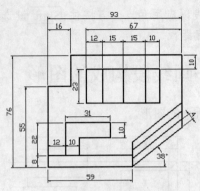

图3-90　用 OFFSET 和 TRIM 命令画图

1. 打开极轴追踪、对象捕捉及捕捉追踪功能。设置极轴追踪角度增量为 "90"，设定对象捕捉方式为 "端点" "交点"，设置仅沿正交方向进行捕捉追踪。

2. 设定绘图区域大小为 150×150，并使该区域充满整个绘图窗口显示出来。

3. 画水平及竖直的作图基准线 A、B，如图 3-91 所示。线段 A 的长度约为 120，线段 B 的长度约为 110。

4. 用 OFFSET 命令画平行线 C、D、E、F，如图 3-92 所示。修剪多余线条，结果如图 3-93 所示。

图3-91　画作图基准线

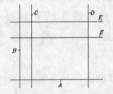

图3-92　画平行线 C、D、E、F

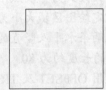

图3-93　修剪结果（1）

5. 以线段 G、H 为作图基准线，用 OFFSET 命令形成平行线 I、J、K、L 等，如图 3-94 所示。修剪多余线条，结果如图 3-95 所示。

6. 画平行线 M，再用 XLINE 命令画斜线 N，结果如图 3-96 所示。

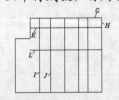

图3-94　画平行线 I、J、K、L 等

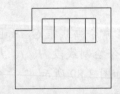

图3-95　修剪结果（2）

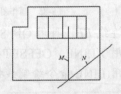

图3-96　画直线 M、N 等

7. 画平行线 O、P、Q，然后修剪多余线条，结果如图 3-97 所示。

8. 画平行线 R、S、T、U 和 V 等，如图 3-98 所示。修剪多余线条，结果如图 3-99 所示。

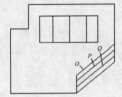

图3-97　画平行线 O、P、Q

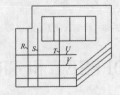

图3-98　画平行线 R、S、T 等

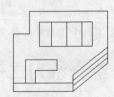

图3-99　修剪结果（3）

3.10   综合练习三——画线段及圆弧连接

【练习3-34】：绘制图 3-100 所示的图形。

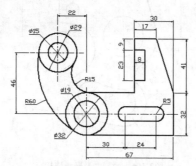

图3-100   画线段及圆弧连接

1. 打开极轴追踪、对象捕捉及捕捉追踪功能。设置极轴追踪角度增量为 "90"，设定对象捕捉方式为 "端点" "圆心" 和 "交点"，设置仅沿正交方向进行捕捉追踪。

2. 画圆 A、B、C 和 D，如图 3-101 所示，圆 C、D 的圆心可利用正交偏移捕捉确定。

3. 利用 CIRCLE 命令的 "切点、切点、半径(T)" 选项画过渡圆弧 E、F，如图 3-102 所示。

4. 用 LINE 命令绘制线段 G、H、I 等，如图 3-103 所示。

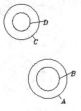

图3-101   画圆

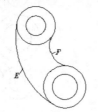

图3-102   画过渡圆弧 E、F

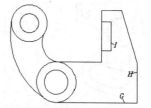

图3-103   绘制线段 G、H、I 等

5. 画圆 J、K 及两条切线 L、M，如图 3-104 所示。修剪多余线条，结果如图 3-105 所示。

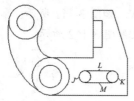

图3-104   画圆及切线

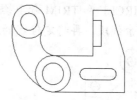

图3-105   修剪多余线条

3.11   综合练习四——画直线及圆弧连接

【练习3-35】：绘制图 3-106 所示的图形。

1. 创建以下两个图层。

名称	颜色	线型	线宽
粗实线	白色	Continuous	0.7
中心线	白色	Center	默认

2. 设置作图区域的大小为 100×100，再设定全局线型比例因子为 0.2。

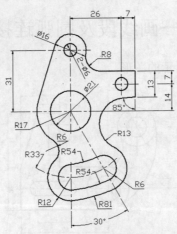

图3-106　画切线及圆弧连接

3. 利用 LINE 和 OFFSET 命令绘制图形元素的定位线 *A*、*B*、*C*、*D*、*E* 等，如图 3-107 所示。

4. 使用 CIRCLE 命令绘制图 3-108 所示的圆。

5. 利用 LINE 命令绘制圆的切线 *F*，再利用 FILLET 命令绘制过渡圆弧 *G*，如图 3-109 所示。

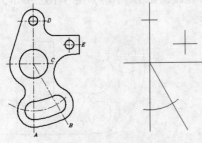

图3-107　绘制图形定位线

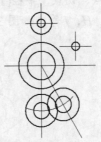

图3-108　绘制圆

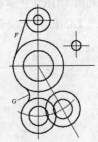

图3-109　绘制切线及过渡圆弧

6. 使用 LINE 和 OFFSET 命令绘制平行线 *H*、*I* 及斜线 *J*，如图 3-110 所示。

7. 使用 CIRCLE 和 TRIM 命令绘制过渡圆弧 *K*、*L*、*M*、*N*，如图 3-111 所示。

8. 修剪多余线段，再将定位线的线型修改为中心线，结果如图 3-112 所示。

图3-110　绘制平行线 *H*、*I* 及斜线 *J*

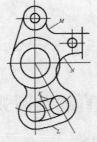

图3-111　绘制过渡圆弧

图3-112　修剪线段并调整线型

3.12　习题

1. 思考题。

(1) 如何快速绘制水平线段及竖直线段？

(2) 过线段 *B* 上的 *C* 点绘制线段 *A*，如图 3-113 所示，应使用何种捕捉方式？

(3) 如果要直接绘制出圆 *A*，如图 3-114 所示，应使用何种捕捉方式？

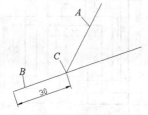

图3-113　绘制线段

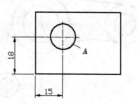

图3-114　绘制圆

(4) 过一点画已知线段的平行线，有几种方法？

(5) 若没有打开自动捕捉功能，是否可使用自动追踪？

(6) 打开自动追踪后，若想使系统沿正交方向追踪或沿所有极轴角方向追踪，应怎样设置？

(7) 如何绘制图 3-115 所示的圆？

(8) 如何绘制图 3-116 所示的线段 *AB*、*CD*？

图3-115　绘制与线段相切的圆

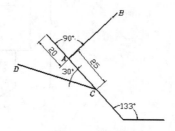

图3-116　画线段

(9) 移动对象及复制对象时，可通过哪两种方式指定对象位移的距离及方向？

2. 利用点的绝对直角坐标或相对直角坐标绘制图 3-117 所示的图形。

3. 输入点的相对坐标画线，绘制图 3-118 所示的图形。

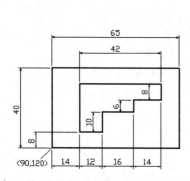

图3-117　输入点的绝对直角坐标或相对直角坐标画线

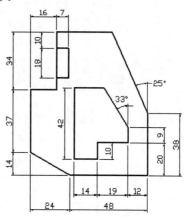

图3-118　输入相对坐标画线

4. 绘制图 3-119 所示的图形。

5. 打开极轴追踪、对象捕捉及自动追踪功能，绘制图 3-120 所示的图形。

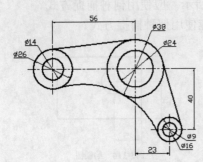

图3-119　画切线及圆弧连接

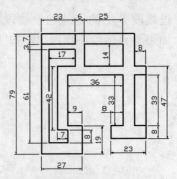

图3-120　利用对象捕捉及追踪功能画线

6. 绘制图 3-121 所示的图形。

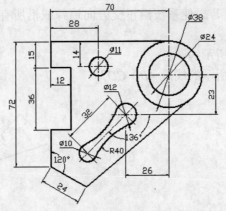

图3-121　画圆和圆弧连接

第4章　基本绘图与编辑（二）

【学习目标】
- 掌握绘制矩形、正多边形及椭圆的方法。
- 学会如何阵列对象及镜像对象。
- 学会如何旋转对象及对齐对象。
- 熟悉如何拉伸对象及按比例缩放对象。
- 掌握关键点编辑方式。
- 学会如何填充剖面图案。
- 熟悉编辑图形元素属性的方法。

本章主要介绍如何绘制矩形、正多边形及椭圆等基本几何对象，另外，还将介绍具有均匀分布（简称"均布"）几何特征及对称关系图形的画法。

4.1　绘制多边形

本节主要介绍矩形、正多边形及椭圆等的绘制方法。

4.1.1　画矩形

RECTANG 命令用于绘制矩形，用户只需指定矩形对角线的两个端点就能画出矩形。绘制时，可设置矩形边线的宽度，还能指定顶点处的倒角距离及圆角半径。需要注意的是矩形各边并非单一对象，它们构成一个单独对象（多段线）。

一、命令启动方法
- 菜单命令:【绘图】/【矩形】。
- 面板:【默认】选项卡中【绘图】面板上的 □ 按钮。
- 命令: RECTANG 或简写 REC。

【练习4-1】：　练习 RECTANG 命令。

    命令:_rectang
    指定第一个角点或 [倒角(C)/标高(E)/圆角(F)/厚度(T)/宽度(W)]:
                            //拾取矩形对角线的一个端点，如图 4-1 所示
    指定另一个角点或 [面积(A)/尺寸(D)/旋转(R)]: //拾取矩形对角线的另一个端点

二、命令选项
- 指定第一个角点：在此提示下，用户指定矩形的一个角点，拖动鼠标时，屏幕上显示出一个矩形。

- 指定另一个角点：在此提示下，用户指定矩形的另一角点。
- 倒角(C)：指定矩形各顶点倒角的大小。
- 标高(E)：确定矩形所在的平面高度。默认情况下，矩形是在 xy 平面内（z 坐标值为 0）。
- 圆角(F)：指定矩形各顶点的倒圆角半径。
- 厚度(T)：设置矩形的厚度。在三维绘图时，常使用该选项。
- 宽度(W)：该选项使用户可以设置矩形边的宽度。
- 面积(A)：先输入矩形的面积，再输入矩形的长度或宽度创建矩形。
- 尺寸(D)：输入矩形的长、宽尺寸创建矩形。
- 旋转(R)：设定矩形的旋转角度。

图4-1　绘制矩形

4.1.2　画正多边形

POLYGON 命令用于绘制多边形，其边数可以从 3 到 1024。多边形各边并非单一对象，它们构成一个单独对象（多段线）。

绘制正多边形一般采取以下两种方法。

- 根据外接圆或内切圆生成多边形。
- 指定多边形边数及某一边的两个端点。

一、命令启动方法

- 菜单命令：【绘图】/【多边形】。
- 面板：【默认】选项卡中【绘图】面板上的 按钮。
- 命令：POLYGON 或简写 POL。

【练习4-2】：　练习 POLYGON 命令。

命令：_polygon 输入侧面数 <4>: 5	//输入多边形的边数
指定正多边形的中心点或 [边(E)]: int 于	//捕捉交点 A，如图 4-2 左图所示
输入选项 [内接于圆(I)/外切于圆(C)] <I>:I	//采用内接于圆的方式画多边形
指定圆的半径：50	//输入半径值
命令：	//重复命令
POLYGON 输入侧面数<5>:	//按 Enter 键接受默认值
指定正多边形的中心点或 [边(E)]: int 于	//捕捉交点 B，如图 4-2 右图所示
输入选项 [内接于圆(I)/外切于圆(C)] <I>:I	//采用内接于圆的方式画多边形
指定圆的半径：@50<65	//输入 C 点的相对坐标

结果如图 4-2 所示。

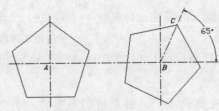

图4-2　绘制正多边形

二、 命令选项

- 指定正多边形的中心点: 输入多边形的边数后, 再拾取多边形的中心点。
- 内接于圆(I): 根据外接圆生成正多边形。
- 外切于圆(C): 根据内切圆生成正多边形。
- 边(E): 输入多边形的边数后, 再指定某条边的两个端点即可绘制出正多边形。

4.1.3 画椭圆

ELLIPSE 命令用于创建椭圆。椭圆包含椭圆中心、长轴及短轴等几何特征。画椭圆的默认方法是指定椭圆第一根轴线的两个端点及另一轴长度的一半, 另外, 也可通过指定椭圆中心、第一轴的端点及另一轴线的半轴长度来创建椭圆。

一、 命令启动方法

- 菜单命令: 【绘图】/【椭圆】。
- 面板: 【默认】选项卡中【绘图】面板上的 ⬭ 按钮。
- 命令: ELLIPSE 或简写 EL。

【练习4-3】: 练习 ELLIPSE 命令。

```
命令: _ellipse
指定椭圆的轴端点或 [圆弧(A)/中心点(C)]:    //拾取椭圆轴的一个端点, 如图 4-3 所示
指定轴的另一个端点:                        //拾取椭圆轴的另一个端点
指定另一条半轴长度或 [旋转(R)]: 10        //输入另一轴的半轴长度
```

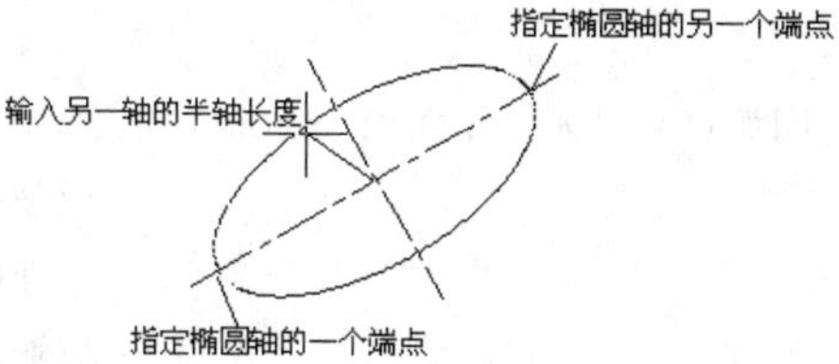

图4-3 绘制椭圆

二、 命令选项

- 圆弧(A): 该选项使用户可以绘制一段椭圆弧。过程是先画一个完整的椭圆, 随后指定椭圆弧的起始角及终止角。
- 中心点(C): 通过椭圆中心点及长轴、短轴来绘制椭圆。
- 旋转(R): 按旋转方式绘制椭圆, 即系统将圆绕直径转动一定角度后, 再投影到平面上形成椭圆。

4.1.4 例题———画矩形、椭圆及多边形

【练习4-4】: 绘制图 4-4 所示的图形, 该例题的目的是练习 RECTANG、POLYGON 及 ELLIPSE 命令的用法。

1. 打开极轴追踪、对象捕捉及自动追踪功能。设置极轴追踪角度增量为 "30", 设定对象捕捉方式为 "端点" "交点" 和 "圆心", 设置沿所有极轴角进行自动追踪。

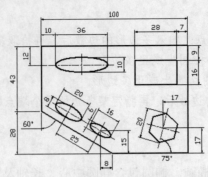

图4-4　画矩形、椭圆及多边形

2. 绘制线段 *AB*、*BC*、*CD* 等，如图 4-5 所示。

命令: _line 指定第一点:	//单击 *A* 点，如图 4-5 所示
指定下一点或 [放弃(U)]: 71	//从 *A* 点向上追踪并输入追踪距离
指定下一点或 [放弃(U)]: 100	//从 *B* 点向左追踪并输入追踪距离
指定下一点或 [闭合(C)/放弃(U)]: 43	//从 *C* 点向下追踪并输入追踪距离
指定下一点或 [闭合(C)/放弃(U)]:	//从 *D* 点沿 330° 方向追踪
指定下一点或 [闭合(C)/放弃(U)]:	//以 *A* 点为追踪参考点确定 *E* 点
指定下一点或 [闭合(C)/放弃(U)]:	//捕捉 *A* 点
指定下一点或 [闭合(C)/放弃(U)]:	//按 Enter 键结束

结果如图 4-5 所示。

3. 画椭圆 *F*、*G*、*H* 等，如图 4-6 所示。

命令: _ellipse	
指定椭圆的轴端点或 [圆弧(A)/中心点(C)]: from	
	//使用正交偏移捕捉
基点:	//捕捉 *I* 点，如图 4-6 所示
<偏移>: @10,-12	//输入 *J* 点的相对坐标
指定轴的另一个端点: 36	//从 *J* 点向右追踪并输入追踪距离
指定另一条半轴长度或 [旋转(R)]: 5	//输入短轴长度的一半
命令:	//重复命令
ELLIPSE 指定椭圆的轴端点或 [圆弧(A)/中心点(C)]: c	
	//使用"中心点(C)"选项
指定椭圆的中心点: from	//使用正交偏移捕捉
基点:	//捕捉交点 *K*
<偏移>: @-8,15	//输入 *L* 点的相对坐标
指定轴的端点: 8	//从 *L* 点沿 150° 方向追踪并输入追踪距离
指定另一条半轴长度或 [旋转(R)]: 3	//输入短轴长度的一半
命令:	//重复命令
ELLIPSE 指定椭圆的轴端点或 [圆弧(A)/中心点(C)]: c	
	//使用"中心点(C)"选项
指定椭圆的中心点: 25	//从 *L* 点沿 150° 方向追踪并输入追踪距离

指定轴的端点：10 　　　　　　　　　　　　//从 *M* 点沿 150° 方向追踪并输入追踪距离

　　指定另一条半轴长度或 [旋转 (R)]：4 　　//输入短轴长度的一半

结果如图 4-6 所示。

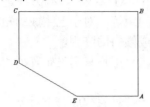

图4-5　绘制线段 *AB*、*BC* 等

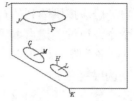

图4-6　画椭圆

4.　绘制矩形 *OP*，如图 4-7 所示。

　　命令：_rectang

　　指定第一个角点或 [倒角 (C)/标高 (E)/圆角 (F)/厚度 (T)/宽度 (W)]：from

　　　　　　　　　　　　　　　　　　　　　　　　//使用正交偏移捕捉

　　基点：　　　　　　　　　　　　　　　　　//捕捉交点 *N*，如图 4-7 所示

　　<偏移>：@-7,-9　　　　　　　　　　　　//输入 *O* 点的相对坐标

　　指定另一个角点：@-28,-16　　　　　　　//输入 *P* 点的相对坐标

结果如图 4-7 所示。

5.　画正六边形，如图 4-8 所示。

　　命令：_polygon 输入侧面数 <5>：6　　　//输入多边形的边数

　　指定正多边形的中心点或 [边 (E)]：from　//使用正交偏移捕捉

　　基点：　　　　　　　　　　　　　　　　　//捕捉交点 *Q*，如图 4-8 所示

　　<偏移>：@-17,17　　　　　　　　　　　//输入 *R* 点的相对坐标

　　输入选项 [内接于圆 (I)/外切于圆 (C)] <I>：//用内接于圆的方式画多边形

　　指定圆的半径：@10<15　　　　　　　　　//输入多边形顶点的相对坐标

结果如图 4-8 所示。

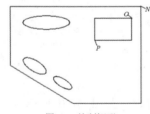

图4-7　绘制矩形

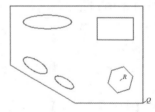

图4-8　画正六边形

4.2　绘制均布及对称几何特征

　　几何元素的均布特征及图形的对称关系在作图中经常遇到。绘制均布特征时使用 **ARRAY** 命令，可指定矩形阵列或环形阵列。对于图形中的对称关系，可用 **MIRROR** 命令创建，操作时可选择删除或保留原来的对象。

　　下面说明均布及对称几何特征的绘制方法。

4.2.1　矩形阵列对象

ARRAYRECT 命令用于创建矩形阵列。矩形阵列是指将对象按行、列方式进行排列。操作时，用户一般应提供阵列的行数、列数、行间距及列间距等。对于已生成的矩形阵列，可利用旋转命令或通过关键点编辑方式改变阵列方向，形成倾斜的阵列。

除可在 xy 平面阵列对象外，还可沿 z 轴方向均布对象，用户只需设定阵列的层数及层间距即可。默认层数为 1。

创建的阵列分为关联阵列及非关联阵列，前者包含的所有对象构成一个对象，后者中的每个对象都是独立的。

命令启动方法

- 菜单命令：【修改】/【阵列】/【矩形阵列】。
- 面板：【默认】选项卡中【修改】面板上的 按钮。
- 命令：ARRAYRECT 或简写 AR(ARRAY)。

【练习4-5】： 打开素材文件"dwg\第 4 章\4-5.dwg"，如图 4-9 左图所示，用 ARRAYRECT 命令将左图修改为右图。

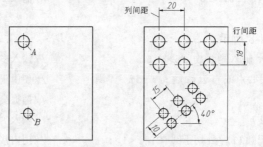

图4-9　创建矩形阵列

1. 启动矩形阵列命令，选择要阵列的图形对象 A，按 Enter 键后，弹出【阵列创建】选项卡，如图 4-10 所示。

图4-10　【阵列创建】选项卡

2. 分别在【行数】【列数】文本框中输入阵列的行数及列数，如图 4-10 所示。"行"的方向与坐标系的 x 轴平行，"列"的方向与 y 轴平行。每输入完一个数值，按 Enter 键或单击其他文本框，系统显示阵列效果预览图片，同时显示关键点，调整关键点位置就能改变阵列行数及列数。

3. 分别在【列】【行】面板的【介于】文本框中输入行间距及列间距，如图 4-10 所示。行间距、列间距的数值可为正或负。若是正值，则系统沿 x 轴、y 轴的正方向形成阵列；否则，沿反方向形成阵列。

4. 【层级】面板的参数用于设定阵列的层数及层高，"层"的方向是沿着 z 轴方向。默认情况下， 按钮是按下的，表明创建的矩形阵列是一个整体对象，否则每个项目为单独对象。

5. 创建圆的矩形阵列后，再选中它，弹出【阵列】选项卡，如图 4-11 所示。通过此选项卡可编辑阵列参数。此外，还可重新设定阵列基点，以及通过修改阵列中的某个图形对象使所有阵列对象发生变化。

		列数:	3		行数:	2		级别:	1								
矩形		介于:	20		介于:	-18		介于:	1			编辑来源	替换项目	重置矩阵	关闭阵列
		总计:	40		总计:	-18		总计:	1	基点					
类型			列			行 ▾			层级	特性			选项		关闭

图4-11　【阵列】选项卡

【阵列】选项卡中一些选项的功能介绍如下。

- 【基点】：设定阵列的基点。
- 【编辑来源】：选择阵列中的一个对象进行修改，完成后将使所有对象更新。
- 【替换项目】：用新对象替换阵列中的多个对象。操作时，先选择新对象，并指定基点，再选择阵列中要替换的对象即可。若想一次替换所有对象，可单击命令行中的"源对象(S)"选项。
- 【重置矩阵】：对阵列中的对象进行替换操作时，若有错误，按 Esc 键，再单击 ▦ 按钮进行恢复。

6. 创建图形对象 B 的矩形阵列，如图 4-12 左图所示。阵列参数为行数"2"、列数"3"、行间距"-10"、列间距"15"。创建完成后，使用 ROTATE 命令将该阵列旋转到指定的倾斜方向，如图 4-12 中图所示。

7. 利用关键点改变两个阵列方向间的夹角。选中阵列对象，将鼠标光标移动到箭头形状的关键点处，出现快捷菜单，如图 4-12 右图所示。利用【轴角度】命令可以设定行、列两个方向间的夹角。设置完成后，鼠标光标所在处的阵列方向将变动，而另一方向不变。要注意，该夹角是指沿 x 轴、y 轴正方向间的夹角。对于图 4-12 右图中的情形，先设定水平阵列方向的"轴角度"为"50"（与 y 轴正方向的角度），再设定竖直阵列方向的"轴角度"为"90"。

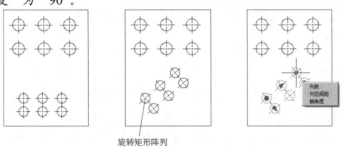

旋转矩形阵列

图4-12　创建倾斜方向的矩形阵列

4.2.2　环形阵列对象

ARRAYPOLAR 命令用于创建环形阵列。环形阵列是指把对象绕阵列中心等角度均匀分布。决定环形阵列的主要参数有阵列中心、阵列总角度及阵列数目。此外，用户也可通过输入阵列总数及每个对象间的夹角来生成环形阵列。

如果要沿径向或 z 轴方向分布对象，还可设定环形阵列的行数（同心分布的圈数）及层数。

命令启动方法

- 菜单命令:【修改】/【阵列】/【环形阵列】。
- 面板:【默认】选项卡中【修改】面板上的 按钮。
- 命令: ARRAYPOLAR 或简写 AR。

【练习4-6】: 打开素材文件 "dwg\第 4 章 \4-6.dwg", 如图 4-13 左图所示, 用 ARRAYPOLAR 命令将左图修改为右图。

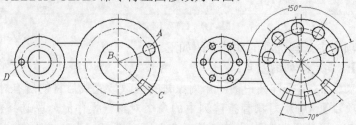

图4-13　创建环形阵列

1. 启动环形阵列命令, 选择要阵列的图形对象 *A*, 再指定阵列中心点 *B*, 弹出【阵列创建】选项卡, 如图 4-14 所示。

极轴	项目数:	5	行数:	1	级别:	1							
	介于:	38	介于:	18.362	介于:	1	关联	基点	旋转项目	方向	关闭阵列		
	填充:	150	总计:	18.362	总计:	1							
类型	项目		行 ▾		层级		特性				关闭		

图4-14　【阵列创建】选项卡

2. 在【项目数】及【填充】文本框中输入阵列的数目及阵列分布的总角度值, 也可在【介于】文本框中输入阵列项目间的夹角, 如图 4-14 所示。

3. 单击 按钮, 设定环形阵列沿顺时针或逆时针方向。

4. 在【行】面板中可以设定环形阵列沿径向分布的数目及间距, 在【层级】面板中可以设定环形阵列沿 z 轴方向阵列的数目及间距。

5. 继续创建对象 *C*、*D* 的环形阵列, 结果如图 4-13 右图所示。

6. 默认情况下, 按钮是按下的, 表明创建的阵列是一个整体对象, 否则每个项目为单独对象。 按钮用于控制阵列对象时各个对象是否旋转。

7. 选中已创建的环形阵列, 弹出【阵列】选项卡, 利用此选项卡可编辑阵列参数。此外, 还可通过修改阵列中的某个图形对象使所有阵列对象发生变化。该选项卡中一些按钮的功能可参见 4.2.1 小节。

旋转项目: 指定阵列时是否旋转对象。"否": 系统在阵列对象时, 仅进行平移复制, 即保持对象的方向不变。图 4-15 所示显示了该选项对阵列结果的影响。注意, 此时的阵列基点设定在 *D* 点。系统创建环形阵列时, 将始终使对象上某点与阵列中心的距离保持不变, 该点称为阵列基点。若阵列时不旋转对象, 则 "基点" 对阵列效果影响很大, 图 4-16 所示显示了将阵列基点设定在 *A*、*B* 点时的阵列效果。

图4-15　环形阵列

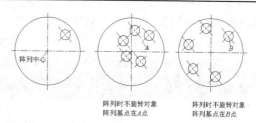

图4-16　基点对阵列效果的影响

4.2.3　沿路径阵列对象

ARRAYPATH 命令用于沿路径阵列对象。沿路径阵列是指将对象沿路径均匀分布或按指定的距离进行分布。路径对象可以是直线、多段线、样条曲线、圆弧及圆等。创建路径阵列时可指定阵列对象间和路径是否关联，还可设置对象在阵列时的方向及是否与路径对齐。

命令启动方法

- 菜单命令:【修改】/【阵列】/【路径阵列】。
- 面板:【默认】选项卡中【修改】面板上的 按钮。
- 命令:　ARRAYPATH 或简写 AR。

【练习4-7】:　绘制圆、矩形及阵列路径直线和圆弧，将圆和矩形分别沿直线和圆弧阵列，如图 4-17 所示。

图4-17　沿路径阵列对象

1. 启动路径阵列命令，选择阵列对象"圆"，按 Enter 键，再选择阵列路径"直线"，弹出【阵列创建】选项卡，如图 4-18 所示。

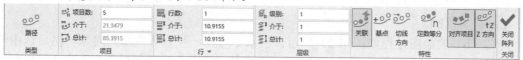

图4-18　【阵列创建】选项卡

2. 单击 按钮，再在【项目数】文本框中输入阵列数目，按 Enter 键预览阵列效果。也可单击 按钮，然后输入项目间距形成阵列。

3. 用同样的方法将矩形沿圆弧均布阵列，阵列数目为"8"。在【阵列创建】选项卡中单击 按钮，设定矩形底边中点为阵列基点，再单击 按钮指定矩形底边为切线方向。

4. 工具用于观察阵列时对齐的效果。若单击该按钮，则每个矩形底边都与圆弧的切线方向一致，否则，各个项目都与第一个起始对象保持平行。

5. 若单击 按钮，则创建的阵列是一个整体对象（否则每个项目为单独对象）。选中该对象，弹出【阵列】选项卡，利用此选项卡可编辑阵列参数及路径。此外，还可通过修改阵列中的某个图形对象，使所有阵列对象发生变化。

对齐项目：使阵列的每个对象与路径方向对齐，否则阵列的每个对象保持起始方向，如图4-19所示。

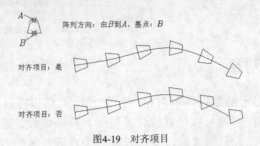

图4-19   对齐项目

4.2.4   沿倾斜方向阵列对象

沿倾斜方向阵列对象的情况如图 4-20 所示，对于此类形式的阵列可采取以下方法进行绘制。

(1)   阵列（a）。

阵列（a）的绘制过程如图 4-21 所示。先沿水平方向、竖直方向阵列对象，然后利用旋转命令将阵列旋转到倾斜位置。

（a）   （b）

图4-20   沿倾斜方向阵列   图4-21   阵列及旋转（1）

(2)   阵列（b）。

阵列（b）的绘图过程如图 4-22 所示。沿水平方向、竖直方向阵列对象，然后选中阵列，将鼠标光标移动到箭头形状的关键点处，出现快捷菜单，利用【轴角度】命令设定行、列两个方向间的夹角。设置完成后，利用旋转命令将阵列旋转到倾斜位置。

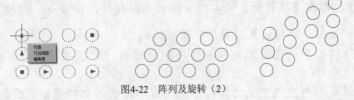

图4-22   阵列及旋转（2）

(3)   阵列（a）（b）。

阵列（a）（b）都可采用路径阵列命令进行绘制，如图 4-23 所示。首先绘制阵列路径，然后沿路径阵列对象。路径长度等于行、列的总间距，阵列完成后，删除路径线段。

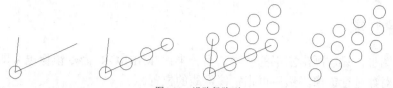

图4-23　沿路径阵列

4.2.5　编辑关联阵列

选中关联阵列，弹出【阵列】选项卡，通过此选项卡可修改阵列的以下属性。

- 阵列的行数、列数及层数，行间距、列间距及层间距。
- 阵列的数目、项目间的夹角。
- 沿路径分布的对象间的距离、对齐方向。
- 修改阵列的源对象（其他对象自动改变），替换阵列中的个别对象。

【练习4-8】：　打开素材文件"dwg\第 4 章\4-8.dwg"，沿路径阵列对象，如图 4-24 左图所示，然后将左图修改为右图。

图4-24　编辑阵列

1. 沿路径阵列对象，如图 4-24 左图所示。

命令：_arraypath	//启动路径阵列命令
选择对象：指定对角点：找到 3 个	//选择矩形，如图 4-24 左图所示
选择对象：	//按 Enter 键
选择路径曲线：	//选择圆弧路径

打开【阵列创建】选项卡，单击【特性】面板上的 按钮，在【项目】面板的【项目数】文本框中输入沿路径阵列的个数"6"，如图 4-25 所示；然后单击 基点 按钮，捕捉 A 点，再单击 切线方向 按钮，捕捉 B 点、C 点；最后单击 按钮，关闭【阵列创建】选项卡，阵列结果如图 4-24 左下图所示。

图4-25　【阵列创建】选项卡

2. 选中阵列，弹出【阵列】选项卡，单击 编辑来源 按钮，选择任意一个阵列对象，然后以矩形对角线交点为圆心画圆。

3. 单击【编辑阵列】面板中的 按钮，结果如图 4-24 右图所示。

4.2.6 镜像对象

对于对称图形，只需画出图形的一半，另一半由 MIRROR 命令镜像出来即可。操作时要指定对哪些对象进行镜像，然后再指定镜像线的位置。

命令启动方法

- 菜单命令：【修改】/【镜像】。
- 面板：【默认】选项卡中【修改】面板上的 ⚟ 按钮。
- 命令：MIRROR 或简写 MI。

【练习4-9】： 练习 MIRROR 命令。

打开素材文件"dwg\第 4 章\4-9.dwg"，如图 4-26 左图所示，下面用 MIRROR 命令将左图修改为右图。

```
命令: _mirror
选择对象: 指定对角点: 找到 13 个          //选择镜像对象，如图 4-26 左图所示
选择对象:                              //按 Enter 键确认
指定镜像线的第一点:                      //拾取镜像线上的第一点
指定镜像线的第二点:                      //拾取镜像线上的第二点
要删除源对象吗? [是(Y)/否(N)] <N>:      //镜像时不删除源对象
```

结果如图 4-26 中图所示。图 4-26 右图所示为镜像时删除源对象的结果。

要点提示 当对文字及属性进行镜像操作时，会出现文字及属性倒置的情况。为避免这一点，用户需将 MIRRTEXT 系统变量设置为"0"。

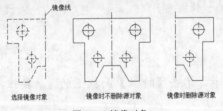

图4-26 镜像对象

4.2.7 例题二——练习阵列及镜像命令

【练习4-10】： 绘制图 4-27 所示的图形，目的是让读者练习阵列及镜像命令的用法。

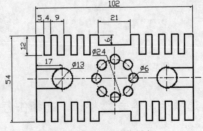

图4-27 阵列及镜像对象

1. 打开极轴追踪、对象捕捉及自动追踪功能。设置极轴追踪角度增量为"90"，设定对象

捕捉方式为"端点""圆心"和"交点",设置沿正交方向进行自动追踪。

2. 设定绘图区域大小为 150×150,并使该区域充满整个图形窗口显示出来。

3. 用 LINE 命令画水平线段 A 及竖直线段 B,如图 4-28 所示。线段 A 的长度约为 80,线段 B 的长度约为 60。

4. 画平行线 C、D、E、F,如图 4-29 所示。

<table>
<tr><td>命令: _offset</td><td>//画平行线 C</td></tr>
<tr><td>指定偏移距离或 [通过(T)] <51.0000>: 27</td><td>//输入偏移的距离</td></tr>
<tr><td>选择要偏移的对象或 <退出>:</td><td>//选择线段 A</td></tr>
<tr><td>指定要偏移的那一侧上的点:</td><td>//在线段 A 的上边单击一点</td></tr>
<tr><td>选择要偏移的对象或 <退出>:</td><td>//按 Enter 键结束</td></tr>
</table>

再绘制以下平行线。

- 向下偏移线段 C 至 D,偏移距离为 6。
- 向左偏移线段 B 至 E,偏移距离为 51。
- 向左偏移线段 B 至 F,偏移距离为 10.5。

结果如图 4-29 所示。修剪多余线条,结果如图 4-30 所示。

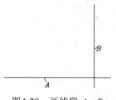

图4-28 画线段 A、B

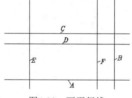

图4-29 画平行线

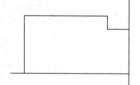

图4-30 修剪结果(1)

5. 画线段 HI、IJ、JK,如图 4-31 所示。

<table>
<tr><td>命令: _line 指定第一点: 5</td><td>//从 G 点向右追踪并输入追踪距离</td></tr>
<tr><td>指定下一点或 [放弃(U)]: 12</td><td>//从 H 点向下追踪并输入追踪距离</td></tr>
<tr><td>指定下一点或 [放弃(U)]: 4</td><td>//从 I 点向右追踪并输入追踪距离</td></tr>
<tr><td>指定下一点或 [闭合(C)/放弃(U)]:</td><td>//从 J 点向上追踪并捕捉交点 K</td></tr>
<tr><td>指定下一点或 [闭合(C)/放弃(U)]:</td><td>//按 Enter 键结束</td></tr>
</table>

结果如图 4-31 所示。

6. 创建线框 A 的矩形阵列,如图 4-32 所示。

<table>
<tr><td>命令: _arrayrect</td><td></td></tr>
<tr><td>选择对象: 指定对角点: 找到 3 个</td><td>//选择要阵列的图形对象 A,如图 4-33 所示</td></tr>
<tr><td>选择对象:</td><td>//按 Enter 键</td></tr>
</table>

打开【阵列创建】选项卡,在【列】面板的【列数】文本框中输入列数,在【介于】文本框中输入列间距;在【行】面板的【行数】文本框中输入行数,在【介于】文本框中输入行间距,如图 4-32 所示,然后单击 ✔ 按钮,关闭【阵列创建】选项卡。

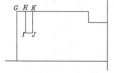

图4-31 画线段

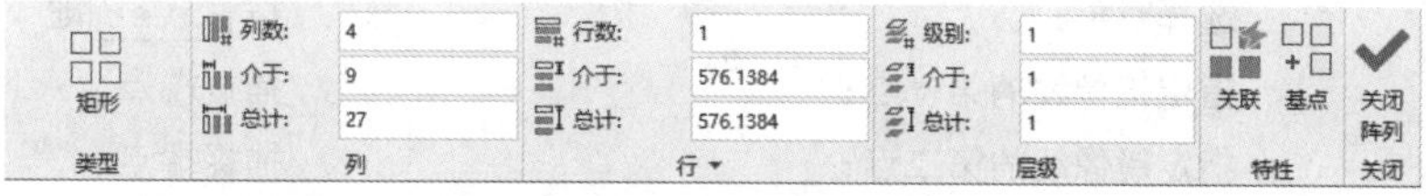

	列数:	4	行数:	1	级别:	1	
矩形	介于:	9	介于:	576.1384	介于:	1	关联 基点
	总计:	27	总计:	576.1384	总计:	1	阵列 关闭
类型		列		行 ▾	层级		特性 关闭

图4-32 【阵列创建】选项卡(1)

结果如图 4-33 所示。修剪多余线条，结果如图 4-34 所示。

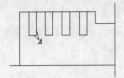

图4-33　创建矩形阵列

图4-34　修剪结果（2）

7. 对线框 *B* 进行镜向操作，如图 4-35 所示。

命令：_mirror	
选择对象：指定对角点：找到 20 个	//选择线框 *B*，如图 4-35 所示
选择对象：	//按 Enter 键
指定镜像线的第一点：	//捕捉端点 *C*
指定镜像线的第二点：	//捕捉端点 *D*
要删除源对象？[是(Y)/否(N)] <N>：	//按 Enter 键结束

结果如图 4-35 所示。

8. 对线框 *E* 进行镜像操作，结果如图 4-36 所示。

图4-35　镜像对象（1）

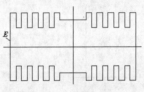

图4-36　再次镜像对象

9. 画圆和线段，如图 4-37 所示。

命令：_circle 指定圆的圆心或 [三点(3P)/两点(2P)/切点、切点、半径(T)]：17	
	//从 *A* 点向右追踪并输入追踪距离
指定圆的半径或 [直径(D)]：6.5	//输入圆半径
命令：_line 指定第一点：	//从圆心 *B* 向上追踪并捕捉交点 *C*
指定下一点或 [放弃(U)]：	//从 *C* 点向左追踪并捕捉交点 *D*
指定下一点或 [放弃(U)]：	//按 Enter 键结束
命令：	//重复命令
LINE 指定第一点：	//从圆心 *B* 向下追踪并捕捉交点 *E*
指定下一点或 [放弃(U)]：	//从 *E* 点向左追踪并捕捉交点 *F*
指定下一点或 [放弃(U)]：	//按 Enter 键结束

结果如图 4-37 所示。

10. 镜像线段 *G*、*H* 及圆 *I*，如图 4-38 所示。

命令：_mirror	
选择对象：指定对角点：找到 20 个	//选择线段 *G*、*H* 及圆 *I*，如图 4-38 所示
选择对象：	//按 Enter 键
指定镜像线的第一点：	//捕捉端点 *J*
指定镜像线的第二点：	//捕捉端点 *K*
要删除源对象？[是(Y)/否(N)] <N>：	//按 Enter 键结束

结果如图 4-38 所示。

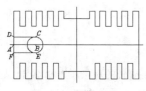

图4-37　画圆和线段

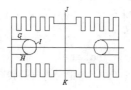

图4-38　镜像对象（2）

11. 画圆 B，并创建圆 B 的环形阵列，如图 4-39 所示。

命令：_circle 指定圆的圆心或 [三点(3P)/两点(2P)/切点、切点、半径(T)]：12
　　　　　　　　　　　　　　　　//从 A 点向右追踪并输入追踪距离

指定圆的半径或 [直径(D)] <8.5000>：3　　//输入圆半径

命令：_arraypolar

选择对象:找到 1 个　　　　　　　//选择要阵列的图形对象 B，如图 4-39 所示

选择对象：　　　　　　　　　　//按 Enter 键

指定阵列的中心点或 [基点(B)/旋转轴(A)]：//指定阵列中心捕捉 A 点

打开【阵列创建】选项卡，在【项目】面板的【项目数】文本框中输入环形阵列数，在【填充】文本框中输入填充角度，如图 4-40 所示，然后单击✔按钮，关闭【阵列创建】选项卡，阵列结果如图 4-39 所示。

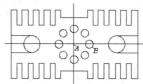

图4-39　画圆并创建环形阵列

	项目数：	8	行数：	1	级别：	1					
极轴	介于：	45	介于：	576.1384	介于：	1	关联	基点	旋转项目	方向	关闭阵列
	填充：	360	总计：	576.1384	总计：	1					
类型	项目		行 ▾		层级		特性				关闭

图4-40　【阵列创建】选项卡（2）

4.3　旋转及对齐图形

下面介绍旋转及对齐图形的方法。

4.3.1　旋转图形

ROTATE 命令可以用于旋转图形对象，改变图形对象的方向。使用此命令时，通过指定旋转基点并输入旋转角度来转动图形实体，此外，也可以某个方位作为参照位置，然后选择一个新对象或输入一个新角度值来指明要旋转到的位置。

一、命令启动方法

- 菜单命令：【修改】/【旋转】。
- 面板：【默认】选项卡中【修改】面板上的 ↻ 按钮。
- 命令：ROTATE 或简写 RO。

【练习4-11】：　练习 ROTATE 命令。

打开素材文件"dwg\第 4 章\4-11.dwg"，如图 4-41 左图所示，用 ROTATE 命令将左图修改为右图。

```
命令：_rotate
选择对象：指定对角点：找到 4 个        //选择要旋转的对象，如图 4-41 左图所示
选择对象：                           //按 Enter 键确认
指定基点：                           //捕捉 A 点作为旋转基点
指定旋转角度，或 [复制(C)/参照(R)] <0>：30  //输入旋转角度
```

结果如图 4-41 右图所示。

二、　命令选项

- 指定旋转角度：指定旋转基点并输入绝对旋转角度来旋转实体。旋转角是基于当前用户坐标系测量的。如果输入负的旋转角，则选定的对象顺时针旋转；反之，对象将逆时针旋转。
- 复制(C)：旋转对象的同时复制对象。
- 参照(R)：指定某个方向作为起始参照角，然后选择一个新对象以指定原对象要旋转到的位置，也可以输入新角度值来指明要旋转到的方位，如图 4-42 所示。

```
命令：_rotate
选择对象：指定对角点：找到 4 个        //选择要旋转的对象，如图 4-42 左图所示
选择对象：                           //按 Enter 键确认
指定基点：                           //捕捉 A 点作为旋转基点
指定旋转角度，或 [复制(C)/参照(R)] <0>：r  //使用"参照(R)"选项
指定参照角 <0>：                     //捕捉 A 点
指定第二点：                         //捕捉 B 点
指定新角度或 [点(P)] <0>：           //捕捉 C 点
```

结果如图 4-42 右图所示。

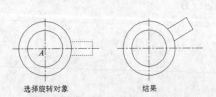

图4-41　旋转图形

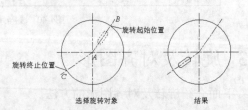

图4-42　使用"参照(R)"选项旋转图形

4.3.2　对齐图形

ALIGN 命令可以同时移动、旋转一个对象，使之与另一对象对齐。例如，用户可以使图形对象中的某点、某条直线或某一个面（三维实体）与另一实体的点、线和面对齐。操作过程中，用户只需按照系统提示指定源对象与目标对象的一点、两点或三点对齐就可以了。

命令启动方法

- 菜单命令：【修改】/【三维操作】/【对齐】。
- 面板：【默认】选项卡中【修改】面板上的 按钮。

● 命令：ALIGN 或简写 AL。

【练习4-12】：练习 ALIGN 命令。

打开素材文件"dwg\第 4 章\4-12.dwg"，如图 4-43 左图所示，用 ALIGN 命令将左图修改为右图。

命令：align

选择对象：指定对角点：找到 6 个　　　　　　　//选择源对象，如图 4-43 左图所示

选择对象：　　　　　　　　　　　　　　　　　//按 Enter 键

指定第一个源点：　　　　　　　　　　　　　　//捕捉第一个源点 A

指定第一个目标点：　　　　　　　　　　　　　//捕捉第一个目标点 B

指定第二个源点：　　　　　　　　　　　　　　//捕捉第二个源点 C

指定第二个目标点：　　　　　　　　　　　　　//捕捉第二个目标点 D

指定第三个源点或 <继续>：　　　　　　　　　//按 Enter 键

是否基于对齐点缩放对象？[是(Y)/否(N)] <否>：　//按 Enter 键不缩放源对象

结果如图 4-43 右图所示。

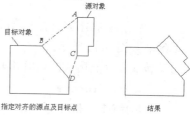

使用 ALIGN 命令时，可指定按照一个端点、两个端点或 3 个端点来对齐实体。在二维平面绘图中，一般需要将源对象与目标对象按一个或两个端点进行对齐。操作完成后，源对象与目标对象的第一点重合在一起，如果要使它们的第二个端点也重合，就需利用"基于对齐点缩放对象"选项缩放源对象。此时，第一目标点是缩放的基点，第一源点与第二源点间的距离是第一个参考长度，第一目标点和第二目标点间的距离是新的参考长度，新的参考长度与第一个参考长度的比值就是缩放比例因子。

图4-43　对齐图形

4.3.3　例题三——用旋转及对齐命令绘图

图样中图形实体最常见的位置关系一般是水平方向或竖直方向，这类实体如果利用正交或极坐标追踪辅助作图就会非常方便。另一类实体是处于倾斜的位置关系，它们给设计人员的作图带来了一些不便，但用户可先在水平位置或竖直位置画出这些图形元素，然后利用 ROTATE 或 ALIGN 命令将图形定位到倾斜方向。

【练习4-13】：打开素材文件"dwg\第 4 章\4-13.dwg"，如图 4-44 左图所示，请将左图修改为右图。

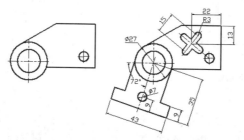

图4-44　用旋转及对齐命令绘图

1. 打开极轴追踪、对象捕捉及自动追踪功能。设置极轴追踪角度增量为"90"，设定对象

捕捉方式为 "端点" "圆心" 和 "交点"，设置仅沿正交方向进行捕捉追踪。

2. 画线段和圆，如图 4-45 所示。

```
命令：_line 指定第一点：                              //捕捉 A 点，如图 4-45 所示
指定下一点或 [放弃(U)]: 26                          //从 A 点向左追踪并输入追踪距离
指定下一点或 [放弃(U)]: 8                           //从 B 点向上追踪并输入追踪距离
指定下一点或 [闭合(C)/放弃(U)]: 9                   //从 C 点向左追踪并输入追踪距离
指定下一点或 [闭合(C)/放弃(U)]: 43                  //从 D 点向下追踪并输入追踪距离
指定下一点或 [闭合(C)/放弃(U)]: 9                   //从 E 点向右追踪并输入追踪距离
指定下一点或 [闭合(C)/放弃(U)]:                     //在 G 点处建立追踪参考点
                                                    //从 F 点向上追踪并确定 H 点
指定下一点或 [闭合(C)/放弃(U)]:                     //从 H 点向右追踪并捕捉 G 点
指定下一点或 [闭合(C)/放弃(U)]:                     //按 Enter 键结束
命令：_circle 指定圆的圆心或 [三点(3P)/两点(2P)/切点、切点、半径(T)]: 26
                                                    //从 I 点向左追踪并输入追踪距离
指定圆的半径或 [直径(D)]: 3.5                       //输入圆半径
```

结果如图 4-45 所示。

3. 旋转线框 J 及圆 K，如图 4-46 所示。

```
命令：_rotate
选择对象：指定对角点：找到 8 个                     //选择线框 J 及圆 K，如图 4-46 所示
选择对象：                                          //按 Enter 键
指定基点：                                          //捕捉交点 L
指定旋转角度或 [参照(R)]: 72                        //输入旋转角度
```

结果如图 4-46 所示。

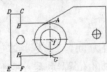
图4-45　画线段和圆

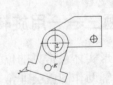
图4-46　旋转对象

4. 画圆 A、B 及切线 C、D，如图 4-47 所示。

5. 复制线框 E，并将其旋转 90°，结果如图 4-48 所示。

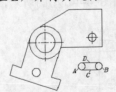
图4-47　画圆及切线

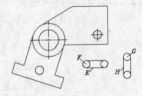
图4-48　复制并旋转对象

6. 移动线框 H。

```
命令：_move
选择对象：指定对角点：找到 4 个                     //选择线框 H，如图 4-48 所示
选择对象：                                          //按 Enter 键
指定基点或 [位移(D)] <位移>: 7.5                    //从 G 点向下追踪并输入追踪距离
```

指定第二个点或 <使用第一个点作为位移>: 7.5　　//从 F 点向右追踪并输入追踪距离

结果如图 4-49 所示。修剪多余线条，结果如图 4-50 所示。

7. 将线框 A 定位到正确的位置，如图 4-51 所示。

> 命令: align
>
> 选择对象: 指定对角点: 找到 12 个　　　　//选择线框 A，如图 4-51 左图所示
>
> 选择对象:　　　　//按 Enter 键
>
> 指定第一个源点:　　　　//从 F 点向右追踪
>
> 　　　　//从 G 点向上追踪
>
> 　　　　//在两条追踪辅助线的交点处单击一点
>
> 指定第一个目标点: from　　　　//使用正交偏移捕捉
>
> 基点:　　　　//捕捉交点 H
>
> <偏移>: @-22,-13　　　　//输入 C 点的相对坐标
>
> 指定第二个源点:　　　　//捕捉圆心 D
>
> 指定第二个目标点:　　　　//捕捉交点 E
>
> 指定第三个源点或 <继续>:　　　　//按 Enter 键
>
> 是否基于对齐点缩放对象? [是(Y)/否(N)] <否>:　　//按 Enter 键结束

结果如图 4-51 右图所示。

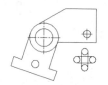

图4-49　移动对象

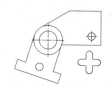

图4-50　修剪结果

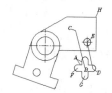

图4-51　对齐实体

4.4　拉伸图形对象

使用 STRETCH 命令可以拉伸、缩短和移动实体。该命令通过改变端点的位置来修改图形对象，编辑过程中除被伸长、缩短的对象外，其他图元的大小及相互间的几何关系将保持不变。

操作时首先利用交叉窗口选择对象，如图 4-52 所示，然后指定一个基准点和另一个位移点，则系统将依据两点之间的距离和方向修改图形，凡在交叉窗口中的图元顶点都被移动，而与交叉窗口相交的图形元素将被延伸或缩短。此外，用户还可通过输入沿 x 轴、y 轴的位移来拉伸图形，当系统提示"指定基点或[位移(D)]<位移>:"时，直接输入位移值；当提示"指定第二个点:"时，按 Enter 键完成操作。

如果图样沿 x 轴或 y 轴方向的尺寸有错误，或者用户想调整图形中某部分实体的位置，就可使用 STRETCH 命令。

命令启动方法

- 菜单命令:【修改】/【拉伸】。
- 面板:【默认】选项卡中【修改】面板上的 按钮。
- 命令: STRETCH 或简写 S。

【练习4-14】：练习 STRETCH 命令。

打开素材文件"dwg\第 4 章\4-14.dwg"，如图 4-52 左图所示，用 STRETCH 命令将左图修改为右图。

```
命令: _stretch
选择对象: 指定对角点: 找到 12 个          //以交叉窗口选择要拉伸的对象，如图 4-52 左图所示
选择对象:                                //按 Enter 键
指定基点或 [位移(D)] <位移>:             //在屏幕上单击一点
指定第二个点或 <使用第一个点作为位移>: 40    //向右追踪并输入追踪距离
```

结果如图 4-52 右图所示。

 使用 STRETCH 命令时，系统只能识别最新的交叉窗口选择集，以前的选择集将被忽略。

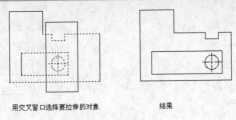

用交叉窗口选择要拉伸的对象   结果

图4-52 拉伸对象

4.5 按比例缩放对象

SCALE 命令可将对象按指定的比例因子相对于基点放大或缩小。使用此命令时，用户可以用下面的两种方式缩放对象。

(1) 选择缩放对象的基点，然后输入缩放比例因子。比例变换图形的过程中，缩放基点在屏幕上的位置保持不变，它周围的图元以此点为中心按给定的比例因子放大或缩小。

(2) 输入一个数值或拾取两点来指定一个参考长度（第一个数值），再输入新的数值或拾取另外一点（第二个数值），则系统计算两个数值的比率并以此比率作为缩放比例因子。当用户想将某一对象放大到特定尺寸时，就可使用该方法。

一、命令启动方法

- 菜单命令：【修改】/【缩放】。
- 面板：【默认】选项卡中【修改】面板上的 □ 按钮。
- 命令：SCALE 或简写 SC。

【练习4-15】：练习 SCLAE 命令。

打开素材文件"dwg\第 4 章\4-15.dwg"，如图 4-53 左图所示，用 SCALE 命令将左图修改为右图。

```
命令: _scale
选择对象: 指定对角点: 找到 1 个                      //选择矩形 A，如图 4-53 左图所示
选择对象:                                          //按 Enter 键
指定基点:                                          //捕捉交点 C
指定比例因子或 [复制(C)/参照(R)] <1.0000>: 2       //输入缩放比例因子
```

命令：	//重复命令
SCALE	
选择对象：指定对角点：找到 4 个	//选择线框 B
选择对象：	//按 Enter 键
指定基点：	//捕捉交点 D
指定比例因子或 [复制(C)/参照(R)] <2.0000>: r	//使用"参照(R)"选项
指定参照长度 <1.0000>:	//捕捉交点 D
指定第二点：	//捕捉交点 E
指定新的长度或 [点(P)] <1.0000>:	//捕捉交点 F

结果如图 4-53 右图所示。

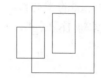

图4-53　缩放图形

二、　命令选项

- 指定比例因子：直接输入缩放比例因子，系统根据此比例因子缩放图形。若比例因子小于 1，则缩小对象；否则，放大对象。
- 复制(C)：缩放对象的同时复制对象。
- 参照(R)：以参照方式缩放图形。用户输入参考长度及新长度，系统把新长度与参考长度的比值作为缩放比例因子进行缩放。
- 点(P)：使用两点来定义新的长度。

4.6　关键点编辑方式

关键点编辑方式是一种集成的编辑模式，该模式包含了 5 种编辑方法。

- 拉伸。
- 移动。
- 旋转。
- 缩放。
- 镜像。

默认情况下，AutoCAD 的关键点编辑方式是开启的。当用户选择实体后，实体上将出现若干方框，这些方框被称为关键点。把十字光标靠近方框并单击鼠标左键，激活关键点编辑状态，此时，系统自动进入"拉伸"编辑方式，连续按 Enter 键，就可以在所有的编辑方式间切换。此外，用户也可在激活关键点后，单击鼠标右键，弹出图 4-54 所示的快捷菜单，通过此菜单就能选择某种编辑方式。

图4-54　快捷菜单

在不同的编辑方式间切换时，系统为每种编辑方式提供的命令基本相同，其中【基点】【复制】命令是所有编辑方式所共有的。

- 【基点】：该命令使用户可以拾取某一个点作为编辑过程的基点。例如，当进入旋转编辑模式，并要指定一个点作为旋转中心时，就使用【基点】命令。默认情况下，编辑的基点是热关键点（选中的关键点）。

- 【复制】：如果用户在编辑的同时还需复制对象，则选取此命令。

下面通过一些例子了解关键点编辑方式。

4.6.1 利用关键点拉伸对象

在拉伸编辑方式下，当热关键点是线段的端点时，将有效地拉伸或缩短对象。如果热关键点是线段的中点、圆或圆弧的圆心，或者属于块、文字、尺寸数字等实体时，这种编辑方式就只移动对象。

【练习4-16】：利用关键点拉伸圆的中心线。

打开素材文件 "dwg\第 4 章\4-16.dwg"，如图 4-55 左图所示，利用关键点拉伸方式将左图修改为右图。

命令： <正交 开>	//打开正交
命令：	//选择线段 A
命令：	//选中关键点 B
** 拉伸 **	//进入拉伸方式
指定拉伸点或 [基点(B)/复制(C)/放弃(U)/退出(X)]：	//向右移动鼠标光标拉伸线段 A

结果如图 4-55 右图所示。

利用关键点拉伸直线　　　　　结果

图4-55　拉伸对象

 打开正交状态后就可利用关键点拉伸方式很方便地改变水平或竖直线段的长度。

4.6.2 利用关键点移动及复制对象

关键点移动方式可以编辑单一对象或一组对象，在此方式下使用"复制(C)"选项就能在移动实体的同时进行复制，这种编辑方式的使用与普通的 MOVE 命令很相似。

【练习4-17】：利用关键点复制对象。

打开素材文件 "dwg\第 4 章\4-17.dwg"，如图 4-56 左图所示，利用关键点移动方式将左图修改为右图。

命令：	//选择矩形 A，如图 4-56 左图所示
命令：	//选中关键点 B
** 拉伸 **	
指定拉伸点或 [基点(B)/复制(C)/放弃(U)/退出(X)]：	//进入拉伸方式
** MOVE **	//按 Enter 键进入移动方式

指定移动点或［基点(B)/复制(C)/放弃(U)/退出(X)］：c
　　　　　　　　　　　　　　　　//利用"复制(C)"选项进行复制

** MOVE（多个）**

指定移动点或［基点(B)/复制(C)/放弃(U)/退出(X)］：b　　//使用"基点(B)"选项

指定基点：　　　　　　　　　　　　　　　　//捕捉 C 点

** MOVE（多个）**

指定移动点或［基点(B)/复制(C)/放弃(U)/退出(X)］：　　//捕捉 D 点

** MOVE（多个）**

指定移动点或［基点(B)/复制(C)/放弃(U)/退出(X)］：　　//按 Enter 键结束

结果如图 4-56 右图所示。

处于关键点编辑方式下，按住 Shift 键，系统将自动在编辑实体的同时复制对象。

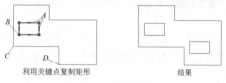

利用关键点复制矩形　　　　结果

图4-56　复制对象

4.6.3　利用关键点旋转对象

旋转对象是绕旋转中心进行的。当使用关键点编辑方式时，热关键点就是旋转中心，但用户可以指定其他点作为旋转中心。这种编辑方法与 ROTATE 命令相似，它的优点在于一次可将对象旋转且复制到多个方位。

旋转操作中"参照(R)"选项有时非常有用，该选项可以使用户旋转图形实体，使其与某个新位置对齐，下面的练习将演示此选项的用法。

【练习4-18】：利用关键点旋转对象。

打开素材文件"dwg\第 4 章\4-18.dwg"，如图 4-57 左图所示，利用关键点旋转方式将左图修改为右图。

命令：　　　　　　　　　　　　　//选择线框 A，如图 4-57 左图所示

命令：　　　　　　　　　　　　　//选中任意一个关键点

** 拉伸 **　　　　　　　　　　//进入拉伸方式

指定拉伸点或［基点(B)/复制(C)/放弃(U)/退出(X)］：//按 Enter 键进入移动方式

** MOVE **

指定移动点或［基点(B)/复制(C)/放弃(U)/退出(X)］：//按 Enter 键进入旋转方式

** 旋转 **

指定旋转角度或［基点(B)/复制(C)/放弃(U)/参照(R)/退出(X)］：b
　　　　　　　　　　　　//使用"基点(B)"选项指定旋转中心

指定基点：　　　　　　　　//捕捉圆心 B 作为旋转中心

** 旋转 **

指定旋转角度或［基点(B)/复制(C)/放弃(U)/参照(R)/退出(X)］：r

//使用"参照(R)"选项指定图形旋转到的位置
指定参照角 <0>:　　　　　　　　　　　　//捕捉圆心 *B*
指定第二点:　　　　　　　　　　　　　　//捕捉端点 *C*
** 旋转 **
指定新角度或 [基点(B)/复制(C)/放弃(U)/参照(R)/退出(X)]:　//捕捉端点 *D*
结果如图 4-57 右图所示。

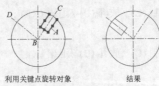

利用关键点旋转对象　　　　　　结果

图4-57　旋转对象

4.6.4　利用关键点缩放对象

　　关键点编辑方式也提供了缩放对象的功能。当切换到缩放方式时，当前激活的热关键点是缩放的基点。用户可以输入比例系数对实体进行放大或缩小，也可利用"参照(R)"选项将实体缩放到某一尺寸。

【练习4-19】：利用关键点缩放方式缩放对象。
　　打开素材文件"dwg\第 4 章\4-19.dwg"，如图 4-58 左图所示，利用关键点缩放方式将左图修改为右图。

命令:　　　　　　　　　　　　　　　　　//选择线框 *A*，如图 4-58 左图所示
命令:　　　　　　　　　　　　　　　　　//选中任意一个关键点
** 拉伸 **　　　　　　　　　　　　　　　//进入拉伸方式
指定拉伸点或 [基点(B)/复制(C)/放弃(U)/退出(X)]:
　　　　　　　　　　　　　　　　　//按 3 次 Enter 键进入比例缩放方式
** 比例缩放 **
指定比例因子或 [基点(B)/复制(C)/放弃(U)/参照(R)/退出(X)]: b
　　　　　　　　　　　　　　　　　//使用"基点(B)"选项指定缩放基点
指定基点:　　　　　　　　　　　　　　　//捕捉交点 *B*
** 比例缩放 **
指定比例因子或 [基点(B)/复制(C)/放弃(U)/参照(R)/退出(X)]: 0.5　//输入缩放比例值
结果如图 4-58 右图所示。

利用关键点缩放对象　　　　　　结果

图4-58　缩放对象

4.6.5　利用关键点镜像对象

　　进入镜像模式后，系统直接提示"指定第二点"。默认情况下，热关键点是镜像线的第

一点，在拾取第二点后，此点便与第一点一起形成镜像线。如果用户要重新设定镜像线的第一点，就通过"基点(B)"选项。

【练习4-20】： 利用关键点镜像对象。

打开素材文件"dwg\第 4 章\4-20.dwg"，如图 4-59 左图所示，利用关键点镜像方式将左图修改为右图。

```
命令：                                      //选择要镜像的对象，如图 4-59 左图所示
命令：                                      //选中关键点 A
** 拉伸 **                                  //进入拉伸方式
指定拉伸点或 [基点(B)/复制(C)/放弃(U)/退出(X)]：
                                           //按 4 次 Enter 键进入镜像方式
** 镜像 **
指定第二点或 [基点(B)/复制(C)/放弃(U)/退出(X)]： c    //镜像并复制
** 镜像（多重）**
指定第二点或 [基点(B)/复制(C)/放弃(U)/退出(X)]：     //捕捉交点 B
** 镜像（多重）**
指定第二点或 [基点(B)/复制(C)/放弃(U)/退出(X)]：     //按 Enter 键结束
```

结果如图 4-59 右图所示。

要点提示 激活关键点编辑方式后，可通过输入下列字母直接进入某种编辑方式。

- MI——镜像。
- MO——移动。
- RO——旋转。
- SC——缩放。
- ST——拉伸。

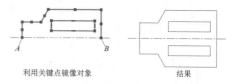

利用关键点镜像对象 　　 结果

图4-59　镜像对象

4.6.6　利用关键点编辑功能改变线段、圆弧的长度

选中线段、圆弧等对象，出现关键点，将鼠标光标悬停在关键点上，弹出快捷菜单，如图 4-60 所示。选择【拉长】命令，将延长线段、圆弧等对象，按 Ctrl 键可切换执行【拉伸】命令。

4.6.7　例题四——利用关键点编辑方式绘图

图4-60　关键点编辑功能扩展

【练习4-21】： 利用关键点编辑方式绘图，如图 4-61 所示。该图的主要特点是一些细节特征沿圆周分布。

1. 打开极轴追踪、对象捕捉及自动追踪功能。设置极轴追踪角度增量为"90"，设定对象捕捉方式为"端点""圆心""交点"，设置仅沿正交方向进行自动追踪。
2. 画水平及竖直的定位线 A、B，再绘制圆 C、D，如图 4-62 所示。
3. 用 LINE 命令画线段 E、F、G，如图 4-63 所示。修剪多余线条，结果如图 4-64 所示。

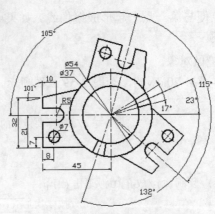

图4-61　利用关键点编辑模式画图

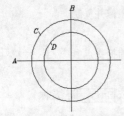

图4-62　画直线及圆

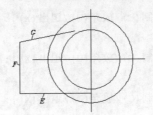

图4-63　画线段 E、F、G

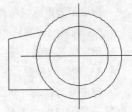

图4-64　修剪结果（1）

4.　画圆 H、I，再画线段 J、K，如图 4-65 所示。修剪多余线条，结果如图 4-66 所示。

5.　用关键点编辑方式旋转并复制图形 L，如图 4-67 所示。

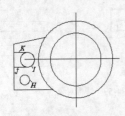

图4-65　画圆及线段

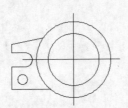

图4-66　修剪结果（2）

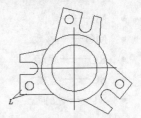

图4-67　旋转并复制图形 L

6.　用 LINE 命令绘制斜线 M、N，如图 4-68 所示。

7.　修剪多余线条，然后利用关键点编辑方式旋转及复制线段 O、P，结果如图 4-69 所示。

图4-68　画斜线 M、N

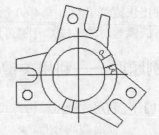

图4-69　旋转及复制对象

【练习4-22】：　绘制图 4-70 所示的图形，该图的主要特点是包含一些尺寸相同的矩形及封闭线框。

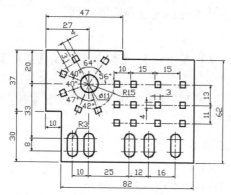

图4-70　利用关键点编辑模式画图

1.　打开极轴追踪、对象捕捉及自动追踪功能。设置极轴追踪角度增量为"90"，设定对象捕捉方式为"端点""圆心""交点"，设置仅沿正交方向进行自动追踪。
2.　用 LINE 命令绘制闭合线框，如图 4-71 所示。
3.　用 OFFSET 命令画平行线 *A*、*B*，再绘制圆和矩形，如图 4-72 所示。
4.　利用关键点编辑方式将矩形 *C* 沿圆周方向分布，如图 4-73 所示。

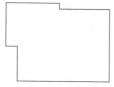
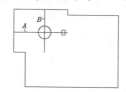
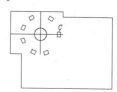

图4-71　画闭合线框　　　　图4-72　画平行线、圆和矩形　　　　图4-73　将矩形 *C* 沿圆周方向分布

5.　利用关键点编辑方式将矩形 *C* 按行列形式分布，如图 4-74 所示。

要点提示　可一次完成这项任务，有些矩形的位置可利用追踪参考点确定。

6.　用 CIRCLE、LINE 及 TRIM 命令绘制线框 *D*，如图 4-75 所示。
7.　利用关键点编辑方式将线框 *D* 沿水平方向分布，结果如图 4-76 所示。

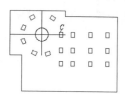
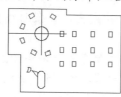
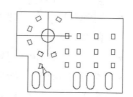

图4-74　将矩形 *C* 按行列形式分布　　　图4-75　绘制线框 *D*　　　图4-76　将线框 *D* 沿水平方向分布

4.7　绘制样条曲线及断裂线

可以用 SPLINE 命令绘制光滑样条线。样条曲线使用拟合点或控制点进行定义。默认情况下，拟合点与样条曲线重合，而控制点定义多边形控制框，如图 4-77 所示。利用控制框可以很方便地调整样条曲线的形状。

可以通过拟合公差及样条曲线的多项式阶数改变样条线的精度。公差值越小，样条曲线与拟合点越接近；多项式阶数越高，曲线越光滑。

在绘制工程图时，可以利用 SPLINE 命令画断裂线。

一、 命令启动方法

- 菜单命令：【绘图】/【样条曲线】/【拟合点】或【绘图】/【样条曲线】/【控制点】。
- 面板：【默认】选项卡中【绘图】面板上的 或 按钮。
- 命令：SPLINE 或简写 SPL。

【练习4-23】： 练习 SPLINE 命令。

单击【绘图】面板上的 按钮。

指定第一个点或 [方式(M)/节点(K)/对象(O)]：	//拾取 A 点，如图 4-78 所示
输入下一个点或 [起点切向(T)/公差(L)]：	//拾取 B 点
输入下一个点或 [端点相切(T)/公差(L)/放弃(U)]：	//拾取 C 点
输入下一个点或 [端点相切(T)/公差(L)/放弃(U)/闭合(C)]：	//拾取 D 点
输入下一个点或 [端点相切(T)/公差(L)/放弃(U)/闭合(C)]：	//拾取 E 点
输入下一个点或 [端点相切(T)/公差(L)/放弃(U)/闭合(C)]：	
	//按 Enter 键结束命令

结果如图 4-78 所示。

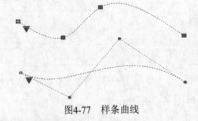

图4-77 样条曲线　　　　　　　　　　　　　图4-78 绘制样条曲线

二、 命令选项

- 方式(M)： 确定是使用拟合点还是使用控制点来创建样条曲线。
- 节点(K)： 指定节点参数化，它是一种计算方法，用来确定样条曲线中连续拟合点之间的零部件曲线如何过渡。
- 对象(O)： 将二维或三维的二次或三次样条曲线拟合多段线转换成等效的样条曲线。
- 起点切向(T)： 指定在样条曲线起点的相切条件。
- 端点相切(T)： 指定在样条曲线终点的相切条件。
- 公差(L)： 指定样条曲线可以偏离指定拟合点的距离。
- 闭合(C)： 使样条线闭合。

4.8 填充剖面图案

工程图中的剖面线一般总是绘制在一个对象或几个对象围成的封闭区域中。在绘制剖面线时，用户首先要指定填充边界。一般可用两种方法选定画剖面线的边界，一种是在闭合的区域中选一点，系统自动搜索闭合的边界；另一种是通过选择对象来定义边界。

AutoCAD 为用户提供了许多标准填充图案，用户也可定制自己的图案。此外，用户还能控制剖面图案的疏密及剖面线条的倾角。

4.8.1 填充封闭区域

HATCH 命令用于生成填充图案。启动该命令后，系统打开【图案填充创建】选项卡，通过该选项卡选择填充图案，设定填充比例、角度及指定填充区域后，就可以创建图案填充了。

命令启动方法

- 菜单命令：【绘图】/【图案填充】。
- 面板：【默认】选项卡中【绘图】面板上的 ▨ 按钮。
- 命令： HATCH 或简写 H。

【练习4-24】： 打开素材文件 "dwg\第 4 章\4-24.dwg"，如图 4-79 左图所示，下面用 HATCH 命令将左图修改为右图。

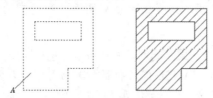

图4-79 在封闭区域内画剖面线

1. 单击【绘图】面板上的 ▨ 按钮，弹出【图案填充创建】选项卡，如图 4-80 所示。默认情况下，系统提示 "拾取内部点"（否则，单击 ✚ 按钮），将鼠标光标移动到要填充的区域，系统显示填充效果。

图4-80 【图案填充创建】选项卡

该选项卡中常用选项的功能介绍如下。

- ▨ 图案 _____▾：通过该下拉列表设定填充类型，下拉列表中有【图案】【渐变色】及【用户定义】等选项。

- ▨ ■ 205, 105, 40 ▾：设定填充图案的颜色。

- ▨ 247,242,129 ▾：设定填充图案的背景颜色。

- ✚ 按钮：单击 ✚ 按钮，然后在填充区域中单击一点，系统自动分析边界集，并从中确定包围该点的闭合边界。

- ▨ 按钮：单击 ▨ 按钮，然后选择一些对象作为填充边界，此时无须对象构成闭合的边界。

- ▨ 按钮：在填充区域内单击一点，系统显示填充效果时，该按钮可用。填充边界中常常包含一些闭合区域，这些区域称为孤岛。若希望在孤岛中也填充图案，则单击此按钮，选择要删除的孤岛。

- ▨ 重新创建 按钮：编辑填充图案时，可利用此按钮生成与图案边界相同的多段线或面域。

- 图案填充透明度 ⃞ 0 ：设定图案填充的透明度。单击状态栏上的透明度按钮 ▨ 可观察相应的效果。

- ![角度] 0 ：指定图案填充的旋转角度（相对于当前 UCS 的 x 轴），有效值为 0~359。
- ![比例] 1 ：放大或缩小预定义或自定义的填充图案。
- 【原点】面板：控制填充图案生成的起始位置。某些图案填充（如砖块图案）需要与图案填充边界上的一点对齐。默认情况下，所有图案填充原点都对应于当前的 UCS 原点。
- ![关联] 按钮：设定填充图案与边界是否关联。若关联，则图案会随着边界的改变而变化。
- ![注释性] 按钮：设定填充图案是否是注释性对象，详见 4.8.8 小节。
- ![特性匹配] 按钮：单击此按钮，选择已有填充图案，则已有图案的参数将赋予【图案填充创建】选项卡。
- 【关闭】面板：退出【图案填充创建】选项卡，也可以按 Enter 键或 Esc 键退出。

2. 在图案面板中选择剖面线 "ANSI31"，将鼠标光标移动到填充区域观察填充效果。
3. 在想要填充的区域中选定点 A，如图 4-79 左图所示，此时系统自动寻找一个闭合的边界并填充。
4. 在【角度】及【比例】栏中分别输入数值 "45" 和 "2"，每输入一个数值，按 Enter 键观察填充效果。再将这两个值改为 "0" 和 "1.5"，观察效果。
5. 如果满意，按 Enter 键，完成剖面图案的绘制，结果如图 4-79 右图所示。若不满意，可重新设定有关参数。

4.8.2　填充不封闭的区域

AutoCAD 允许用户填充不封闭的区域，如图 4-81 左图所示，直线和圆弧的端点不重合，存在间距。若该间距值小于或等于设定的最大间距值，则系统将忽略此间隙，认为边界是闭合的，从而生成填充图案。填充边界两端点间的最大间距值可在【图案填充创建】选项卡的【选项】面板中设定，如图 4-81 右图所示。此外，该值也可通过系统变量 HPGAPTOL 设定。

图4-81　填充不封闭的区域

4.8.3 填充复杂图形的方法

在图形不复杂的情况下，常通过在填充区域内指定一点的方法来定义边界。但若图形很复杂，这种方法就会浪费许多时间，因为系统要在当前视口中搜寻所有可见的对象。为避免这种情况，可在【图案填充创建】选项卡的【边界】面板中为 AutoCAD 定义要搜索的边界集，这样就能很快地生成填充区域边界。

定义 AutoCAD 搜索边界集的方法如下。

1. 单击【边界】面板下方的 ▼ 按钮，展开面板，如图 4-82 所示。
2. 单击 按钮（选择新边界集），系统提示如下。

       选择对象：   //用交叉窗口、矩形窗口等方法选择实体

3. 在填充区域内拾取一点，此时系统仅分析选定的实体来创建填充区域边界。

图4-82 【边界】面板

4.8.4 使用渐变色填充图形

颜色的渐变是指 种颜色的不同灰度之间或两种颜色之间的平滑过渡。在 AutoCAD 中，用户可以使用渐变色填充图形，填充后的区域将呈现类似光照后的反射效果，因而可大大增强图形的演示效果。

在【图案填充创建】选项卡的【图案填充类型】下拉列表中选择【渐变色】选项，系统就在【图案】面板中显示 9 种渐变色图案，如图 4-83 所示。用户可在【渐变色 1】和【渐变色 2】下拉列表中指定一种或两种颜色形成渐变进行填充。

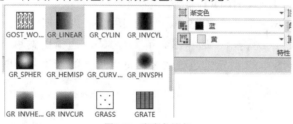

图4-83 渐变色填充

4.8.5 剖面线比例

在 AutoCAD 中，预定义剖面线图案的默认缩放比例是 1.0，但用户可在【图案填充创建】选项卡的 栏中设定其他比例值。画剖面线时，若没有指定特殊比例值，系统按默认值绘制剖面线。当输入一个不同于默认值的图案比例时，可以增加或减小剖面线的间距，图 4-84 所示分别是剖面线比例为 1、2 和 0.5 时的情况。

缩放比例=1.0　　缩放比例=2.0　　缩放比例=0.5

图4-84 不同比例剖面线的形状

4.8.6　剖面线角度

除剖面线间距可以控制外，剖面线的倾斜角度也可以控制。用户可在【图案填充创建】
选项卡的 角度 [0] 文本框中设定图案填充的角度。当图案的角度是 "0" 时，
剖面线（ANSI31）与 x 轴的夹角是 45°，在【角度】文本框中显示的角度值并不是剖面线
与 x 轴的倾斜角度，而是剖面线的转动角度。

当分别输入角度 45°、90° 和 15° 时，剖面
线将逆时针转动到新的位置，它们与 x 轴的夹角分
别是 90°、135° 和 60°，如图 4-85 所示。

图4-85　输入不同角度时的剖面线

4.8.7　编辑图案填充

单击填充图案，打开【图案填充编辑器】选项卡，利用该选项卡可对填充图案进行相关
的编辑操作。该选项卡与【图案填充创建】类似，这里不再赘述。

HATCHEDIT 命令也可用于修改填充图案的外观及类型，如改变图案的角度、比例或用
其他样式的图案填充图形等。启动该命令，将打开【图案填充编辑】对话框。

命令启动方法

- 菜单命令:【修改】/【对象】/【图案填充】。
- 面板:【默认】选项卡中【修改】面板上的 按钮。
- 命令: HATCHEDIT 或简写 HE。

【练习4-25】: 练习 HATCHEDIT 命令。

1. 打开素材文件 "dwg\第 4 章\4-25.dwg"，如图 4-86 左图所示。
2. 启动 HE 命令，系统提示 "选择图案填充对象"，选择图案填充后，打开【图案填充编
   辑】对话框，如图 4-87 所示。通过该对话框，用户能修改剖面图案、比例及角度等。

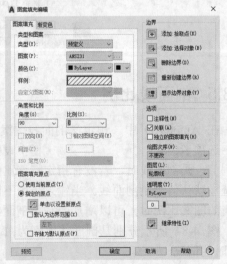

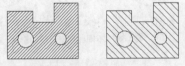

图4-86　修改图案角度及比例　　　　　　图4-87　【图案填充编辑】对话框

3. 在【角度】栏中输入数值 "90"，在【比例】栏中输入数值 "3"，单击 确定 按钮，
   结果如图 4-86 右图所示。

110

4.8.8 创建注释性填充图案

在工程图中填充图案时，要考虑打印比例对于最终图案疏密程度的影响。一般应设定图案填充比例为打印比例的倒数，这样打印出图后，图纸上图案的间距与最初系统的定义值一致。为实现这一目标，也可以采用另外一种方式，即创建注释性图案。在【图案填充创建】选项卡中按下按钮，就生成注释性填充图案。

注释性图案具有注释比例属性，比例值为当前系统设置值，单击图形窗口中状态栏上的 1:2 / 50% ▾ 按钮，可以设定当前注释比例值。选择注释对象，通过右键快捷菜单上的【特性】命令可添加或去除注释对象的注释比例。

可以认为注释比例就是打印比例，只要使注释对象的注释比例、系统当前注释比例与打印比例一致，就能保证出图后图案填充的间距与系统的原始定义值相同。例如，在直径为30000 的圆内填充图案，出图比例为 1∶100，若采用非注释性对象进行填充，图案的缩放比例一般要设定为 100，打印后图案的外观才合适。若采用注释性对象填充，图案的缩放比例仍是默认值 1，只需设定当前注释比例为 1∶100，就能打印出合适的图案了。

4.8.9 例题五——创建填充图案

【练习4-26】： 打开素材文件"dwg\第 4 章\4-26.dwg"，在平面图形中填充图案，如图 4-88 所示。

图4-88 图案填充

1. 在 6 个小椭圆内填充图案，结果如图 4-89 所示。图案名称为"ANSI31"，角度为 45°，填充比例为 0.5。
2. 在 6 个小圆内填充图案，结果如图 4-90 所示。图案名称为"ANSI31"，角度为-45°，填充比例为 0.5。

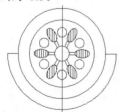

图4-89 在椭圆内填充图案

图4-90 在 6 个小圆内填充图案

3. 在区域 A 中填充图案，结果如图 4-91 所示。图案名称为"AR-CONC"，角度为 0°，填充比例为 0.05。
4. 在区域 B 中填充图案，结果如图 4-92 所示。图案名称为"EARTH"，角度为 0°，填充比例为 1。

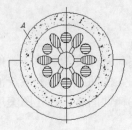

图4-91　在区域 *A* 中填充图案

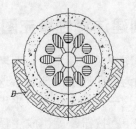

图4-92　在区域 *B* 中填充图案

【练习4-27】：打开素材文件"dwg\第 4 章\4-27.dwg"，在平面图形中填充图案，如图 4-93 所示。

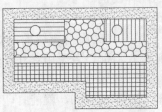

图4-93　图案填充

1. 在区域 *G* 中填充图案，结果如图 4-94 所示。图案名称为"AR-SAND"，角度为 0°，填充比例为 0.05。

2. 在区域 *H* 中填充图案，结果如图 4-95 所示。图案名称为"ANSI31"，角度为 - 45°，填充比例为 1.0。

3. 在区域 *I* 中填充图案，结果如图 4-96 所示。图案名称为"ANSI31"，角度为 45°，填充比例为 1.0。

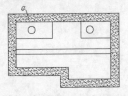

图4-94　在区域 *G* 中填充图案

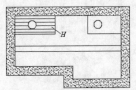

图4-95　在区域 *H* 中填充图案

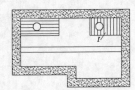

图4-96　在区域 *I* 中填充图案

4. 在区域 *J* 中填充图案，结果如图 4-97 所示。图案名称为"HONEY"，角度为 45°，填充比例为 1.0。

5. 在区域 *K* 中填充图案，结果如图 4-98 所示。图案名称为"NET"，角度为 0°，填充比例为 1.0。

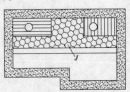

图4-97　在区域 *J* 中填充图案

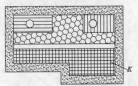

图4-98　在区域 *K* 中填充图案

4.9　编辑图形元素属性

在 AutoCAD 中，对象属性是指系统赋予对象的特性，包括颜色、线型、图层、高度及文字样式等。例如，直线和曲线包含图层、线型和颜色等属性项目，而文本则具有图层、颜色、字体及字高等特性。改变对象属性一般可利用 PROPERTIES 命令，使用该命令时，系统打开【特性】对话框，该对话框列出所选对象的所有属性，通过该对话框就可以很方便地对其进行修改。

改变对象属性的另一种方法是采用 MATCHPROP 命令，该命令可以使被编辑对象的属性与指定源对象的某些属性完全相同，即把源对象的属性传递给目标对象。

4.9.1 用 PROPERTIES 命令改变对象属性

命令启动方法

- 菜单命令:【修改】/【特性】。
- 面板:【默认】选项卡中【特性】面板上的按钮。
- 命令: PROPERTIES 或简写 PR。

下面通过修改非连续线当前线型比例因子的例子来说明 PROPERTIES 命令的用法。

【练习4-28】: 打开素材文件"dwg\第 4 章\4-28.dwg"，如图 4-99 左图所示，用 PROPERTIES 命令将左图修改为右图。

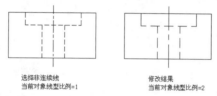

选择非连续线
当前对象线型比例=1

修改结果
当前对象线型比例=2

图4-99 改变非连续线当前线型的比例因子

1. 选择要编辑的非连续线，如图 4-99 左图所示。
2. 单击鼠标右键，弹出快捷菜单，选择【特性】命令，或者输入 PR 命令，系统打开【特性】对话框，如图 4-100 所示。

根据所选对象不同，【特性】对话框中显示的属性项目也不同，但有一些属性项目几乎是所有对象所拥有的，如颜色、图层、线型等。

当在绘图区中选择单个对象时，【特性】对话框中就显示此对象的特性。若选择多个对象，则【特性】对话框中将显示它们所共有的特性。

> **要点提示** 如果没有选择任何几何对象，则【特性】对话框中显示当前图样状态，如绘图设置、用户坐标系等。

3. 选取【线型比例】文本框，然后输入当前线型比例因子"2"，按 Enter 键，图形窗口中的非连续线立即更新，显示修改后的结果如图 4-99 右图所示。

【特性】对话框顶部的 3 个按钮用于选择对象，下面分别对其进行介绍。

(1) 按钮：单击此按钮将改变系统变量 PICKADD 的值。当前状态下，PICKADD 的值为 1，用户选择的每个对象都将添加到选择集中。单击按钮，其形式变为，PICKADD 值变为 0，选择的新对象将替换以前的对象。

(2) 按钮：单击此按钮，系统提示"选择对象"，此时，用户选择要编辑的对象。

(3) 按钮：单击此按钮，打开【快速选择】对话框，如图 4-101 所示。通过该对话框可设置图层、颜色及线型等过滤条件来选择对象。

【快速选择】对话框中常用选项的功能介绍如下。

- 【应用到】：利用此下拉列表可指定是否将过滤条件应用到整个图形或当前选择集。如果存在当前选择集，则【当前选择】为默认设置。如果不存在当前选择集，则【整个图形】为默认设置。
- 【对象类型】：设定要过滤的对象类型，默认值为【所有图元】。如果没有建立选择集，该列表将包含图样中所有可用图元的对象类型。若已建立选择集，则该列表只显示所选对象的对象类型。
- 【特性】：在此列表框中设置要过滤的对象特性。
- 【运算符】：控制过滤的范围。该下拉列表一般包括【=等于】【>大于】和【<小于】等选项。
- 【值】：设置运算符右端的值，即指定过滤的特性值。

图4-100　【特性】对话框

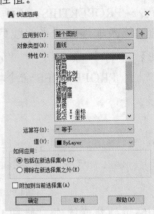

图4-101　【快速选择】对话框

4.9.2　对象特性匹配

MATCHROP 是一个非常有用的编辑命令，可使用此命令将源对象的属性（如颜色、线型、图层和线型比例等）传递给目标对象。操作时，用户要选择两个对象，第一个为源对象，第二个是目标对象。

命令启动方法

- 菜单命令:【修改】/【特性匹配】。
- 面板:【默认】选项卡中【特性】面板上的 按钮。
- 命令: MATCHPROP 或简写 MA。

【练习4-29】：打开素材文件 "dwg\第 4 章\4-29.dwg"，如图 4-102 左图所示，用 MATCHPROP 命令将左图修改为右图。

1. 单击【特性】面板上的 按钮，或者键入 MATCHPROP 命令，系统提示如下。

```
命令: '_matchprop
选择源对象:                            //选择源对象，如图 4-102 左图所示
选择目标对象或 [设置(S)]:              //选择第一个目标对象
选择目标对象或 [设置(S)]:              //选择第二个目标对象
```

选择目标对象或 [设置(S)]:   //按 Enter 键结束

选择源对象后，鼠标光标变成类似"刷子"形状，用此"刷子"来选取接受属性匹配的目标对象，结果如图 4-102 右图所示。

2. 如果用户仅想使目标对象的部分属性与源对象相同，可在选择源对象后键入"S"。此时，系统打开【特性设置】对话框，如图 4-103 所示。默认情况下，系统选中该对话框中所有源对象的属性进行复制，但用户也可指定仅将其中的部分属性传递给目标对象。

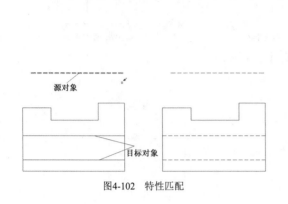

图4-102　特性匹配

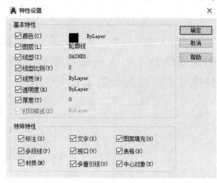

图4-103　【特性设置】对话框

4.10　综合练习一——画具有均布特征的图形

【练习4-30】：　绘制图 4-104 所示的图形。

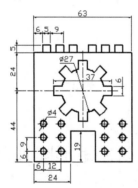

图4-104　画具有均布特征的图形

1. 创建以下两个图层。

名称	颜色	线型	线宽
轮廓线层	白色	Continuous	0.5
中心线层	红色	Center	默认

2. 打开极轴追踪、对象捕捉及自动追踪功能。设置极轴追踪角度增量为"90"，设定对象捕捉方式为"端点""圆心"和"交点"，设置仅沿正交方向进行捕捉追踪。

3. 设定绘图区域大小为 100×100，并使该区域充满整个绘图窗口显示出来。

4. 画两条作图基准线 A、B，线段 A 的长度约为 80，线段 B 的长度约为 100，如图 4-105 所示。

5. 用 OFFSET、TRIM 命令形成线框 C，如图 4-106 所示。

6. 用 LINE 命令画线框 *D*，用 CIRCLE 命令画圆 *E*，如图 4-107 所示。圆 *E* 的圆心用正交偏移捕捉确定。

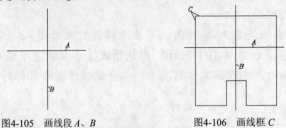

图4-105　画线段 *A*、*B*　　　　图4-106　画线框 *C*　　　　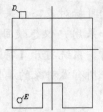

图4-107　画线框和圆

7. 创建线框 *D* 及圆 *E* 的矩形阵列，结果如图 4-108 所示。
8. 镜像对象，结果如图 4-109 所示。

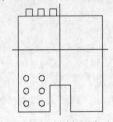　　　　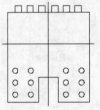

图4-108　创建矩形阵列　　　　　　　　　图4-109　镜像对象

9. 用 CIRCLE 命令画圆 *F*，再用 OFFSET、TRIM 命令形成线框 *G*，如图 4-110 所示。
10. 创建线框 *G* 的环形阵列，再修剪多余线条，结果如图 4-111 所示。

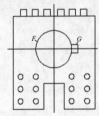　　　　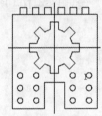

图4-110　画圆和线框　　　　　　　　　图4-111　阵列并修剪多余线条

4.11　综合练习二——创建矩形阵列及环形阵列

【练习4-31】：绘制图 4-112 所示的图形。

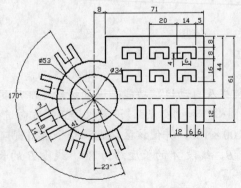

图4-112　创建矩形阵列及环形阵列

1. 创建以下两个图层。

名称	颜色	线型	线宽
轮廓线层	白色	Continuous	0.5
中心线层	红色	Center	默认

2. 打开极轴追踪、对象捕捉及自动追踪功能。设置极轴追踪角度增量为"90",设定对象捕捉方式为"端点""交点",设置仅沿正交方向进行捕捉追踪。

3. 设定绘图区域大小为 150×150,并使该区域充满整个绘图窗口显示出来。

4. 画水平及竖直的作图基准线 A、B,如图 4-113 所示。线段 A 的长度约为 120,线段 B 的长度约为 80。

5. 分别以线段 A、B 的交点为圆心画圆 C、D,再绘制平行线 E、F、G 和 H,如图 4-114 所示。修剪多余线条,结果如图 4-115 所示。

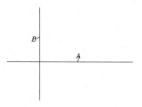
图4-113 画作图基准线

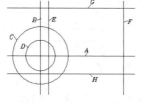
图4-114 画圆和平行线

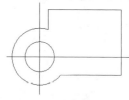
图4-115 修剪结果(1)

6. 以 I 点为起点,用 LINE 命令绘制闭合线框 K,如图 4-116 所示。I 点的位置可用正交偏移捕捉确定,J 点为偏移的基准点。

7. 创建线框 K 的矩形阵列,结果如图 4-117 所示。阵列行数为"2",列数为"3",行间距为"-16",列间距为"-20"。

8. 绘制线段 L、M、N,如图 4-118 所示。

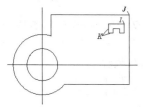
图4-116 绘制闭合线框 K

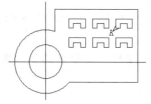
图4-117 创建矩形阵列(1)

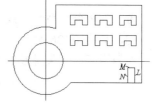
图4-118 绘制线段 L、M、N

9. 创建线框 O 的矩形阵列,结果如图 4-119 所示。阵列行数为"1",列数为"4",列间距为"-12"。修剪多余线条,结果如图 4-120 所示。

10. 用 XLINE 命令绘制两条相互垂直的直线 P、Q,如图 4-121 所示,直线 Q 与 R 的夹角为 23°。

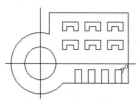
图4-119 创建矩形阵列(2)

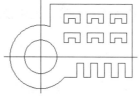
图4-120 修剪结果(2)

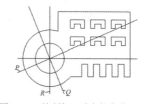
图4-121 绘制相互垂直的直线 P、Q

11. 以直线 P、Q 为基准线,用 OFFSET 命令绘制平行线 S、T、U 等,如图 4-122 所示。修剪及删除多余线条,结果如图 4-123 所示。

12. 创建线框 V 的环形阵列，阵列数目为 "5"，总角度为 "170"，结果如图 4-124 所示。

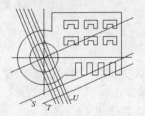

图4-122　绘制平行线 S、T、U 等

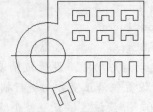

图4-123　修剪结果（3）

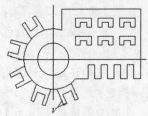

图4-124　创建环形阵列

4.12　综合练习三——画由多边形、椭圆等对象组成的图形

【练习4-32】：绘制图 4-125 所示的图形。

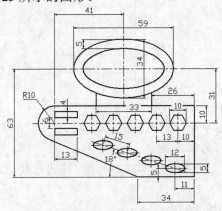

图4-125　画由多边形、椭圆等对象组成的图形

1. 用 LINE 命令画水平线段 A 及竖直线段 B，线段 A 的长度约为 80，线段 B 的长度约为 50，如图 4-126 所示。
2. 画椭圆 C、D 及圆 E，如图 4-127 所示。圆 E 的圆心用正交偏移捕捉确定。

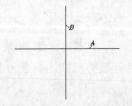

图4-126　画水平及竖直线段

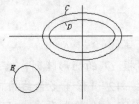

图4-127　画椭圆和圆

3. 用 OFFSET、LINE 及 TRIM 命令绘制线框 F，如图 4-128 所示。
4. 画正六边形及椭圆，其中心点的位置可利用正交偏移捕捉确定，如图 4-129 所示。

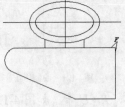

图4-128　绘制线框 F

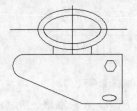

图4-129　画正六边形及椭圆

5. 创建六边形及椭圆的矩形阵列，结果如图 4-130 所示。椭圆阵列的倾斜角度为 162°。
6. 画矩形，其角点 G 的位置可利用正交偏移捕捉确定，如图 4-131 所示。
7. 镜像矩形，结果如图 4-132 所示。

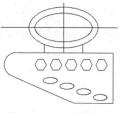
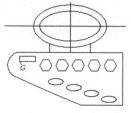
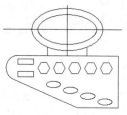

图4-130　创建矩形阵列　　　　图4-131　画矩形　　　　图4-132　镜像矩形

4.13　综合练习四——利用已有图形生成新图形

【练习4-33】：绘制图 4-133 所示的图形。

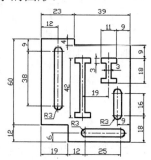

图4-133　利用已有图形生成新图形

1. 创建以下两个图层。

名称	颜色	线型	线宽
轮廓线层	白色	Continuous	0.5
中心线层	红色	Center	默认

2. 打开极轴追踪、对象捕捉及自动追踪功能。设置极轴追踪角度增量为"90"，设定对象捕捉方式为"端点""圆心"和"交点"，设置仅沿正交方向进行捕捉追踪。
3. 设定绘图区域大小为 100×100，并使该区域充满整个绘图窗口显示出来。
4. 画两条作图基准线 A、B，线段 A 的长度约为 80，线段 B 的长度约为 90，如图 4-134 所示。
5. 用 OFFSET、TRIM 命令形成线框 C，如图 4-135 所示。
6. 用 LINE 及 CIRCLE 命令绘制线框 D，如图 4-136 所示。

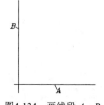

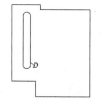

图4-134　画线段 A、B　　　　图4-135　绘制线框 C　　　　图4-136　绘制线框 D

7. 把线框 D 复制到 E、F 处，结果如图 4-137 所示。
8. 把线框 E 绕 G 点旋转 90°，结果如图 4-138 所示。

9. 用 STRETCH 命令改变线框 *E*、*F* 的长度，结果如图 4-139 所示。

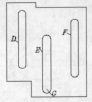
图4-137 复制对象（1）

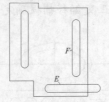
图4-138 旋转对象

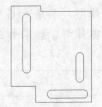
图4-139 拉伸对象（1）

10. 用 LINE 命令绘制线框 *H*，如图 4-140 所示。
11. 把线框 *H* 复制到 *I* 处，结果如图 4-141 所示。
12. 用 STRETCH 命令拉伸线框 *I*，结果如图 4-142 所示。

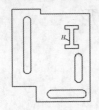
图4-140 绘制线框 *H*

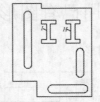
图4-141 复制对象（2）

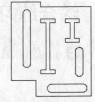
图4-142 拉伸对象（2）

4.14 习题

1. 思考题。

　(1) 用 RECTANG、POLYGON 命令绘制的矩形及正多边形，其各边是单独的对象吗？

　(2) 画矩形的方法有几种？

　(3) 画正多边形的方法有几种？

　(4) 画椭圆的方法有几种？

　(5) 如何绘制图 4-143 所示的椭圆及正多边形？

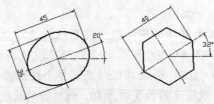
图4-143 绘制椭圆及正多边形

　(6) 创建环形阵列及矩形阵列时，阵列角度、行间距和列间距可以是负值吗？

　(7) 若想沿某一倾斜方向创建矩形阵列，应怎样操作？

　(8) 如果要将图形对象从当前位置旋转到与另一位置对齐，应如何操作？

　(9) 当绘制倾斜方向的图形对象时，一般应采取怎样的作图方法才更方便一些？

　(10) 使用 STRETCH 命令时，能利用矩形窗口选择对象吗？

　(11) 关键点编辑方式提供了哪几种编辑方法？

　(12) 如果想在旋转对象的同时复制对象，应如何操作？

　(13) 改变对象属性的常用命令有哪些？

　(14) 在【图案填充创建】选项卡的【角度】文本框中设置的角度是剖面线与 *x* 轴的夹

角吗？

2. 绘制图 4-144 所示的图形。

3. 绘制图 4-145 所示的图形。

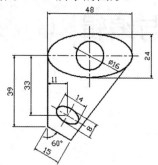

图4-144 画圆和椭圆等

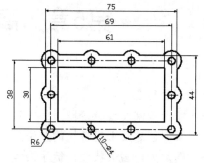

图4-145 创建矩形阵列

4. 绘制图 4-146 所示的图形。

5. 绘制图 4-147 所示的图形。

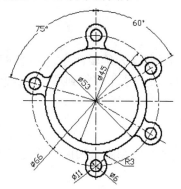

图4-146 创建环形阵列

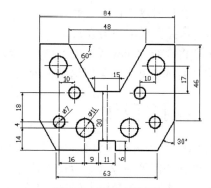

图4-147 复制及镜像对象

6. 绘制图 4-148 所示的图形。

7. 绘制图 4-149 所示的图形。

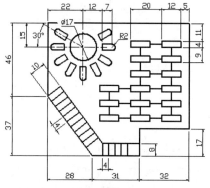

图4-148 画有均布特征的图形

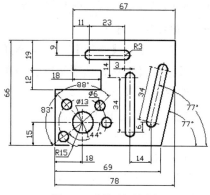

图4-149 旋转及复制对象

第5章 高级绘图与编辑

【学习目标】
- 掌握绘制及编辑多段线的方法。
- 掌握创建及编辑多线的方法。
- 熟悉如何画云状线、徒手画线。
- 熟悉如何创建点、圆环对象。
- 熟悉如何画射线和实心多边形。
- 熟悉分解对象的方法。
- 熟悉创建空白区域的方法。
- 掌握面域造型的方法。

本章将介绍 AutoCAD 的一些更高级的功能，如特殊的绘图及编辑命令、选择对象的高级方法及面域造型等。掌握这些内容后，读者的 AutoCAD 使用水平将得到进一步提高。

5.1 绘制多段线

PLINE 命令可用来创建二维多段线。多段线是由几条线段和圆弧构成的连续线条，它是一个单独的图形对象，具有以下特点。
- 能够设定多段线中线段及圆弧的宽度。
- 可以利用有宽度的多段线形成实心圆、圆环和带锥度的粗线等。
- 能在指定的线段交点处或对整个多段线进行倒圆角或倒角处理。
- 可以使线段、圆弧构成闭合的多段线。

一、 命令启动方法
- 菜单命令：【绘图】/【多段线】。
- 面板：【默认】选项卡中【绘图】面板上的 ⌒ 按钮。
- 命令：PLINE 或简写 PL。

【练习5-1】： 练习 PLINE 命令。

命令：_pline

指定起点：　　　　　　　　　　　　　　　　　//单击 A 点，如图 5-1 所示

指定下一个点或 [圆弧(A)/半宽(H)/长度(L)/放弃(U)/宽度(W)]：100

　　　　　　　　　　　　　　　　　　//从 A 点向右追踪并输入追踪距离

指定下一点或 [圆弧(A)/闭合(C)/半宽(H)/长度(L)/放弃(U)/宽度(W)]：a

　　　　　　　　　　　　　　　　　　//使用"圆弧(A)"选项画圆弧

指定圆弧的端点(按住 Ctrl 键以切换方向)或 [角度(A)/圆心(CE)/闭合(CL)/方向(D)/半

宽(H)/直线(L)/半径(R)/第二个点(S)/放弃(U)/宽度(W)]: 30
　　　　　　　　　　　　　　　　//从 *B* 点向下追踪并输入追踪距离
指定圆弧的端点(按住 Ctrl 键以切换方向)或
[角度(A)/圆心(CE)/闭合(CL)/方向(D)/半宽(H)/直线(L)/半径(R)/第二个点(S)/放弃
(U)/宽度(W)]: l　　　　　　　　　//使用"直线(L)"选项切换到画直线模式
指定下一点或 [圆弧(A)/闭合(C)/半宽(H)/长度(L)/放弃(U)/宽度(W)]: 100
　　　　　　　　　　　　　　　　//从 *C* 点向左追踪并输入追踪距离
指定下一点或 [圆弧(A)/闭合(C)/半宽(H)/长度(L)/放弃(U)/宽度(W)]: a
　　　　　　　　　　　　　　　　//使用"圆弧(A)"选项画圆弧
指定圆弧的端点(按住 Ctrl 键以切换方向)或
[角度(A)/圆心(CE)/闭合(CL)/方向(D)/半宽(H)/直线(L)/半径(R)/第二个点(S)/放弃
(U)/宽度(W)]: end 于　　　　　　　//捕捉端点 *A*
指定圆弧的端点(按住 Ctrl 键以切换方向)或
[角度(A)/圆心(CE)/闭合(CL)/方向(D)/半宽(H)/直线(L)/半径(R)/第二个点(S)/放弃
(U)/宽度(W)]:　　　　　　　　　　//按 Enter 键结束

结果如图 5-1 所示。

图5-1　画多段线

二、命令选项

(1) 圆弧(A)：使用此选项可以画圆弧。当选择它时，系统提示如下。

指定圆弧的端点(按住 Ctrl 键以切换方向)或 [角度(A)/圆心(CE)/闭合(CL)/方向(D)/半宽
(H)/直线(L)/半径(R)/第二个点(S)/放弃(U)/宽度(W)]:

- 角度(A)：指定圆弧的夹角，负值表示沿顺时针方向画弧。
- 圆心(CE)：指定圆弧的中心。
- 闭合(CL)：以多段线的起始点和终止点为圆弧的两端点绘制圆弧。
- 方向(D)：设定圆弧在起始点的切线方向。
- 半宽(H)：指定圆弧在起始点及终止点的半宽度。
- 直线(L)：从画圆弧模式切换到画直线模式。
- 半径(R)：根据半径画弧。
- 第二个点(S)：根据 3 点画弧。
- 放弃(U)：删除上一次绘制的圆弧。
- 宽度：设定圆弧在起始点及终止点的宽度。

(2) 闭合(C)：此选项使多段线闭合，它与 LINE 命令的"C"选项作用相同。

(3) 半宽(H)：该选项使用户可以指定本段多段线的半宽度，即线宽的一半。

(4) 长度(L)：指定本段多段线的长度，其方向与上一线段相同或是沿上一段圆弧的切线方向。

(5) 放弃(U)：删除多段线中最后一次绘制的线段或圆弧。

(6) 宽度(W)：设置多段线的宽度，此时系统将提示"指定起点宽度"和"指定端点宽度"，用户可输入不同的起始宽度和终点宽度值以绘制一条宽度逐渐变化的多段线。

5.2　编辑多段线

编辑多段线的命令是 PEDIT，该命令有以下主要功能。

- 移动、增加或删除多段线的顶点。
- 可以为整个多段线设定统一的宽度值或分别控制各段的宽度。
- 用样条曲线或双圆弧曲线拟合多段线。
- 将开式多段线闭合或使闭合多段线变为开式。

一、命令启动方法

- 菜单命令：【修改】/【对象】/【多段线】。
- 面板：【默认】选项卡中【修改】面板上的 按钮。
- 命令：PEDIT 或简写 PE。

【练习5-2】：　练习 PEDIT 命令。

打开素材文件"dwg\第 5 章\5-2.dwg"，如图 5-2 左图所示，用 PEDIT 命令将多段线 *A* 修改为闭合多段线，将线段 *B*、*C* 及圆弧 *D* 组成的连续折线修改为一条多段线。

命令：_pedit 选择多段线或 [多条(M)]:	//选择多段线 *A*，如图 5-2 左图所示
输入选项[闭合(C)/合并(J)/宽度(W)/编辑顶点(E)/拟合(F)/样条曲线(S)/非曲线化(D)/	
线型生成(L)/反转(R)/放弃(U)]: c	//使用"闭合(C)"选项
输入选项 [打开(O)/合并(J)/宽度(W)/编辑顶点(E)/拟合(F)/样条曲线(S)/非曲线化(D)/	
线型生成(L)/反转(R)/放弃(U)]:	//按 Enter 键结束
命令：	//重复命令
PEDIT 选择多段线或 [多条(M)]:	//选择线段 *B*
选定的对象不是多段线是否将其转换为多段线?<Y> y	//将线段 *B* 转化为多段线
输入选项[闭合(C)/合并(J)/宽度(W)/编辑顶点(E)/拟合(F)/样条曲线(S)/非曲线化(D)/	
线型生成(L)/反转(R)/放弃(U)]: j	//使用"合并(J)"选项
选择对象：找到 1 个	//选择线段 *C*
选择对象：找到 1 个，总计 2 个	//选择圆弧 *D*
选择对象：	//按 Enter 键
输入选项 [闭合(C)/合并(J)/宽度(W)/编辑顶点(E)/拟合(F)/样条曲线(S)/非曲线化(D)/	
线型生成(L)/反转(R)/放弃(U)]:	//按 Enter 键结束

结果如图 5-2 右图所示。

二、命令选项

- 闭合(C)：该选项使多段线闭合。若被编辑的多段线是闭合状态，则此选项变为"打开(O)"，其功能与"闭合(C)"恰好相反。
- 合并(J)：将直线、圆弧或多段线与所编辑的多段线连接，以形成一条新的多段线。
- 宽度(W)：修改整条多段线的宽度。

- 编辑顶点(E): 增加、移动或删除多段线的顶点。
- 拟合(F): 采用双圆弧曲线拟合图 5-3 上图所示的多段线, 结果如图 5-3 中图所示。
- 样条曲线(S): 用样条曲线拟合图 5-3 上图所示的多段线, 结果如图 5-3 下图所示。

图5-2 编辑多段线   图5-3 用光滑曲线拟合多段线

- 非曲线化(D): 取消 "拟合(F)" 或 "样条曲线(S)" 的拟合效果。
- 线型生成(L): 该选项对非连续线型起作用。当选项处于打开状态时, 系统将多段线作为整体应用线型; 否则, 对多段线的每一段分别应用线型。
- 反转(R): 反转多段线顶点的顺序。使用此选项可反转使用包含文字线型的对象的方向。例如, 根据多段线的创建方向, 线型中的文字可能会倒置显示。
- 放弃(U): 取消上一次的编辑操作, 可连续使用该选项。

使用 PEDIT 命令时, 若选取的对象不是多段线, 则系统提示如下。

　　　选定的对象不是多段线是否将其转换为多段线？ <Y>

选取 "Y" 选项, 系统将图形对象转化为多段线。

5.3 多线

在 AutoCAD 中用户可以创建多线, 如图 5-4 所示。多线是由多条平行直线组成的对象, 其最多可包含 16 条平行线, 线间的距离、线的数量、线条颜色及线型等都可以调整, 该对象常用于绘制墙体、公路或管道等。

图5-4 多线

5.3.1 创建多线

MLINE 命令用于创建多线, 绘制时, 用户可通过选择多线样式来控制其外观。多线样式中规定了各平行线的特性, 如线型、线间距离和颜色等。

一、 命令启动方法

- 菜单命令: 【绘图】/【多线】。
- 命令: MLINE 或简写 ML。

【练习5-3】: 练习 MLINE 命令。

```
命令: _mline
指定起点或 [对正(J)/比例(S)/样式(ST)]:        //拾取 A 点, 如图 5-5 所示
指定下一点:                                   //拾取 B 点
指定下一点或 [放弃(U)]:                        //拾取 C 点
指定下一点或 [闭合(C)/放弃(U)]:                //拾取 D 点
指定下一点或 [闭合(C)/放弃(U)]:                //拾取 E 点
```

```
    指定下一点或 [闭合(C)/放弃(U)]:              //拾取 F 点
    指定下一点或 [闭合(C)/放弃(U)]:              //按 Enter 键结束
```

结果如图 5-5 所示。

二、 命令选项

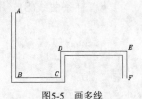

图5-5 画多线

(1) 对正(J): 设定多线的对正方式,即多线中哪条线段的端点与鼠标光标重合并随之移动。该选项有以下 3 个子选项。

- 上(T): 若从左往右绘制多线,则对正点将在最顶端线段的端点处。
- 无(Z): 对正点位于多线中偏移量为 0 的位置处。多线中线条的偏移量可在多线样式中设定。
- 下(B): 若从左往右绘制多线,则对正点将在最底端线段的端点处。

(2) 比例(S): 指定多线宽度相对于定义宽度(在多线样式中定义)的比例因子,该比例不影响线型比例。

(3) 样式(ST): 该选项使用户可以选择多线样式,默认样式是 "STANDARD"。

5.3.2 创建多线样式

多线的外观由多线样式决定。在多线样式中,用户可以设定多线中线条的数量、每条线的颜色、线型和线间的距离,还能指定多线两个端头的形式,如弧形端头、平直端头等。

命令启动方法

- 菜单命令: 【格式】/【多线样式】。
- 命令: MLSTYLE。

【练习5-4】:   创建新多线样式。

1. 启动 MLSTYLE 命令,系统打开【多线样式】对话框,如图 5-6 所示。
2. 单击 `新建(N)...` 按钮,打开【创建新的多线样式】对话框,如图 5-7 所示。在【新样式名】文本框中输入新样式的名称 "墙体 24",在【基础样式】下拉列表中选取【STANDARD】,该样式将成为新样式的样板样式。

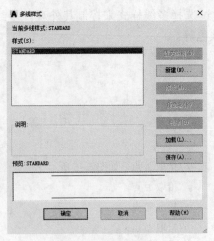

图5-6 【多线样式】对话框

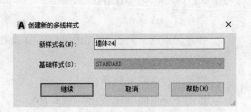

图5-7 【创建新的多线样式】对话框

3. 单击 [继续] 按钮，打开【新建多线样式】对话框，如图 5-8 所示，在该对话框中完成以下任务。

- 在【说明】文本框中输入关于多线样式的说明文字。
- 在【图元】列表框中选中 "0.5"，然后在【偏移】文本框中输入数值 "120"。
- 在【图元】列表框中选中 "-0.5"，然后在【偏移】文本框中输入数值 "-120"。

4. 单击 [确定] 按钮，返回【多线样式】对话框，再单击 [置为当前(U)] 按钮，使新样式成为当前样式。

【新建多线样式】对话框中常用选项的功能介绍如下。

- [添加(A)] 按钮：单击此按钮，系统在多线中添加一条新线，该线的偏移量可在【偏移】文本框中输入。
- [删除(D)] 按钮：删除【图元】列表框中选定的线元素。
- 【颜色】下拉列表：通过此列表修改【图元】列表框中选定线的颜色。
- [线型(Y)...] 按钮：指定【图元】列表框中选定线元素的线型。
- 【直线】：在多线的两端产生直线封口形式，如图 5-9 所示。
- 【外弧】：在多线的两端产生外圆弧封口形式，如图 5-9 所示。
- 【内弧】：在多线的两端产生内圆弧封口形式，如图 5-9 所示。
- 【角度】文本框：该角度是指多线某一端的端口连线与多线的夹角，如图 5-9 所示。
- 【填充颜色】下拉列表：通过此列表设置多线的填充色。
- 【显示连接】：选取该复选项，则系统在多线拐角处显示连接线，如图 5-9 左图所示。

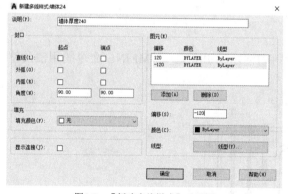

图5-8　【新建多线样式】对话框

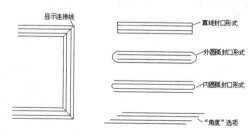

图5-9　多线的各种特性

5.3.3　编辑多线

MLEDIT 命令用于编辑多线，其主要功能如下。

(1) 改变两条多线的相交形式，例如，使它们相交成 "十" 字形或 "T" 字形。

(2) 在多线中加入控制顶点或删除顶点。

(3) 将多线中的线条切断或接合。

命令启动方法

- 菜单命令：【修改】/【对象】/【多线】。

- 命令：MLEDIT。

【练习5-5】：　练习 MLEDIT 命令。

1. 打开素材文件 "dwg\第 5 章\5-5.dwg"，如图 5-10 左图所示。
2. 启动 MLEDIT 命令，系统打开【多线编辑工具】对话框，如图 5-11 所示，该对话框中的小型图片形象地说明了各项编辑功能。

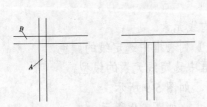

图5-10　编辑多线

图5-11　【多线编辑工具】对话框

3. 选择【T 形闭合】，系统提示如下。

选择第一条多线：　　　　　　　　　　//选择多线 A，如图 5-10 左图所示

选择第二条多线：　　　　　　　　　　//选择多线 B

选择第一条多线或 [放弃(U)]：　　　　//按 Enter 键结束

结果如图 5-10 右图所示。

5.4　用多段线及多线命令绘图

【练习5-6】：　绘制图 5-12 所示的图形，此练习演示了 PLINE 和 MLINE 命令的用法及使用技巧。

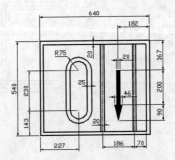

图5-12　画多线、多段线构成的平面图形

1. 创建以下两个图层。

名称	颜色	线型	线宽
轮廓线层	白色	Continuous	0.5
中心线层	红色	Center	默认

2. 设定绘图区域大小为 700×700，并使该区域充满整个绘图窗口显示出来。
3. 打开极轴追踪、对象捕捉及自动追踪功能。设置极轴追踪角度增量为 "90"，设定对象

捕捉方式为"端点""交点",设置仅沿正交方向进行捕捉追踪。

4. 画闭合多线,如图 5-13 所示。

命令: _mline	
当前设置: 对正 = 上,比例 = 20.00,样式 = STANDARD	
指定起点或 [对正(J)/比例(S)/样式(ST)]:	//单击 A 点
指定下一点: 500	//向下追踪并输入追踪距离
指定下一点或 [放弃(U)]: 600	//从 B 点向右追踪并输入追踪距离
指定下一点或 [闭合(C)/放弃(U)]: 500	//从 C 点向上追踪并输入追踪距离
指定下一点或 [闭合(C)/放弃(U)]: c	//使多线闭合

结果如图 5-13 所示。

5. 画闭合多段线,如图 5-14 所示。

命令: _pline	
指定起点: from	//使用正交偏移捕捉
基点:	//捕捉交点 E,如图 5-14 所示
<偏移>: @152,143	//输入 F 点的相对坐标
指定下一个点或 [圆弧(A)/半宽(H)/长度(L)/放弃(U)/宽度(W)]: 230	//从 F 点向上追踪并输入追踪距离
指定下一点或 [圆弧(A)/闭合(C)/半宽(H)/长度(L)/放弃(U)/宽度(W)]: a	//切换到画圆弧方式
指定圆弧的端点: 150	//从 G 点向右追踪并输入追踪距离
指定圆弧的端点或[角度(A)/圆心(CE)/闭合(CL)/方向(D)/半宽(H)/直线(L)/半径(R)/第二个点(S)/放弃(U)/宽度(W)]: l	//切换到画直线方式
指定下一点或 [圆弧(A)/闭合(C)/半宽(H)/长度(L)/放弃(U)/宽度(W)]: 230	//从 H 点向下追踪并输入追踪距离
指定下一点或 [圆弧(A)/闭合(C)/半宽(H)/长度(L)/放弃(U)/宽度(W)]: a	//切换到画圆弧方式
指定圆弧的端点:	//从 I 点向左追踪并捕捉端点 F
指定圆弧的端点:	//按 Enter 键结束

结果如图 5-14 所示。

用 OFFSET 命令将闭合多段线向其内部偏移,偏移距离为 25,结果如图 5-15 所示。

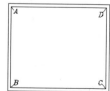
图5-13 画闭合多线

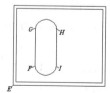
图5-14 画闭合多段线

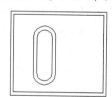
图5-15 偏移闭合多段线

6. 用 PLINE 命令绘制箭头,如图 5-16 所示。

命令: _pline	
指定起点: from	//使用正交偏移捕捉
基点:	//捕捉交点 J,如图 5-16 所示

```
<偏移>: @-182,-167                                    //输入 K 点的相对坐标
指定下一个点或 [圆弧(A)/半宽(H)/长度(L)/放弃(U)/宽度(W)]: w
                                                      //设置多段线的宽度
指定起点宽度 <0.0000>: 20                              //输入起点处的宽度值
指定端点宽度 <20.0000>:                                //按 Enter 键
指定下一个点或 [圆弧(A)/半宽(H)/长度(L)/放弃(U)/宽度(W)]: 200
                                                      //从 K 点向下追踪并输入追踪距离
指定下一点或 [圆弧(A)/闭合(C)/半宽(H)/长度(L)/放弃(U)/宽度(W)]: w
                                                      //设置多段线的宽度
指定起点宽度 <20.0000>: 46                             //输入起点处的宽度值
指定端点宽度 <46.0000>: 0                              //输入终点处的宽度值
指定下一点或 [圆弧(A)/闭合(C)/半宽(H)/长度(L)/放弃(U)/宽度(W)]: 90
                                                      //从 L 点向下追踪并输入追踪距离
指定下一点或 [圆弧(A)/闭合(C)/半宽(H)/长度(L)/放弃(U)/宽度(W)]:
                                                      //按 Enter 键结束
```

结果如图 5-16 所示。

7. 设置多线样式。选取菜单命令【格式】/【多线样式】，打开【多线样式】对话框。单击【新建(N)...】按钮，打开【创建新的多线样式】对话框，在【新样式名】文本框中输入新的多线样式名称"新多线样式"，如图 5-17 所示。

图5-16　绘制箭头

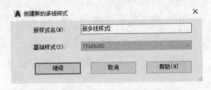

图5-17　【创建新的多线样式】对话框

8. 单击【继续】按钮，打开【新建多线样式】对话框，如图 5-18 所示。在该对话框中完成以下任务。

(1) 单击【添加(A)】按钮给多线中添加一条直线，该直线位于原有两条直线的中间，即偏移量为"0.000"。

(2) 改变新加入直线的线型。单击【线型(Y)...】按钮，打开【选择线型】对话框，利用该对话框设定新元素的线型为"CENTER"。

9. 返回 AutoCAD 绘图窗口，绘制多线，如图 5-19 所示。

```
命令: _mline
当前设置: 对正 = 无, 比例 = 20.00, 样式 = 新多线样式
指定起点或 [对正(J)/比例(S)/样式(ST)]: j               //设定多线的对正方式
输入对正类型 [上(T)/无(Z)/下(B)] <上>: z               //以中心线为对正的基线
指定起点或 [对正(J)/比例(S)/样式(ST)]: 70              //从 E 点向左追踪并输入追踪距离
指定下一点:                                            //从 F 点向上追踪并捕捉交点 G
指定下一点或 [放弃(U)]:                                //按 Enter 键结束
命令:MLINE                                            //重复命令
```

指定起点或 [对正(J)/比例(S)/样式(ST)]: 256　　//从 *E* 点向左追踪并输入追踪距离

指定下一点:　　　　　　　　　　　　　　//从 *H* 点向上追踪并捕捉交点 *I*

　　指定下一点或 [放弃(U)]:　　　　　　//按 Enter 键结束

　　结果如图 5-19 所示。

图5-18　【新建多线样式】对话框

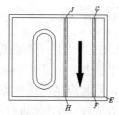

图5-19　绘制多线

5.5　点对象

　　在 AutoCAD 中可创建单独的点对象，点的外观由点样式控制。一般在创建点之前要先设置点的样式，但也可先绘制点，再设置点样式。

5.5.1　设置点样式

　　选取菜单命令【格式】/【点样式】，系统打开【点样式】对话框，如图 5-20 所示。该对话框提供了多种样式的点，用户可根据需要进行选择，此外，还能通过【点大小】文本框指定点的大小。点的大小既可相对于屏幕大小来设置，也可直接输入点的绝对尺寸。

图5-20　【点样式】对话框

5.5.2　创建点

　　POINT 命令可用于创建点对象，此类对象可以作为绘图的参考点，利用节点捕捉"NOD"可以拾取该对象。

命令启动方法

- 菜单命令：【绘图】/【点】/【多点】或【单点】。
- 面板：【默认】选项卡中【绘图】面板上的 : 按钮。
- 命令：POINT 或简写 PO。

【练习5-7】：　练习 POINT 命令。

　　命令: _point

　　指定点: //输入点的坐标或在屏幕上拾取点，AutoCAD 在指定位置创建点对象，如图 5-21 所示

　　取消　　　　　　　　　　　　　　　　　　　　　　//按 Esc 键结束

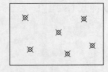

图5-21　创建点对象

要点提示　若将点的尺寸设置成绝对数值，则缩放图形后将引起点的大小发生变化。而相对于屏幕大小设置点尺寸时，则不会出现这种情况（要用 REGEN 命令重新生成图形）。

5.5.3 画测量点

MEASURE 命令用于在图形对象上按指定的距离放置点对象（POINT 对象），这些点可用“NOD”进行捕捉。对于不同类型的图形元素，测量距离的起始点是不同的。若是线段或非闭合的多段线，则起点是离选择点最近的端点。若是闭合多段线，则起点是多段线的起点。如果是圆，则一般从 0° 角开始进行测量。

该命令有一个选项“块(B)”，功能是将图块按指定的测量长度放置在对象上。图块是多个对象组成的整体，是一个单独的对象。

一、　命令启动方法

- 菜单命令：【绘图】/【点】/【定距等分】。
- 面板：【默认】选项卡中【绘图】面板上的按钮。
- 命令：MEASURE 或简写 ME。

【练习5-8】： 练习 MEASURE 命令。

打开素材文件“dwg\第 5 章\5-8.dwg”，如图 5-22 所示，用 MEASURE 命令创建两个测量点 *C*、*D*。

```
命令: _measure
选择要定距等分的对象:                    //在 A 端附近选择对象，如图 5-22 所示
指定线段长度或 [块(B)]: 160              //输入测量长度
命令:
MEASURE                                  //重复命令
选择要定距等分的对象:                    //在 B 端处选择对象
指定线段长度或 [块(B)]: 160              //输入测量长度
```

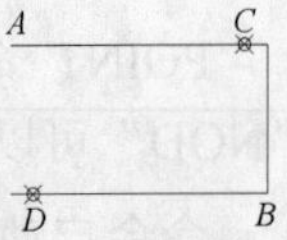

图5-22　测量对象

结果如图 5-22 所示。

二、　命令选项

块(B)：按指定的测量长度在对象上插入图块（在第 8 章中将介绍块对象）。

5.5.4 画等分点

DIVIDE 命令用于根据等分数目在图形对象上放置等分点，这些点并不分割对象，只是标明等分的位置。AutoCAD 中可等分的图形元素包括线段、圆、圆弧、样条线和多段线等。对于圆，等分的起始点位于 0° 度线与圆的交点处。

该命令有一个选项“块(B)”，其功能是将图块放置在对象的等分点处。图块是多个对象

组成的整体，是一个单独对象。

一、 命令启动方法

- 菜单命令：【绘图】/【点】/【定数等分】。
- 面板：【默认】选项卡中【绘图】面板上的按钮。
- 命令：DIVIDE 或简写 DIV。

【练习5-9】： 练习 DIVIDE 命令。

打开素材文件"dwg\第 5 章\5-9.dwg"，如图 5-23 所示，用 DIVIDE 命令创建等分点。

```
命令：DIVIDE
选择要定数等分的对象：          //选择线段，如图 5-23 所示
输入线段数目或 [块(B)]：4      //输入等分的数目
命令：
DIVIDE                         //重复命令
选择要定数等分的对象：          //选择圆弧
输入线段数目或 [块(B)]：5      //输入等分数目
```

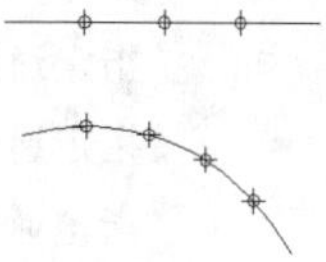

图5-23 等分对象

结果如图 5-23 所示。

二、 命令选项

块(B)：系统在等分处插入图块。

5.6 绘制圆环及圆点

DONUT 命令用于创建填充圆环或实心填充圆。启动该命令后，用户依次输入圆环的内径、外径及圆心，系统就生成圆环。若要画实心圆，则指定内径为 0 即可。

命令启动方法

- 菜单命令：【绘图】/【圆环】。
- 面板：【默认】选项卡中【绘图】面板上的◎按钮。
- 命令：DONUT。

【练习5-10】： 练习 DONUT 命令。

```
命令：_donut
指定圆环的内径 <2.0000>：3        //输入圆环内径
指定圆环的外径 <5.0000>：6        //输入圆环外径
指定圆环的中心点或<退出>：        //指定圆心
指定圆环的中心点或<退出>：        //按 Enter 键结束
```

图5-24 画圆环

结果如图 5-24 所示。

DONUT 命令生成的圆环实际上是具有宽度的多段线，可用 PEDIT 命令编辑该对象，此外，还可以设定是否对圆环进行填充。当把变量 FILLMODE 设置为 1 时，系统将填充圆环；否则，不填充。

5.7 画射线

RAY 命令可用于创建无限延伸的单向射线。操作时，用户只需指定射线的起点及另一通过点即可，该命令可一次创建多条射线。

命令启动方法

- 菜单命令：【绘图】/【射线】。
- 面板：【默认】选项卡中【绘图】面板上的 ✏ 按钮。
- 命令：RAY。

【练习5-11】：练习 RAY 命令。

命令：_ray 指定起点：	//拾取 A 点，如图 5-25 所示
指定通过点：@10<33	//输入 B 点的相对坐标
指定通过点：	//拾取 C 点
指定通过点：	//拾取 D 点
指定通过点：	//按 Enter 键结束

结果如图 5-25 所示。

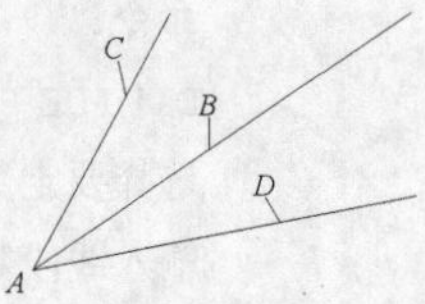

图5-25　画射线

5.8 分解、合并及清理对象

下面介绍分解、清理及合并对象的方法。

5.8.1 分解对象

EXPLODE 命令（简写 X）可将多线、多段线、块、标注及面域等复杂对象分解成 AutoCAD 基本图形对象。例如，连续的多段线是一个单独对象，用 EXPLODE 命令"炸开"后，多段线的每一段都是独立对象。

命令启动方法

- 菜单命令：【修改】/【分解】。
- 面板：【默认】选项卡中【修改】面板上的 🔲 按钮。
- 命令：EXPLODE 或简写 X。

启动该命令，系统提示"选择对象"，选择图形对象后，系统就对其进行分解。

5.8.2 合并对象

JOIN 命令具有以下功能。
(1) 把相连的直线及圆弧等对象合并为一条多段线。
(2) 将共线的、断开的线段连接为一条线段。
(3) 把重叠的直线或圆弧合并为单一对象。

命令启动方法

- 菜单命令：【修改】/【合并】。
- 面板：【默认】选项卡中【修改】面板上的 ⊷ 按钮。

- 命令：JOIN。

启动该命令，选择首尾相连的直线及曲线对象，或者是断开的共线对象，系统就分别将其创建成多段线及直线，如图 5-26 所示。

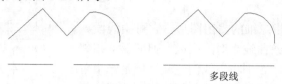

多段线

图5-26 合并对象

5.8.3 清理重叠对象

OVERKILL 命令用于删除重叠的线段、圆弧和多段线等对象。此外，对部分重叠或共线的连续对象进行合并。

命令启动方法

- 菜单命令：【修改】/【删除重复对象】。
- 面板：【默认】选项卡中【修改】面板上的 按钮。
- 命令：OVERKILL。

启动该命令，弹出【删除重复对象】对话框，如图 5-27 所示。通过此对话框控制 OVERKILL 处理重复对象的方式，包括以下几个方面。

图5-27 【删除重复对象】对话框

(1) 设置精度值以判别是否合并对象。

(2) 处理重叠对象时可忽略的属性（如图层、颜色及线型等）。

(3) 将全部或部分重叠的共线对象合并为单一对象。

(4) 将首尾相连的共线对象合并为单一对象

5.8.4 清理命名对象

PURGE 命令用于清理图形中没有使用的命名对象。

命令启动方法

- 菜单命令：【文件】（或菜单浏览器）/【图形实用工具】/【清理】。
- 命令：PURGE。

启动 PURGE 命令，系统打开【清理】对话框，如图 5-28 所示。选择【可清除项目】选项卡，则【命名项目未使用】列表框中显示当前图形中所有未使用的命名项目。

图5-28 【清理】对话框

单击项目前的加号以展开它，选择未使用的命名对象，单击 清除选中的项目 (P) 按钮进行清除。若单击 全部清理 (A) 按钮，则图形中所有未使用的命名对象全部被清除。

5.9　面域造型

　　域（REGION）是指二维的封闭图形，它可由线段、多段线、圆、圆弧和样条曲线等对象围成，但应保证相邻对象间共享连接的端点，否则将不能创建域。域是一个单独的实体，具有面积、周长及形心等几何特征。使用域作图与传统的作图方法截然不同，此时可采用"并""交"和"差"等布尔运算来构造不同形状的图形，图 5-29 所示显示了 3 种布尔运算的结果。

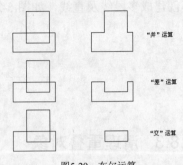

图5-29　布尔运算

5.9.1　创建面域

　　REGION 命令用于生成面域。启动该命令后，用户选择一个或多个封闭图形，就能创建出面域。

命令启动方法

- 菜单命令：【绘图】/【面域】。
- 面板：【默认】选项卡中【绘图】面板上的 ⊙ 按钮。
- 命令：REGION 或简写 REG。

【练习5-12】：练习 REGION 命令。

　　打开素材文件"dwg\第 5 章\5-12.dwg"，如图 5-30 所示，用 REGION 命令将该图创建成面域。

```
命令: _region
选择对象：指定对角点：找到 7 个      //用交叉窗口选择矩形及两个圆，如图 5-30 所示
选择对象：                        //按 Enter 键结束
```

图 5-30 中包含了 3 个闭合区域，因而系统可创建 3 个面域。

　　面域以线框的形式显示出来，用户可以对其进行移动、复制等操作，还可用 EXPLODE 命令分解它，使其还原为原始图形对象。

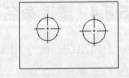

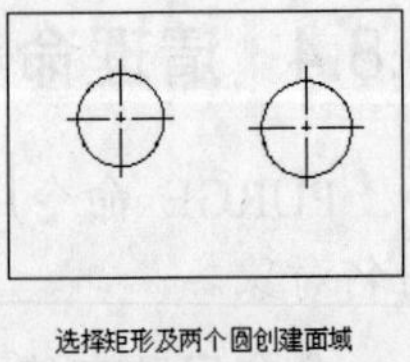

选择矩形及两个圆创建面域

图5-30　创建面域

> **要点提示**　默认情况下，REGION 命令在创建面域的同时将删除原对象。如果用户希望原始对象被保留，需设置 DELOBJ 系统变量为 0。

5.9.2　并运算

　　并运算将所有参与运算的面域合并为一个新面域。

命令启动方法

- 菜单命令：【修改】/【实体编辑】/【并集】。
- 命令：UNION 或简写 UNI。

【练习5-13】：练习 UNION 命令。

打开素材文件"dwg\第 5 章\5-13.dwg",如图 5-31 左图所示,用 UNION 命令将左图修改为右图。

命令:union

选择对象:指定对角点:找到 7 个　　　　　//用交叉窗口选择 5 个面域,如图 5-31 左图所示

选择对象:　　　　　　　　　　　　　　//按 Enter 键结束

结果如图 5-31 右图所示。

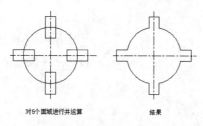

对5个面域进行并运算　　　　　结果

图5-31　执行并运算

5.9.3　差运算

可利用差运算从一个面域中去掉一个或多个面域,从而形成一个新面域。

命令启动方法

- 菜单命令:【修改】/【实体编辑】/【差集】。
- 命令:SUBTRACT 或简写 SU。

【练习5-14】:练习 SUBTRACT 命令。

打开素材文件"dwg\第 5 章\5-14.dwg",如图 5-32 左图所示,用 SUBTRACT 命令将左图修改为右图。

命令:subtract

选择对象:找到 1 个　　　　　　　　　　//选择大圆面域,如图 5-32 左图所示

选择对象:　　　　　　　　　　　　　　//按 Enter 键

选择对象:总计 4 个　　　　　　　　　　//选择 4 个小矩形面域

选择对象　　　　　　　　　　　　　　　//按 Enter 键结束

结果如图 5-32 右图所示。

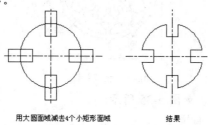

用大圆面域减去4个小矩形面域　　　　　结果

图5-32　执行差运算

5.9.4　交运算

利用交运算可以求出各个相交面域的公共部分。

命令启动方法

- 菜单命令：【修改】/【实体编辑】/【交集】。
- 命令：INTERSECT 或简写 IN。

【练习5-15】：练习 INTERSECT 命令。

打开素材文件 "dwg\第 5 章\5-15.dwg"，如图 5-33 左图所示，用 INTERSECT 命令将左图修改为右图。

命令：intersect

选择对象：指定对角点：找到 2 个 　　　　//选择圆面域及矩形面域，如图 5-33 左图所示

选择对象： 　　　　//按 Enter 键结束

结果如图 5-33 右图所示。

对两个面域进行交运算 　　　　结果

图5-33　执行交运算

5.9.5　面域造型应用实例

面域造型的特点是通过面域对象的并、交或差运算来创建图形，当图形边界比较复杂时，这种作图法的效率很高。要采用这种方法作图，首先必须对图形进行分析，以确定应生成哪些面域对象，然后考虑如何进行布尔运算形成最终的图形。

【练习5-16】：利用面域造型法绘制图 5-34 所示的图形。对于该图，可以认为是由圆面域、圆环面域及矩形面域组成，对这些面域进行并运算就形成了所需的图形。

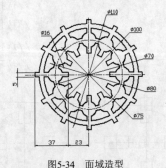

图5-34　面域造型

1. 绘制同心圆 A、B、C、D，如图 5-35 所示。
2. 将圆 A、B、C、D 创建成面域。

命令：_region

选择对象:找到 4 个 　　　　//选择圆 A、B、C、D，如图 5-35 所示

选择对象： 　　　　//按 Enter 键结束

3. 用面域 B "减去" 面域 A，再用面域 D "减去" 面域 C。

命令：_subtract 选择要从中减去的实体或面域...

选择对象：找到 1 个	//选择面域 B，如图 5-35 所示
选择对象：	//按 Enter 键
选择要减去的实体或面域...	
选择对象：找到 1 个	//选择面域 A
选择对象：	//按 Enter 键结束
命令：	//重复命令
SUBTRACT 选择要从中减去的实体或面域...	
选择对象：找到 1 个	//选择面域 D
选择对象：	//按 Enter 键
选择要减去的实体或面域...	
选择对象：找到 1 个	//选择面域 C
选择对象	//按 Enter 键结束

4. 画圆 E 及矩形 F，如图 5-36 所示。

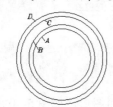

图5-35 绘制同心圆

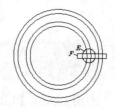

图5-36 画圆及矩形

5. 把圆 E 及矩形 F 创建成面域。

命令：_region	
选择对象：找到 2 个	//选择圆 E 及矩形 F，如图 5-36 所示
选择对象：	//按 Enter 键结束

6. 创建圆 E 和矩形 F 的环形阵列，结果如图 5-37 所示。
7. 对所有面域对象进行"并"运算。

命令：_union	
选择对象：指定对角点：找到 26 个	//选择所有面域对象
选择对象：	//按 Enter 键结束

结果如图 5-38 所示。

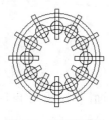

图5-37 创建环形阵列

图5-38 执行并运算

5.10 综合练习——创建多段线、圆点及面域

【练习5-17】：利用 LINE、CIRCLE、PEDIT 等命令绘制平面图形，如图 5-39 所示。

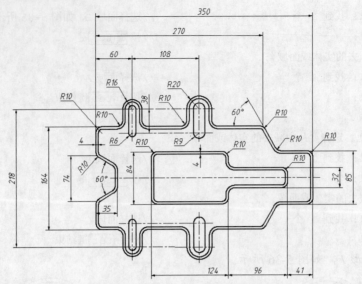

图5-39 用 LINE、PEDIT 等命令绘图

要点提示 绘制图形外轮廓后，将其编辑成多段线，然后偏移它。

【练习5-18】：利用 LINE、PLINE、DONUT 等命令绘制平面图形，如图 5-40 所示。

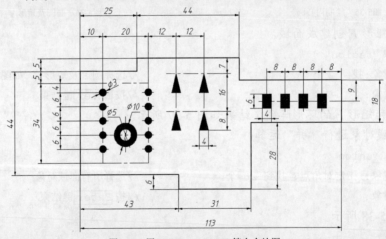

图5-40 用 PLINE、DONUT 等命令绘图

要点提示 图中箭头及实心矩形用 PLINE 命令绘制。

【练习5-19】：利用 LINE、PLINE 及 DONUT 等命令绘制平面图形，尺寸自定，如图 5-41 所示。图形轮廓及箭头都是多段线。

【练习5-20】：利用 LINE、PEDIT、DIVIDE 等命令绘制平面图形，如图 5-42 所示。图中的中心线是多段线。

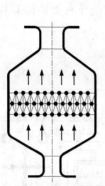

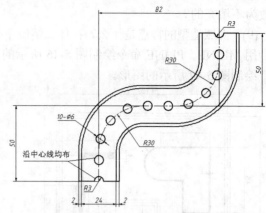

图5-41　用 PLINE 及 DONUT 等命令绘图 　　　　　　　　图5-42　用 PEDIT、DIVIDE 等命令绘图

【练习5-21】：　利用面域造型法绘制图 5-43 所示的图形。

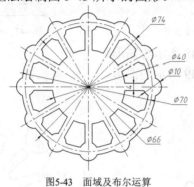

图5-43　面域及布尔运算

5.11　习题

1.　思考题。

(1)　多线的对正方式有哪几种？

(2)　可用 OFFSET 及 TRIM 命令对多线进行操作吗？

(3)　多段线中的某一线段或圆弧是单独的对象吗？

(4)　如何用 PLINE 命令绘制一个箭头？

(5)　能将含有圆弧的闭合多段线转化为云状线吗？

(6)　怎样绘制图 5-44 所示的等分点？

(7)　怎样绘制图 5-45 所示的测量点（测量起始点在 A 点，测量长度为 55）？

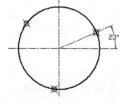

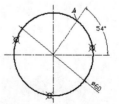

图5-44　绘制等分点　　　　　　　　　　　　　　　图5-45　绘制测量点

(8)　默认情况下，DONUT 及 SOLID 命令用于生成填充圆环及多边形，怎样将这些对

象改为不填充的？

　　(9)　面域造型的特点是什么？在什么情况下使用面域造型才能较有效地提高作图效率？

2.　用 MLINE、PLINE 命令绘制图 5-46 所示的图形。

3.　绘制图 5-47 所示的图形。

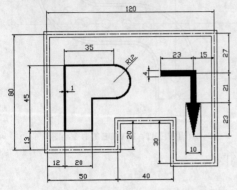

图5-46　用 MLINE、PLINE 命令画图

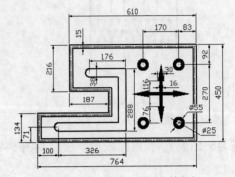

图5-47　练习 PLINE、MLINE 等命令

4.　利用面域造型法绘制图 5-48 所示的图形。

5.　利用面域造型法绘制图 5-49 所示的图形。

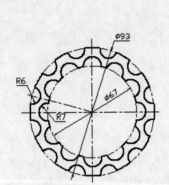

图5-48　面域造型（1）

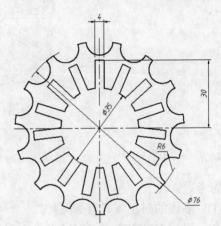

图5-49　面域造型（2）

第6章　在图形中添加文字

【学习目标】
- 掌握创建、修改文字样式的方法。
- 学会书写单行文字。
- 学会使用多行文字。
- 学会编辑文字。
- 熟悉创建表格对象的方法。

本章主要介绍创建及编辑单行文字、多行文字和创建表格对象的方法。

6.1　文字样式

在 AutoCAD 中创建文字对象时，它们的外观都由与其关联的文字样式所决定。默认情况下，Standard 文字样式是当前样式，用户也可根据需要创建新的文字样式。

6.1.1　创建文字样式

文字样式主要是控制与文本连接的字体文件、字符宽度、文字倾斜角度及高度等项目，另外，还可通过它设计出相反的、颠倒的及竖直方向的文本。用户可以针对每一种不同风格的文字创建对应的文字样式，这样在输入文本时就可用相应的文字样式来控制文本的外观。例如，用户可建立专门用于控制尺寸标注文字及技术说明文字外观的文本样式。

命令启动方法
- 菜单命令:【格式】/【文字样式】。
- 面板:【默认】选项卡中【注释】面板上的 A 按钮。
- 命令: STYLE 或简写 ST。

【练习6-1】:　创建文字样式。

1. 单击【注释】面板上的 A 按钮，打开【文字样式】对话框，如图 6-1 所示。
2. 单击 新建(N)... 按钮，打开【新建文字样式】对话框，在【样式名】文本框中输入文字样式的名称"样式 1"，如图 6-2 所示。
3. 单击 确定 按钮，返回【文字样式】对话框，在【字体名】下拉列表中选择【gbeitc.shx】。再选择【使用大字体】复选项，然后在【大字体】下拉列表中选择【gbcbig.shx】，如图 6-1 所示。
4. 单击 应用(A) 按钮完成。

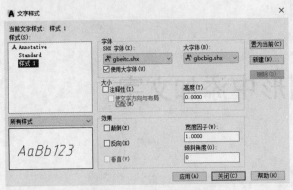

图6-1　【文字样式】对话框

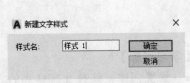

图6-2　【新建文字样式】对话框

设置字体、字高和特殊效果等外部特征及修改、删除文字样式等操作都是在【文字样式】对话框中进行的。为了让用户更好地了解文字样式，下面对该对话框中的常用选项作详细介绍。

- 【样式】列表框：该列表框显示图样中所有文字样式的名称，用户可从中选择一个，使其成为当前样式。
- 新建(N)... 按钮：单击此按钮，就可以创建新文字样式。
- 删除(D) 按钮：在【样式】列表框中选择一个文字样式，再单击此按钮就可以将该文字样式删除。当前样式和正在使用的文字样式不能被删除。
- 【字体名】下拉列表：在此列表中罗列了所有的字体。带有双"T"标志的字体是 Windows 系统提供的"TrueType"字体，其他字体是 AutoCAD 自己的字体（*.shx），其中"gbenor.shx"和"gbeitc.shx"（斜体西文）字体是符合国标的工程字体。
- 【使用大字体】：大字体是指专为亚洲国家或地区设计的文字字体。其中"gbcbig.shx"字体是符合国标的工程汉字字体，该字体文件还包含一些常用的特殊符号。由于"gbcbig.shx"中不包含西文字体定义，因而可将其与"gbenor.shx"和"gbeitc.shx"字体配合使用。
- 【高度】：输入字体的高度。如果用户在该文本框中指定了文本高度，则当使用 TEXT（单行文字）命令时，系统将不再提示"指定高度"。
- 【颠倒】：选取此复选项，文字将上下颠倒显示，该选项仅影响单行文字，如图 6-3 所示。

AutoCAD 2016　　　　ƎⱢ0Ɀ ꓷⱯƆoʇnⱯ

关闭【颠倒】选项　　　　打开【颠倒】选项

图6-3　关闭或打开【颠倒】选项

- 【反向】：选取此复选项，文字将首尾反向显示，该选项仅影响单行文字，如图 6-4 所示。

AutoCAD 2016　　　　ƎⱢ0Ɀ ꓷⱯƆoʇuⱯ

关闭【反向】选项　　　　打开【反向】选项

图6-4　关闭或打开【反向】选项

- 【垂直】：选取此复选项，文字将沿竖直方向排列，如图 6-5 所示。

AutoCAD

关闭【垂直】选项　　　　打开【垂直】选项

图6-5　关闭或打开【垂直】选项

- 【宽度因子】: 默认的宽度因子为 1。若输入小于 1 的数值，则文本将变窄，否则，文本变宽，如图 6-6 所示。

AutoCAD 2016　　　　AutoCAD 2016
宽度比例因子为 1.0　　　　宽度比例因子为 0.7

图6-6　调整宽度比例因子

- 【倾斜角度】: 该选项用于指定文本的倾斜角度，角度值为正时向右倾斜，为负时向左倾斜，如图 6-7 所示。

AutoCAD 2016　　　　*AutoCAD 2016*
倾斜角度为 30º　　　　倾斜角度为 −30º

图6-7　设置文字倾斜角度

6.1.2　修改文字样式

修改文字样式也是在【文字样式】对话框中进行的，其过程与创建文字样式相似，这里不再赘述。

修改文字样式时应注意以下几点。

(1)　修改完成后，单击【文字样式】对话框中的 应用(A) 按钮，则修改生效，系统立即更新图样中与此文字样式关联的文字。

(2)　当修改文字样式连接的字体文件时，系统将改变所有文字的外观。

(3)　当修改文字的颠倒、反向和垂直特性时，系统将改变单行文字的外观；而修改文字高度、宽度因子及倾斜角度时，则不会引起已有单行文字外观的改变，但将影响此后创建的文字对象。

(4)　对于多行文字，只有【垂直】【宽度因子】及【倾斜角度】选项才影响已有多行文字的外观。

要点提示　如果发现图形中的文本没有正确地显示出来，那么多数情况是由于文字样式所连接的字体不合适。

6.2　单行文字

用 TEXT 命令可以非常灵活地创建文字项目，发出此命令后，用户不仅可以设定文本的对齐方式及文字的倾斜角度，而且还能用十字光标在不同的地方选取点以定位文本的位置（系统变量 TEXTED 等于 2），该特性使用户只发出一次命令就能在图形的任何区域放置文本。另外，TEXT 命令还提供了屏幕预演的功能，即在输入文字的同时该文字也将在屏幕上显示出来，这样用户就能很容易地发现文本输入的错误，以便及时修改。

6.2.1 创建单行文字

启动 TEXT 命令可以创建单行文字。默认情况下，该文字关联的文字样式是"Standard"，采用的字体是"Arial.shx"。如果要输入中文，用户应修改当前的文字样式，使其与中文字体相联，此外，也可创建一个采用中文字体的新文字样式。

一、 命令启动方法

- 菜单命令:【绘图】/【文字】/【单行文字】。
- 面板:【默认】选项卡中【注释】面板上的 A^{单行文字}按钮。
- 命令: TEXT 或简写 DT。

【练习6-2】： 练习 TEXT 命令。

命令: TEXT

指定文字的起点或 [对正(J)/样式(S)]:

　　　　　　　　　　　　　　//拾取 A 点作为单行文字的起始位置，如图 6-8 所示

指定高度 <2.5000>:　　　　　//输入文字的高度值或按 Enter 键接受默认值

指定文字的旋转角度 <0>:　　 //输入文字的倾斜角或按 Enter 键接受默认值

AutoCAD 单行文字　　　　　　//输入一行文字

　　　　　　　//可移动鼠标光标到图形的其他区域并单击一点以指定文字的位置

　　　　　　　//按 Enter 键结束

结果如图 6-8 所示。

AutoCAD单行文字

图6-8　创建单行文字

二、 命令选项

- 样式(S): 指定当前文字样式。
- 对正(J): 设定文字的对齐方式，详见 6.2.2 小节。

用 TEXT 命令可连续输入多行文字，每行可按 Enter 键结束，但用户不能控制各行的间距。TEXT 命令的优点是文字对象的每一行都是一个单独的实体，因而对每行进行重新定位或编辑都很容易。

【练习6-3】： 用 TEXT 命令在图形中放置一些单行文字。

1. 打开素材文件 "dwg\第 6 章\6-3.dwg"。
2. 单击【注释】面板上的 A 按钮，打开【文字样式】对话框，使"文字样式-1"成为当前样式，并将其关联的字体文件修改为【汉仪长仿宋体】，如图 6-9 所示。
3. 单击 应用(A) 按钮，然后关闭【文字样式】对话框。
4. 启动 TEXT 命令书写单行文字，如图 6-10 所示。

命令:TEXT

指定文字的起点或 [对正(J)/样式(S)]:　　//在点 A 处单击一点，如图 6-10 所示

指定高度 <4.000>: 3.5　　　　　　　　　//输入文字的高度

指定文字的旋转角度 <0>:　　　　　　　 //按 Enter 键指定文字倾斜角度为 0

通孔数量为 4　　　　　　　　　　　　　 //输入文字

酚醛层压板

线性尺寸未注公差按GB1804-C

//在 B 点处单击一点，并输入文字

//在 C 点处单击一点，并输入文字

//按 Enter 键结束

结果如图 6-10 所示。

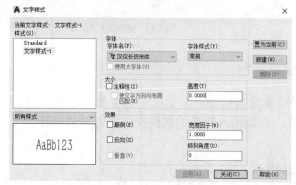

图6-9 【文字样式】对话框

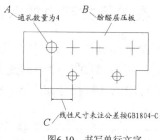

图6-10 书写单行文字

发出 TEXT 命令后，在"指定文字的起点"提示下，直接按 Enter 键，系统就将新文字放置在现有单行文字最后一行的正下方，而且新文本与上次输入的文本具有相同的高度、类型及对齐方式。

6.2.2 单行文字的对齐方式

发出 TEXT 命令后，系统提示用户输入文字的插入点，此点和实际字符的位置关系由对齐方式"对正(J)"所决定。对于单行文字，系统提供了十多种对正选项。默认情况下，文字是左对齐的，即指定的插入点是文字的左基线点，如图 6-11 所示。

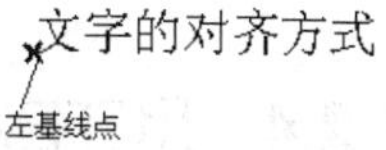

如果要改变单行文字的对齐方式，就使用"对正(J)"选项。在"指定文字的起点或[对正(J)/样式(S)]:"提示下，输入"j"，则系统提示如下。

文字的对齐方式

左基线点

图6-11 左对齐方式

[左(L)/居中(C)/右(R)/对齐(A)/中间(M)/布满(F)/左上(TL)/中上(TC)/右上(TR)/左中(ML)/正中(MC)/右中(MR)/左下(BL)/中下(BC)/右下(BR)]:

下面对以上给出的选项进行详细说明。

- 对齐(A): 使用此选项时，系统提示指定文字分布的起始点和结束点。当用户选定两点并输入文字后，系统会将文字压缩或扩展，使其充满指定的宽度范围，而文字的高度则按适当比例变化，以使文字不至于被扭曲。

- 布满(F): 使用此选项时，系统增加了"指定高度"的提示。使用此选项也将压缩或扩展文字，使其充满指定的宽度范围，但文字的高度值等于指定的数值。

分别利用"对齐(A)"和"布满(F)"选项在矩形框中填写文字，结果如图 6-12 所示。

- 左(L)/居中(C)/右(R)/对齐(A)/中间(M)/布满(F)/左上(TL)/中上(TC)/右上(TR)/左中(ML)/正中(MC)/右中(MR)/左下(BL)/中下(BC)/右下(BR): 通过这些选项设置文字的插入点，各插入点的位置如图 6-13 所示。

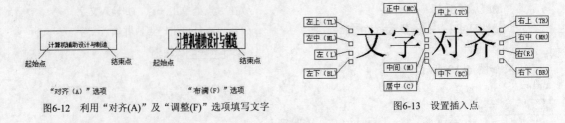

图6-12 利用"对齐(A)"及"调整(F)"选项填写文字　　图6-13 设置插入点

6.2.3 在单行文字中加入特殊符号

工程图中用到的许多符号都不能通过标准键盘直接输入，如文字的下画线、直径代号等。当用户利用 TEXT 命令创建文字注释时，必须输入特殊的代码来产生特定的字符，这些代码及对应的特殊符号如表 6-1 所示。

表 6-1　　　　　　　　　　　　　　特殊字符的代码

代码	字符	代码	字符
%%o	文字的上画线	%%p	表示"±"
%%u	文字的下画线	%%c	直径代号
%%d	角度的度符号		

使用表中代码生成特殊字符的样例如图 6-14 所示。

添加%%u特殊%%u字符　　　添加特殊字符

%%c100　　　　ϕ100

%%p0.010　　　±0.010

图6-14 创建特殊字符

6.2.4 用 TEXT 命令填写标题栏

【练习6-4】：　使用 TEXT 命令填写零件图的标题栏。

1. 打开素材文件"dwg\第 6 章\6-4.dwg"，如图 6-15 所示。
2. 修改当前文字样式，使之与中文字体"宋体"关联。
3. 启动 TEXT 命令书写单行文字，如图 6-15 所示。

```
命令: TEXT
指定文字的起点或 [对正(J)/样式(S)]:        //在 A 点处单击一点，如图 6-15 所示
指定高度 <2.5000>: 3.5                    //输入文字高度
指定文字的旋转角度 <0>:                    //按 Enter 键
设计                                      //输入文字
审核                                      //在 B 点处单击一点，并输入文字
工艺                                      //在 C 点处单击一点，并输入文字
比例                                      //在 D 点处单击一点，并输入文字
件数                                      //在 E 点处单击一点，并输入文字
重量                                      //在 F 点处单击一点，并输入文字
                                         //按 Enter 键结束
```

再用 MOVE 命令调整单行文字的位置，结果如图 6-15 所示。

4. 利用"布满(F)"选项填写文字，如图 6-16 所示。

命令：TEXT	
指定文字的起点或 [对正(J)/样式(S)]：j	//设置文字对齐方式
输入选项 [居中(C)/对齐(A)/中间(M)/布满(F)]：f	//使用"布满(F)"选项
指定文字基线的第一个端点：	//在 G 点处单击一点，如图 6-16 所示
指定文字基线的第二个端点：	//在 H 点处单击一点
指定高度 <5.0000>：7	//输入文字高度
输入文字：济南第一机床厂	//输入文字
输入文字：	//按 Enter 键结束

结果如图 6-16 所示。

图6-15　书写单行文字　　　　　图6-16　使用"布满(F)"选项书写文字

6.3　使用多行文字

MTEXT 命令可以用于创建复杂的文字说明，用 MTEXT 命令生成的文字段落称为多行文字，它可由任意数目的文字行组成，所有的文字构成一个单独的实体。使用 MTEXT 命令时，用户可以指定文字分布的宽度，但文字沿竖直方向可无限延伸。另外，用户还能设置多行文字中单个字符或某一部分文字的属性（包括文字的字体、倾斜角度和高度等）。

6.3.1　多行文字编辑器

要创建多行文字，首先要了解文字编辑器，下面将详细介绍文字编辑器的使用方法及常用选项的功能。

创建多行文字时，用户首先要建立一个文本边框，此边框表明了段落文字的左右边界。

命令启动方法

- 菜单命令：【绘图】/【文字】/【多行文字】。
- 面板：【默认】选项卡中【注释】面板上的 A 多行文字按钮。
- 命令：M TEXT 或简写 T。

【练习6-5】：　练习 MTEXT 命令。默认情况下文字高度为 2.5，为使其在绘图窗口中以适当大小显示，应先设置绘图窗口的高度为 100 个图形单位左右。

启动 MTEXT 命令后，系统提示如下。

指定第一角点：	//用户在屏幕上指定文本边框的一个角点
指定对角点：	//指定文本边框的对角点

当指定了文本边框的第一个角点后，再拖动鼠标光标指定矩形分布区域的另一个角点，一旦建立了文本边框，系统就将打开【文字编辑器】选项卡及顶部带标尺的文字输入框，这

两部分组成了多行文字编辑器，如图 6-17 所示。利用此编辑器用户可以方便地创建文字并设置文字样式、对齐方式、字体及字高等。

图6-17　多行文字编辑器

用户在文字输入框中输入文本，当文本到达定义边框的右边界时，按 Shift + Enter 组合键换行（若按 Enter 键换行，则表示已输入的文字构成一个段落）。默认情况下，文字输入框是半透明的，用户可以观察到输入文字与其他对象是否重叠。若要改为全透明特性，可单击【选项】面板上的 ☑ 更多 ▾ 按钮，然后选择【编辑器设置】/【显示背景】命令。

下面对多行文字编辑器的主要功能。

一、【文字编辑器】选项卡

- 【样式】列表框：设置多行文字的文字样式。若将一个新样式与现有的多行文字相关联，将不会影响文字的某些特殊格式，如粗体、斜体、堆叠等。

- 【字体】下拉列表：从此列表中选择需要的字体。多行文字对象中可以包含不同字体的字符。

- 【字体高度】下拉列表：从此下拉列表中选择或直接输入文字高度。多行文字对象中可以包含不同高度的字符。

- A 按钮：将选定文字的格式传递给目标文字。

- A 按钮：打开或关闭所选文字的删除线。

- ᵇ⁄ₐ 按钮：当左、右文字间有堆叠字符（^、/、#）时，将使左边的文字堆叠在右边文字的上方。其中"/"转化为水平分数线，"#"转化为倾斜分数线。

- x^2、x_2 按钮：将选定的文字变为上标或下标。

- Aa ▾ 按钮：更改字母的大小写。

- B 按钮：如果所选用的字体支持粗体，则可以通过此按钮将文字修改为粗体形式，按下该按钮为打开状态。

- I 按钮：如果所选用的字体支持斜体，则可以通过此按钮将文字修改为斜体形式，按下该按钮为打开状态。

- U 按钮：可利用此按钮将文字修改为下画线形式。

- Ō 按钮：给选定的文字添加上画线。

- 【文字颜色】下拉列表：为输入的文字设定颜色或修改已选定文字的颜色。

- 【格式】面板中【倾斜角度】文本框：设定文字的倾斜角度。

- 【格式】面板中【追踪】文本框：控制字符间的距离。输入大于 1 的数值，将增大字符间距；否则，缩小字符间距。

- 【格式】面板中【宽度因子】文本框：设定文字的宽度因子。输入小于 1 的数值，文本将变窄；否则，文本变宽。

- Ａ按钮: 设置多行文字的对正方式。
- ⋮☰ 项目符号和编号 ▾按钮: 给段落文字添加数字编号、项目符号或大写字母形式的编号。
- ↕≡ 行距 ▾按钮: 设定段落文字的行间距。
- ☰、☰、☰、☰、☰、☰按钮: 设定文字的对齐方式, 这 6 个按钮的功能分别为默认、左对齐、居中、右对齐、对正和分散对齐。
- @按钮: 单击此按钮, 弹出菜单, 该菜单包含了许多常用符号。
- ▦ 标尺按钮: 打开或关闭文字输入框上部的标尺。

二、 文字输入框

(1) 标尺: 设置首行文字及段落文字的缩进, 还可设置制表位, 操作方法如下。

- 拖动标尺上第一行的缩进滑块, 可改变所选段落第一行的缩进位置。
- 拖动标尺上第二行的缩进滑块, 可改变所选段落其余行的缩进位置。
- 标尺上显示了默认的制表位, 如图 6-17 所示。要设置新的制表位, 可用鼠标单击标尺。要删除创建的制表位, 可用鼠标按住制表位, 将其拖出标尺。

(2) 快捷菜单: 在文本输入框中单击鼠标右键, 弹出快捷菜单, 该菜单中包含了一些标准编辑命令和多行文字特有的命令, 如图 6-18 所示(只显示了部分命令)。

- 【符号】: 该命令包含以下常用子命令。

  【度数】: 在鼠标光标定位处插入特殊字符 "%%d", 它表示度数符号 "°"。

  【正/负】: 在鼠标光标定位处插入特殊字符 "%%p", 它表示加减符号 "±"。

  【直径】: 在鼠标光标定位处插入特殊字符 "%%c", 它表示直径符号 "ϕ"。

  【几乎相等】: 在鼠标光标定位处插入符号 "≈"。

  【角度】: 在鼠标光标定位处插入符号 "∠"。

  【不相等】: 在鼠标光标定位处插入符号 "≠"。

  【下标 2】: 在鼠标光标定位处插入下标 "2"。

  【平方】: 在鼠标光标定位处插入上标 "2"。

  【立方】: 在鼠标光标定位处插入上标 "3"。

  【其他】: 选取该命令, 系统打开【字符映射表】对话框, 在该对话框的【字体】下拉列表中选取字体, 则对话框显示所选字体包含的各种字符, 如图 6-19 所示。若要插入一个字符, 先选择它并单击 选择(S) 按钮, 此时系统将选取的字符放在【复制字符】文本框中, 依次选取所有要插入的字符, 然后单击 复制(C) 按钮, 关闭【字符映射表】对话框, 返回多行文字编辑器, 在要插入字符的地方单击鼠标左键, 再单击鼠标右键, 从弹出的快捷菜单中选取【粘贴】命令, 这样就将字符插入多行文字中了。

- 【输入文字】: 选取该命令, 系统打开【选择文件】对话框, 用户可通过该对话框将其他文字处理器创建的文本文件输入到当前图形中。
- 【段落对齐】: 设置多行文字的对齐方式。
- 【段落】: 设定制表位和缩进, 控制段落的对齐方式、段落间距、行间距。
- 【项目符号和列表】: 给段落文字添加编号及项目符号。
- 【查找和替换】: 该命令用于搜索及替换指定的字符串。

图6-18 快捷菜单

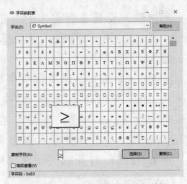

图6-19 【字符映射表】对话框

- 【背景遮罩】：在文字后设置背景。

- 【堆叠】：利用此命令使可层叠的文字堆叠起来（见图 6-20），这对创建分数及公差形式的文字很有用。AutoCAD 通过特殊字符 "/" "^" 及 "#" 表明多行文字是可层叠的。输入层叠文字的方式为 "左边文字+特殊字符+右边文字"，堆叠后，左面文字被放在右边文字的上面。

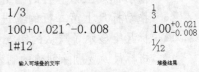

图6-20 堆叠文字

6.3.2 创建多行文字

以下过程演示了如何创建多行文字，文字内容如图 6-21 所示。

【练习6-6】： 创建多行文字，文字内容如图 6-21 所示。

1. 绘制一条长度为 100 的竖直线段，双击鼠标滚轮使线段充满图形窗口显示出来。这样绘图窗口高度为 100。

2. 单击【注释】面板上的 A 多行文字按钮，或者键入 MTEXT 命令，系统提示如下。

    指定第一角点：   //在 A 点处单击一点，如图 6-22 所示

    指定对角点：   //在 B 点处单击一点

3. 系统打开【文字编辑器】选项卡，在【字体】下拉列表中选取【宋体】，在【字体高度】文本框中输入数值 "3"，然后键入文字，如图 6-21 所示。

4. 单击 ✓ 按钮，结果如图 6-22 所示。

图6-21 输入多行文字

图6-22 创建多行文字

6.3.3 添加特殊字符

以下过程演示了如何在多行文字中加入特殊字符，文字内容如下。

    蜗轮分度圆直径=ϕ100

    齿形角α=20°

    导程角γ=14°

【练习6-7】：　添加特殊字符。

1. 设定绘图窗口高度为100。

2. 单击【注释】面板上的A 多行文字按钮，再指定文字分布宽度，系统打开【文字编辑器】选项卡，在【字体】下拉列表中选取【宋体】，在【字体高度】文本框中输入数值"3"，然后键入文字，如图 6-23 所示。

3. 在要插入直径符号的地方单击鼠标左键，再指定当前字体为"txt"，然后单击鼠标右键，弹出快捷菜单，选取【符号】/【直径】命令，结果如图 6-24 所示。

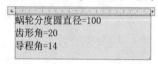

图6-23　书写多行文字

图6-24　插入直径符号

4. 在要插入符号"°"的地方单击鼠标左键，然后单击鼠标右键，弹出快捷菜单，选取【符号】/【度数】命令。

5. 在文本输入框中单击鼠标右键，弹出快捷菜单，选取【符号】/【其他】命令，打开【字符映射表】对话框，在对话框的【字体】下拉列表中选取【Symbol】，然后选取需要的字符"α"，如图 6-25 所示。

6. 单击 选择(S) 按钮，再单击 复制(C) 按钮。

7. 返回文字输入框，在需要插入符号"α"的地方单击鼠标左键，然后单击鼠标右键，在弹出的快捷菜单中选取【粘贴】命令，结果如图 6-26 所示。

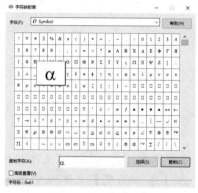

图6-25　选择需要的字符"α"

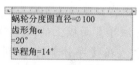

图6-26　插入符号"α"

 粘贴符号"α"后，系统将自动换行。

8. 把符号"α"的高度修改为3，再将鼠标光标放置在此符号的后面，按 Delete 键，结果如图 6-27 所示。

9. 用同样的方法插入字符"γ"，结果如图 6-28 所示。

图6-27　修改文字高度及调整文字位置

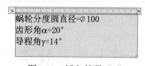

图6-28　插入符号"γ"

10. 单击 ✔ 按钮完成。

工程图中用到的特殊字符一般包含在 GDT 字体文件中。进入多行文字编辑器后，指定当前字体文件为 GDT，输入相关字母就得到对应的符号，如表 6-2 所示。

表 6-2　　　　　　　　　　　　　GDT 字体符号表

字母	符号	说明	字母	符号	说明
a	a	倾斜度（斜度）	n	n	直径
b	b	垂直度	o	o	正方形
c	c	平面度	p	p	延伸公差
d	d	面轮廓度	q	q	
e	e	圆度	r	r	同轴度
f	f	平行度	s	s	
g	g	圆柱度	t	t	全跳动
h	h	圆跳动	u	u	直线度
i	i	对称度	v	v	沉孔或锪平
j	j	位置度	w	w	倒角型沉孔
k	k	线轮廓度	x	x	孔深
l	l	最小实体要求	y	y	圆锥锥度
m	m	最大实体要求	z	z	斜坡度

6.3.4　在多行文字中设置不同字体及字高

输入多行文字时，用户可随时选择不同字体及指定不同字高。下面练习创建段落文字，并使这些文字连接不同字体，采用不同字高。

【练习6-8】：　在多行文字中设置不同字体及字高。

1. 设定绘图窗口高度为100。
2. 单击【注释】面板上的 Ａ 多行文字按钮，再指定文字分布宽度，系统打开【文字编辑器】选项卡。在【字体】下拉列表中选取【黑体】，在【字体高度】文本框中输入数值"5"，然后键入文字，如图 6-29 所示。
3. 在【字体】下拉列表中选取【楷体】，在【字体高度】文本框中输入数值"3.5"，然后键入文字，如图 6-30 所示。

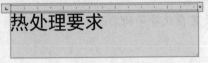

图6-29　使多行文字连接黑体　　　　　　　　　　　图6-30　使多行文字连接楷体

4. 单击 ✓ 按钮完成。

6.3.5　创建分数及公差形式文字

下面使用多行文字编辑器创建分数及公差形式文字，文字内容如下。

$\varnothing 100^{H7}_{m6}$

$200^{+0.020}_{-0.016}$

【练习6-9】: 创建分数及公差形式文字。

1. 打开【文字编辑器】选项卡，输入多行文字，如图 6-31 所示。

2. 选择文字 "H7/m6"，然后单击鼠标右键，在弹出的快捷菜单中选择【堆叠】命令，结果如图 6-32 所示。

3. 选择文字 "+0.020^-0.016"，然后单击鼠标右键，在弹出的快捷菜单中选择【堆叠】命令，结果如图 6-33 所示。

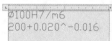
图6-31 输入多行文字

图6-32 创建分数形式文字

图6-33 创建公差形式文字

4. 单击✔按钮完成。

 通过堆叠文字的方法也可创建文字的上标或下标，输入方式为 "上标^" "^下标"。例如，输入 "53^"，选中 "3^"，单击鼠标右键，在弹出的快捷菜单中选择【堆叠】命令，结果为 "5^3"。

6.4 编辑文字

编辑文字的常用方法有以下 3 种。

(1) 双击文字就可编辑它。对于单行文字及多行文字，将分别显示文字编辑框和【文字编辑器】选项卡。

(2) 使用 TEDIT 命令编辑单行文字或多行文字。选择的对象不同，系统将显示不同的编辑工具。该命令能连续编辑文字（自动重复命令模式）。对于单行文字，系统显示文字编辑框；对于多行文字，系统则打开【文字编辑器】选项卡。

(3) 用 PROPERTIES 命令修改文本。选择要修改的文字后，单击鼠标右键，弹出快捷菜单，选择【特性】命令，启动 PROPERTIES 命令，打开【特性】对话框。在此对话框中用户不仅能修改文字的内容，还能编辑文字的其他许多属性，如倾斜角度、对齐方式、高度及文字样式等。

【练习6-10】: 以下练习内容包括修改文字内容、改变多行文字的字体及字高、调整多行文字的边界宽度及为文字指定新的文字样式。

6.4.1 修改文字内容

使用 TEDIT 命令编辑单行或多行文字。

1. 打开素材文件 "dwg\第 6 章\6-10.dwg"，该文件所包含的文字内容如下。

减速机机箱盖

技术要求

1．铸件进行清砂、时效处理，不允许有砂眼。

2．未注圆角半径 $R3\sim5$。

2. 输入 TEDIT 命令（或双击文字），系统提示"选择注释对象"，选择第一行文字，AutoCAD 显示文字编辑框，输入文字"减速机机箱盖零件图"，如图 6-34 所示。在框外单击一点结束命令。

3. 选择第 2 行文字，系统打开【文字编辑器】选项卡，选中文字"时效"，将其修改为"退火"，如图 6-35 所示。

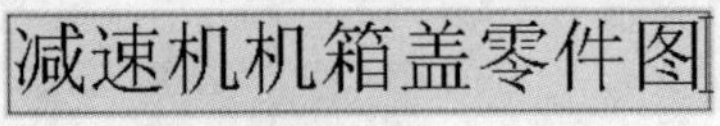

减速机机箱盖零件图

图6-34　修改单行文字内容　　　　　　　　　　　　图6-35　修改多行文字内容

4. 单击 ✔ 按钮完成。

6.4.2　改变字体及字高

继续前面的练习，改变多行文字的字体及字高。

1. 双击第 2 行文字，系统打开【文字编辑器】选项卡。
2. 选中文字"技术要求"，然后在【字体】下拉列表中选取【黑体】，再在【字体高度】文本框中输入数值"5"，按 Enter 键，结果如图 6-36 所示。
3. 单击 ✔ 按钮完成。

图6-36　修改字体及字高

6.4.3　调整多行文字边界宽度

继续前面的练习，改变多行文字的边界宽度。

1. 选择多行文字，系统显示对象关键点，如图 6-37 左图所示，激活右边的一个关键点，进入拉伸编辑模式。
2. 向右移动鼠标光标，拉伸多行文字边界，结果如图 6-37 右图所示。

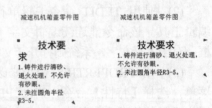

图6-37　拉伸多行文字边界

6.4.4　为文字指定新的文字样式

继续前面的练习，为文字指定新的文字样式。

1. 单击【注释】面板上的 A 按钮，打开【文字样式】对话框，利用该对话框创建新文字样式，样式名为"样式 1"，使该文字样式连接中文字体"楷体"，如图 6-38 所示。
2. 选择所有文字，单击鼠标右键，弹出快捷菜单，选择【特性】命令，打开【特性】对话框，在对话框上面的下拉列表中选择【文字（1）】，再在【样式】下拉列表中选择【样式 1】，如图 6-39 所示。
3. 在【特性】对话框上面的下拉列表中选择【多行文字（1）】，然后在【样式】下拉列表中选择【样式 1】，如图 6-40 所示。
4. 文字采用新样式后，外观如图 6-41 所示。

图6-38 创建新文字样式

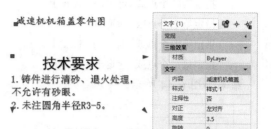

图6-39 指定单行文字的新文字样式

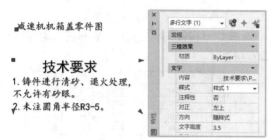

图6-40 指定多行文字的新文字样式

减速机机箱盖零件图

技术要求

1.铸件进行清砂、退火处理，
不允许有砂眼。
2.未注圆角半径R3-5。

图6-41 使文字采用新样式

建立多行文字时，如果在文字中连接了多个字体文件，那么当把段落文字的文字样式修改为其他样式时，只有一部分文字的字体发生变化，而其他文字的字体保持不变，发生变化的字体在创建时使用了旧样式中指定的字体。

6.5 填写明细表的技巧

用 TEXT 命令可以方便地在表格中填写文字，但如果要保证表中文字项目的位置对齐就很困难了。因为使用 TEXT 命令时只能通过拾取点来确定文字的位置，这样就几乎不可能保证表中文字的位置是准确对齐的。

【练习6-11】：下面通过填写图 6-42 所示的表格说明在表中添加文字的技巧。

4	下轴衬	2	A3	
3	上轴衬	2	A3	
2	轴承盖	1	HT15-33	
1	轴承座	1	HT15-33	
序号	名称	数量	材料	备注

图6-42 在表中添加文字

1. 打开素材文件 "dwg\第 6 章\6-11.dwg"。
2. 用 TEXT 命令在明细表底部第一行中书写文字 "序号"，如图 6-43 所示。
3. 用 COPY 命令将 "序号" 复制到其他位置，如图 6-44 所示。

    命令：_copy
    选择对象：找到 1 个   //选择文字 "序号"
    选择对象：   //按 Enter 键
    指定基点或 [位移(D)] <位移>：int 于   //捕捉交点 A，如图 6-44 所示
    指定第二个点或 <退出>：int 于   //捕捉交点 B

指定第二个点或<退出>: int 于　　　　　　　　//捕捉交点 *C*

指定第二个点或　<退出>: int 于　　　　　　　//捕捉交点 *D*

指定第二个点或<退出>: int 于　　　　　　　　//捕捉交点 *E*

指定第二个点或　<退出>:　　　　　　　　　　//按 Enter 键结束

结果如图 6-44 所示。

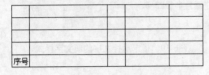

序号

图6-43　书写单行文字

序号
序号
序号
序号
序号
A
B
C
D
E

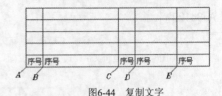

图6-44　复制文字

4. 双击文字修改内容，再用 MOVE 命令调整“名称”“材料”的位置，结果如图 6-45 所示。
5. 把已经填写的文字向上阵列，结果如图 6-46 所示。

序号
名称
数量
材料
备注

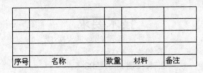

图6-45　修改文字内容

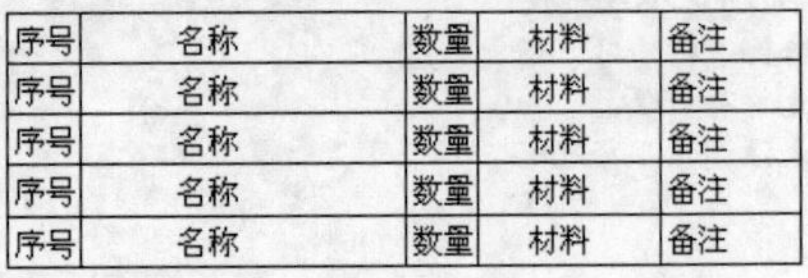

序号 名称 数量 材料 备注
序号 名称 数量 材料 备注
序号 名称 数量 材料 备注
序号 名称 数量 材料 备注
序号 名称 数量 材料 备注

图6-46　阵列文字

6. 双击文字修改内容，结果如图 6-47 所示。
7. 把序号及数量数字移动到表格的中间位置，结果如图 6-48 所示。

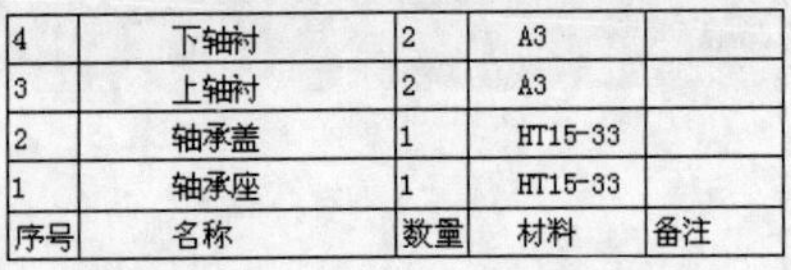

4 下轴衬 2 A3
3 上轴衬 2 A3
2 轴承盖 1 HT15-33
1 轴承座 1 HT15-33
序号 名称 数量 材料 备注

图6-47　修改文字内容

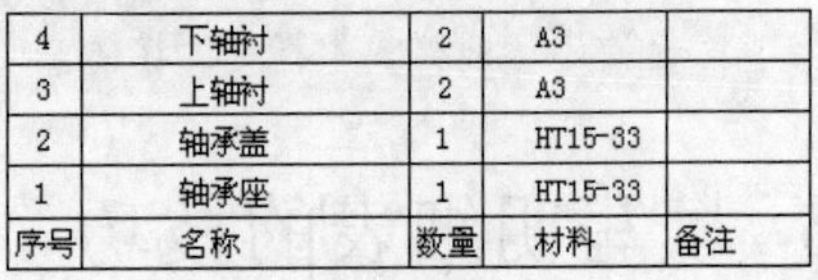

4 下轴衬 2 A3
3 上轴衬 2 A3
2 轴承盖 1 HT15-33
1 轴承座 1 HT15-33
序号 名称 数量 材料 备注

图6-48　移动文字

要点提示　如果在书写“序号”及“数量”时采用了“居中”对齐的方式，那么这两栏内的数字会与表格的中间位置对齐。

6.6 注释性对象

打印出图时，图中文字、标注对象和图块的外观，以及填充图案的疏密程度等，都会随着出图比例而发生变化，因此，在创建这些对象时，要考虑这些对象在图样中的尺寸大小，以保证出图后在图纸上的真实外观是正确的。一般的做法是将这些对象进行缩放，缩放比例因子设定为打印比例的倒数就可以了。

另一种方法是采用注释性对象，只要设定注释比例为打印比例，就能使得注释对象打印在图纸上的大小与图样中设定的原始值一致。可以添加注释性属性的对象包括文字、普通标注、引线标注、形位公差、图案、图块及块属性等。

6.6.1 注释性对象的特性

注释性对象具有注释比例属性，当设定当前注释比例与注释对象的注释比例相同时，系统会自动缩放注释性对象，缩放比例因子为当前注释比例的倒数。例如，指定当前注释比例为 1∶3，则所有具有该比例值的注释对象都将放大 3 倍。

因此，如果注释性对象的比例、系统当前设定的注释比例与打印比例相等，那么打印出图后，注释性对象的真实大小应该与图样中设定的大小相同，即打印大小值即为设定值。例如，在图样中设定注释性文字高度为 3.5，当前注释比例为 1∶2，出图比例也为 1∶2，打印完成后，文字高度为设定值 3.5。

6.6.2　设定对象的注释比例

创建注释性对象的同时，该对象就被系统添加了当前注释比例，与此同时，系统也将自动缩放注释对象。

单击状态栏上的 1:1 / 100% ▾ 按钮，可设定当前注释比例。

可以给注释性对象添加多个注释比例。在注释对象上单击鼠标右键，在弹出的快捷菜单上选择【特性】命令，打开【特性】对话框，利用此对话框中的【注释比例】选项，打开【注释对象比例】对话框，如图 6-49 所示。通过此对话框给注释对象添加或删除注释比例。

利用【注释】选项卡中【注释缩放】面板上的添加/删除比例按钮，也可打开【注释对象比例】对话框。

图6-49　【注释对象比例】对话框

用户可以在改变当前注释比例的同时让系统自动将新的注释比例赋予所有注释对象。单击状态栏上的按钮就可实现这一目标。

6.6.3　自定义注释比例

AutoCAD 提供了常用的注释比例，用户也可进行自定义，其过程如下。

1. 单击状态栏上的 1:1 / 100% ▾ 按钮，选择【自定义】选项，打开【编辑图形比例】对话框，如图 6-50 左图所示。

2. 单击 添加(A)... 按钮，弹出【添加比例】对话框，在【比例名称】及【比例特性】分组框中分别输入新的注释比例名称及比例，如图 6-50 右图所示。

图6-50　输入注释比例名称及比例

3. 单击 确定 按钮完成。随后，可将新的比例设定为当前注释比例。

6.6.4　控制注释性对象的显示

注释性对象可以具有多个注释比例。默认情况下，系统始终显示注释性对象。单击状态栏上的按钮后，系统仅显示注释比例等于系统当前注释比例的对象，并对其进行缩放。

改变系统当前注释比例值，则没有该比例值的注释性对象将隐藏。

6.6.5　在工程图中使用注释性文字

在工程图中书写一般文字对象时，需要注意的一个问题是：尺寸文字的高度应设置为图纸上的实际高度与打印比例倒数的乘积。例如，文字在图纸上的高度为 3.5，打印比例为 1：2，则书写文字时设定文字高度应为 7。

若采用注释性文字标注工程图，则方便得多。只需设置注释性文字当前注释比例等于出图比例，就能保证出图后文字高度与最初设定的高度一致。例如，设定字高为 3.5，设置系统当前注释比例为 1：2，创建文字后其注释比例也为 1：2，然后以 1：2 比例出图后，文字在图纸上的高度仍为 3.5。

创建注释性文字的过程如下。

1. 创建注释性文字样式。若文字样式是注释性的，则与其关联的文字就是注释性的。在【文字样式】对话框中选择【注释性】复选项，就将文字样式修改为注释性文字样式，如图 6-51 所示。

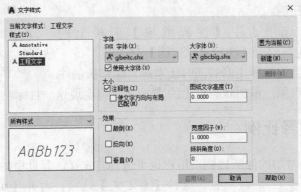

图6-51　创建注释性文字样式

2. 单击 AutoCAD 状态栏底部的 ⚓ 1:1/100%▼ 按钮，设定当前注释比例值，该值等于打印比例值。

3. 创建文字，文字高度设定为图纸上的实际高度值。该文字对象是注释性文字，具有注释比例属性，比例值为当前注释比例值。

6.7　综合练习——创建单行及多行文字

【练习6-12】：打开素材文件"dwg\第 6 章\6-12.dwg"，在图中添加单行文字及多行文字。

1. 创建新的文字样式，样式名称为"文字注释"，该样式连接的字体文件是"仿宋"。
2. 使"文字注释"成为当前样式，然后利用 TEXT 命令书写单行文字，字高为"80"，如图 6-52 所示。
3. 用 MTEXT 命令在图形下边的适当区域书写多行文字，如图 6-53 所示。文字字高为"80"，"说明"的字体为黑体，其余文字采用揩体。

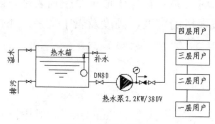

图6-52 书写单行文字

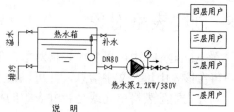

图6-53 输入多行文字

4. 再创建一个文字样式，样式名称为"文字注释-1"，在该样式中设定文字倾斜角度为15°，连接的字体文件是"楷体"。

5. 使图形中的多行文字与新文字样式关联，结果如图6-54所示。

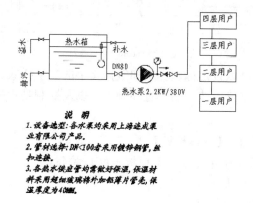

图6-54 使多行文字与新文字样式关联

【练习6-13】：打开素材文件"dwg\第 6 章\6-13.dwg"，请在图中添加单行文字及多行文字，如图 6-55 所示，图中文字特性如下。

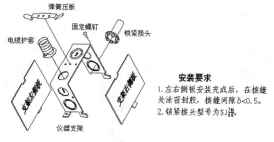

图6-55 书写单行及多行文字

(1) 单行文字字体为"宋体"，字高为"10"，其中部分文字沿 60°方向书写，字体倾斜角度为30°。

(2) 多行文字字高为"12"，字体为"黑体"和"宋体"。

6.8　创建表格对象

在 AutoCAD 中可以生成表格对象。创建该对象时，系统首先生成一个空白表格，随后用户可在该表中填入文字信息，并可以很方便地修改表格的宽度、高度及表中文字，还可按行、列方式删除表格单元或是合并表中的相邻单元。

6.8.1　表格样式

表格对象的外观由表格样式控制。默认情况下，表格样式是"Standard"，但用户可以根据需要创建新的表格样式。"Standard"表格的外观如图 6-56 所示，第 1 行是标题行，第 2 行是表头行，其他行是数据行。

图6-56　"Standard"表格的外观

在表格样式中，用户可以设定标题文字和数据文字的文字样式、字高、对齐方式及表格单元的填充颜色，还可设定单元边框的线宽和颜色，以及控制是否将边框显示出来。

命令启动方法

- 菜单命令:【格式】/【表格样式】。
- 面板:【默认】选项卡中【注释】面板上的 按钮。
- 命令：TABLESTYLE。

【练习6-14】:　创建新的表格样式。

1. 创建新文字样式，新样式名称为"工程文字"，与其相连的字体文件是"gbeitc.shx"和"gbcbig.shx"。

2. 启动 TABLESTYLE 命令，打开【表格样式】对话框，如图 6-57 所示，利用该对话框可以新建、修改及删除表格样式。

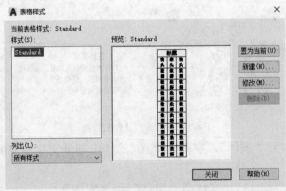

图6-57　【表格样式】对话框

3. 单击 新建(N)... 按钮，打开【创建新的表格样式】对话框，在【基础样式】下拉列表中选取新样式的原始样式【Standard】，该原始样式为新样式提供默认设置。在【新样式名】文本框中输入新样式的名称"表格样式-1",如图6-58所示。

4. 单击 【继续】 按钮,打开【新建表格样式】对话框,如图 6-59 所示。在【单元样式】下拉列表中分别选取【数据】【标题】【表头】选项,同时在【文字】选项卡中指定文字样式为"工程文字"、字高为"3.5",在【常规】选项卡中指定文字对齐方式为"正中"。

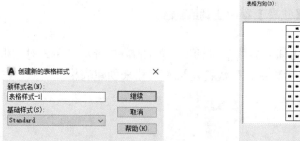

图6-58 【创建新的表格样式】对话框

图6-59 【新建表格样式】对话框

5. 单击 【确定】 按钮,返回【表格样式】对话框,再单击 置为当前(U) 按钮,使新的表格样式成为当前样式。

【新建表格样式】对话框中常用选项的功能介绍如下。

(1) 【常规】选项卡。

*   【填充颜色】:指定表格单元的背景颜色,默认值为【无】。
*   【对齐】:设置表格单元中文字的对齐方式。
*   【格式】:设置数据类型及格式。
*   【水平】:设置单元文字与左右单元边界之间的距离。
*   【垂直】:设置单元文字与上下单元边界之间的距离。

(2) 【文字】选项卡。

*   【文字样式】:选择文字样式。单击 ... 按钮,打开【文字样式】对话框,从中可创建新的文字样式。
*   【文字高度】:输入文字的高度。
*   【文字角度】:设定文字的倾斜角度。逆时针为正,顺时针为负。

(3) 【边框】选项卡。

*   【线宽】:指定表格单元的边界线宽。
*   【颜色】:指定表格单元的边界颜色。
*   田按钮:将边界特性设置应用于所有单元。
*   回按钮:将边界特性设置应用于单元的外部边界。
*   田按钮:将边界特性设置应用于单元的内部边界。
*   田、田、田、田按钮:将边界特性设置应用于单元的底、左、上及右边界。
*   田按钮:隐藏单元的边界。

(4) 【表格方向】下拉列表。

*   【向下】:创建从上向下读取的表对象。标题行和表头行位于表的顶部。
*   【向上】:创建从下向上读取的表对象。标题行和表头行位于表的底部。

6.8.2　创建及修改空白表格

用 TABLE 命令创建空白表格，空白表格的外观由当前表格样式决定。使用该命令时，用户要输入的主要参数有"行数""列数""行高"及"列宽"等。

命令启动方法

- 菜单命令：【绘图】/【表格】。
- 面板：【默认】选项卡中【注释】面板上的▦按钮。
- 命令：TABLE。

启动 TABLE 命令，系统打开【插入表格】对话框，如图 6-60 所示，在该对话框中用户可通过选择表格样式，并指定表的行数目、列数目及相关尺寸来创建表格。

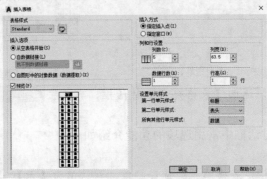

图6-60　【插入表格】对话框

【插入表格】对话框中常用选项的功能介绍如下。

- 【表格样式】：在该下拉列表中指定表格样式，其默认样式为"Standard"。
- ▦按钮：单击此按钮，打开【表格样式】对话框，利用该对话框用户可以创建新的表格样式或修改现有的样式。
- 【指定插入点】：指定表格左上角的位置。
- 【指定窗口】：利用矩形窗口指定表的位置和大小。若事先指定了表的行、列数目，则列宽和行高取决于矩形窗口的大小，反之亦然。
- 【列数】：指定表的列数。
- 【列宽】：指定表的列宽。
- 【数据行数】：指定数据行的行数。
- 【行高】：设定行的高度。"行高"是系统根据表样式中的文字高度及单元边距确定的。

对于已创建的表格，用户可用以下方法修改表格单元的长、宽尺寸及表格对象的行、列数目。

(1) 利用【表格单元】选项卡（见图 6-61）可插入及删除行、列，合并单元格，修改文字对齐方式等。

(2) 选中一个单元，拖动单元边框的夹点就可以使单元所在的行、列变宽或变窄。

(3) 选中一个单元，单击鼠标右键，弹出快捷菜单，利用此菜单上的【特性】命令也可修改单元的长、宽尺寸等。

图6-61 【表格单元】选项卡

用户若想一次编辑多个单元，则可用以下方法进行选择。

(1) 在表格中按住鼠标左键并拖动鼠标光标，出现一个虚线矩形框，在该矩形框内以及与矩形框相交的单元都被选中。

(2) 在单元内单击以选中它，再按住 Shift 键并在另一个单元内单击，则这两个单元以及它们之间的所有单元都被选中。

【练习6-15】： 创建图 6-62 所示的空白表格。

1. 创建新文字样式，新样式名称为"工程文字"，与其相连的字体文件是"gbeitc.shx"和"gbcbig.shx"。

2. 创建新表格样式，样式名称为"表格样式-1"，与其相连的文字样式为"工程文字"，字高设定为 3.5。

3. 启动 TABLE 命令，打开【插入表格】对话框，在该对话框中输入创建表格的参数，如图 6-63 所示。

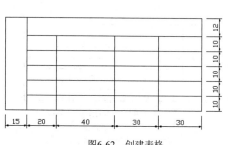

图6-62 创建表格

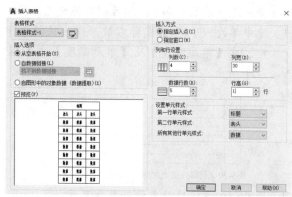

图6-63 【插入表格】对话框

 若【插入表格】对话框中显示表格对象的内容为"？"，则说明与当前表格样式关联的文字样式没有采用中文字体。修改文字样式使其与中文字体相连，表格对象预览图片中就显示出中文。

4. 单击 确定 按钮，再关闭【文字编辑器】选项卡，创建图 6-64 所示的表格。

5. 选中第 1、2 行，弹出【表格单元】选项卡，单击选项卡中【行】面板上的 按钮，删除选中的两行，结果如图 6-65 所示。

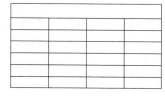

图6-64 创建表格

图6-65 删除行

6. 选中第 1 列的任一单元，单击鼠标右键，弹出快捷菜单，选择【列】/【在左侧插入】命令，插入新的一列，结果如图 6-66 所示。

7. 选中第 1 行的任一单元，单击鼠标右键，弹出快捷菜单，选择【行】/【在上方插入】命令，插入新的一行，结果如图 6-67 所示。

图6-66　插入新的一列

图6-67　插入新的一行

8. 选中第 1 列的所有单元，单击鼠标右键，弹出快捷菜单，选取【合并】/【全部】命令，结果如图 6-68 所示。

9. 选中第 1 行的所有单元，单击鼠标右键，弹出快捷菜单，选取【合并】/【全部】命令，结果如图 6-69 所示。

图6-68　合并列单元

图6-69　合并行单元

10. 分别选中单元 A 和 B，然后利用关键点拉伸方式调整单元的尺寸，结果如图 6-70 所示。

11. 选中单元 C，单击鼠标右键，弹出快捷菜单，选择【特性】命令，打开【特性】对话框，在【单元宽度】及【单元高度】文本框中分别输入数值 "20" 和 "10"，结果如图 6-71 所示。

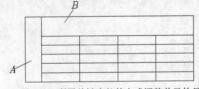

图6-70　利用关键点拉伸方式调整单元的尺寸

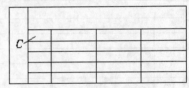

图6-71　调整单元的宽度及高度

12. 用类似的方法修改表格的其余尺寸。

6.8.3　在表格对象中填写文字

在表格单元中可以填写文字或块信息。用 TABLE 命令创建表格后，系统会亮显表的第 1 个单元，同时打开【文字编辑器】选项卡，此时用户就可以输入文字了。此外，双击某一单元也能将其激活，从而可在其中填写或修改文字。当要移动到相邻的下一个单元时，就按 Tab 键，或使用箭头键向左、右、上或下移动。

【练习6-16】：打开素材文件 "dwg\第 6 章\6-16.dwg"，在表中填写文字，结果如图 6-72 所示。

设计单位		
设计	出例	
审核	重量	
工艺	标准化	
标记	批准	

图6-72　在表中填写文字

1. 修改当前文字样式"Standard"，使其关联的字体文件为"楷体"。
2. 双击第 1 行以激活它，在其中输入文字，如图 6-73 所示。
3. 按箭头键移动到其他单元继续填写文字，结果如图 6-74 所示。

设计单位		

图6-73 在第 1 行输入文字

设计单位		
设计		比例
审核		重量
工艺		标准化
标记		批准

图6-74 输入表格中的其他文字

4. 选中"设计单位"单元，单击鼠标右键，弹出快捷菜单，选择【特性】命令，打开【特性】对话框，在【文字高度】文本框中输入数值"4.5"，结果如图 6-75 所示。
5. 按住 Shift 键选中其余所有文字单元，单击鼠标右键，弹出快捷菜单，选择【特性】命令，打开【特性】对话框，在【文字高度】文本框中输入数值"4"，在【文字样式】下拉列表中选取【样式-1】，在【对齐】下拉列表中选取【左中】，结果如图 6-76 所示。

设计单位		
设计		比例
审核		重量
工艺		标准化
标记		批准

图6-75 修改文字高度

设计单位		
设计		比例
审核		重量
工艺		标准化
标记		批准

图6-76 修改文字特性

6.8.4 创建复杂表格的技巧

用户可以将复杂表格分解成几个简单表格，然后用 TABLE 命令创建它们，再用 MOVE 命令将这些表格组合在一起就形成了所需的表格。下面的例子演示了这种创建表格的技巧。

【练习6-17】： 创建及填写标题栏，如图 6-77 所示。

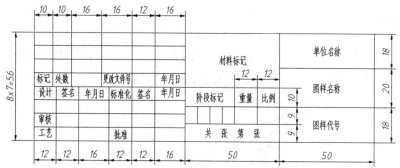

图6-77 创建及填写标题栏

1. 创建新的表格样式，样式名为"工程表格"。设定表格单元中的文字采用字体"gbeitc.shx"和"gbcbig.shx"，文字高度为 5，对齐方式为"正中"，文字与单元边框的距离为 0.1。
2. 指定"工程表格"为当前样式，用 TABLE 命令创建 4 个表格，如图 6-78 左图所示。用 MOVE 命令将这些表格组合成标题栏，结果如图 6-78 右图所示。

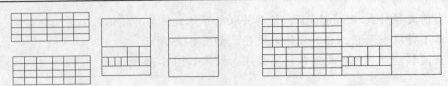

图6-78　创建 4 个表格并将其组合成标题栏

3. 双击表格的某一单元以激活它，在其中输入文字，按箭头键移动到其他单元继续填写文字，结果如图 6-79 所示。

标记	处数	更改文件号		年月日	材料标记			单位名称
设计	签名	年月日	标准化	签名 年月日				图样名称
					阶段标记	重量	比例	
审核								图样代号
工艺		批准			共 张 第 张			

图6-79　在表格中填写文字

要点提示　双击"更改文件号"单元，选择所有文字，然后在【格式】面板上的 0.7000 文本框中输入文字的宽度比例因子为"0.8"，这样表格单元就有足够的宽度来容纳文字了。

6.9　习题

1. 思考题。
   (1) 文字样式与文字有怎样的关系？文字样式与文字字体有什么不同？
   (2) 在文字样式中，宽度比例因子起何作用？
   (3) 对于单行文字，对齐方式"对齐(A)"和"布满(F)"有何差别？
   (4) TEXT 和 MTEXT 命令各有哪些优点？
   (5) 如何创建分数及公差形式的文字？
   (6) 如何修改文字内容及文字属性？
   (7) 在工程图中使用注释性文字有什么好处？
2. 打开素材文件"dwg\第 6 章\6-18.dwg"，如图 6-80 所示，请在图中加入段落文字，字高分别为"5"和"3.5"，字体分别为"黑体"和"宋体"。

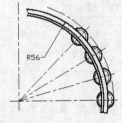

图6-80　书写段落文字

3. 打开素材文件"dwg\第 6 章\6-19.dwg"，如图 6-81 所示，请在表格中填写单行文字，字高为"3.5"，字体为"楷体"。
4. 用 TABLE 命令创建表格，再修改表格并填写文字，文字高度为"3.5"，字体为"仿宋"，结果如图 6-82 所示。

法向模数	Mn	2
齿数	Z	80
径向变位系数	X	0.06
精度等级		8-Dc
公法线长度	F	43.872±0.168

图6-81　在表格中填写单行文字

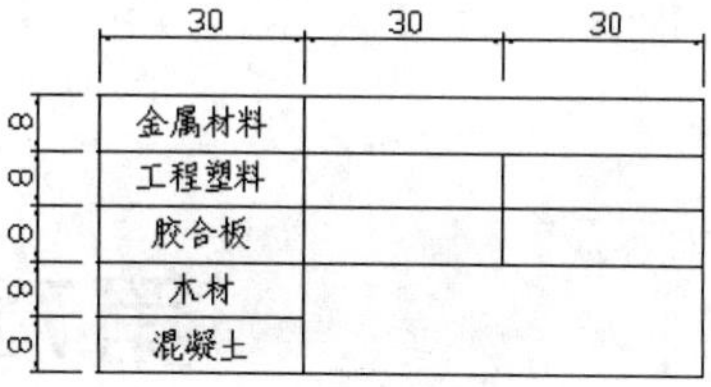

	30	30	30
金属材料			
工程塑料			
胶合板			
木材			
混凝土			

图6-82　创建表格对象

第7章 标注尺寸

【学习目标】

- 掌握创建及编辑尺寸样式的方法。
- 掌握创建长度尺寸和角度尺寸的方法。
- 学会创建直径尺寸和半径尺寸。
- 学会尺寸及形位公差标注。
- 熟悉如何编辑尺寸标注。

本章将介绍标注尺寸的基本方法及如何控制尺寸标注的外观，并通过典型实例说明怎样建立及编辑各种类型的尺寸。

7.1 尺寸样式

尺寸标注是一个复合体，它以块的形式存储在图形中（第 8 章将讲解块的概念），其组成部分包括尺寸线、尺寸线两端起止符号（箭头或斜线等）、尺寸界线及标注文字等，所有这些组成部分的外观都由尺寸样式来控制。

在标注尺寸前，一般都要创建尺寸样式，否则，系统将使用默认样式"ISO-25"生成尺寸标注。在 AutoCAD 中，用户可以定义多种不同的标注样式并为之命名。标注时，只需指定某个样式为当前样式，就能创建相应的标注形式。

命令启动方法

- 菜单命令:【格式】/【标注样式】。
- 面板:【默认】选项卡中【注释】面板上的 按钮。
- 命令: DIMSTYLE 或简写 DIMSTY。

下面在图形文件中建立新的尺寸样式。

【练习7-1】:　建立新的国标尺寸样式。

1. 创建一个新文件。
2. 建立新文字样式，样式名为"标注文字"，与该样式相连的字体文件是"gbenor.shx"和"gbcbig.shx"。
3. 单击【注释】面板上的 按钮，打开【标注样式管理器】对话框，如图 7-1 所示。该对话框用来管理尺寸样式，通过它可以命名新的尺寸样式或修改样式中的尺寸变量。
4. 单击 新建(N)... 按钮，打开【创建新标注样式】对话框，如图 7-2 所示。在该对话框的【新样式名】文本框中输入新的样式名称"工程标注"，在【基础样式】下拉列表中指定某个尺寸样式作为新样式的基础样式，则新样式将包含基础样式的所有设置。此外，还可在【用于】下拉列表中设定新样式控制的尺寸类型，有关这方面内容将在

7.2.4 小节中详细讨论。默认情况下，【用于】下拉列表中的选项是【所有标注】，意思是指新样式将控制所有类型的尺寸。

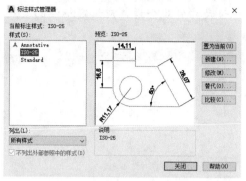

图7-1　【标注样式管理器】对话框

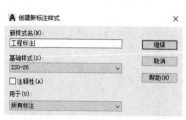

图7-2　【创建新标注样式】对话框

5. 单击 继续 按钮，打开【新建标注样式】对话框，如图 7-3 所示。在【线】选项卡的【基线间距】【超出尺寸线】和【起点偏移量】文本框中分别输入 "7" "2" 和 "0"。

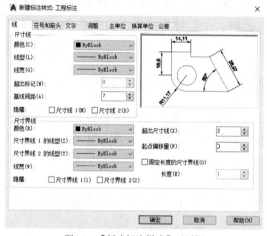

图7-3　【新建标注样式】对话框

- 【基线间距】：此选项决定了平行尺寸线间的距离，例如，当创建基线型尺寸标注时，相邻尺寸线间的距离由该选项控制，如图 7-4 所示。
- 【超出尺寸线】：控制尺寸界线超出尺寸线的距离，如图 7-4 所示。国标中规定，尺寸界线一般超出尺寸线 2～3mm。
- 【起点偏移量】：控制尺寸界线起点与标注对象端点间的距离，如图 7-4 所示。

6. 在【符号和箭头】选项卡的【第一个】下拉列表中选择【实心闭合】选项，在【箭头大小】文本框中输入 "2"，该值设定箭头的长度。

7. 在【文字】选项卡的【文字样式】下拉列表中选择【标注文字】，在【文字高度】【从尺寸线偏移】文本框中分别输入 "2.5" 和 "0.8"，在【文字对齐】分组框中选择【与尺寸线对齐】选项。

- 【文字样式】：在此下拉列表中选择文字样式或单击其右边的 ... 按钮，打开【文字样式】对话框，创建新的文字样式。
- 【从尺寸线偏移】：该选项设定标注文字与尺寸线间的距离，如图 7-4 所示。
- 【与尺寸线对齐】：使标注文本与尺寸线对齐。对于国标标注，应选择此选项。

8. 在【调整】选项卡的【使用全局比例】文本框中输入 "2"。该比例值将影响尺寸标注所有组成元素的大小，如标注文字和尺寸箭头等，如图 7-4 所示。当用户欲以 1∶2 的比例将图样打印在标准幅面的图纸上时，为保证尺寸外观合适，应设定标注的全局比例为打印比例的倒数，即 2。

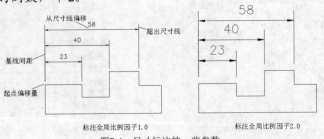

图7-4　尺寸标注的一些参数

9. 进入【主单位】选项卡，在【线性标注】分组框的【单位格式】【精度】和【小数分隔符】下拉列表中分别选择【小数】【0.00】和【句点】，在【角度标注】分组框的【单位格式】和【精度】下拉列表中分别选择【十进制度数】【0.0】。

10. 单击 确定 按钮，得到一个新的尺寸样式；再单击 置为当前(U) 按钮，使新样式成为当前样式。

7.2　标注尺寸的集成命令 DIM

DIM 是一种集成化的标注命令，可一次创建多种类型的尺寸，如长度、对齐、角度、直径及半径尺寸等。使用该命令标注尺寸时，一般可采用以下两种方法。

(1) 在标注对象上指定尺寸线的起始点及终止点，创建尺寸标注。

(2) 直接选取要标注的对象。

标注完一个对象后，不要退出命令，可继续标注新的对象。

命令启动方法

- 面板:【默认】选项卡中【注释】面板上的 按钮。
- 命令: DIM。

7.2.1　标注水平、竖直及对齐尺寸

启动 DIM 命令并指定标注对象后，可通过上下、左右移动鼠标光标创建相应方向的水平或竖直尺寸。标注倾斜对象时，沿倾斜方向移动鼠标光标就生成对齐尺寸。对齐尺寸的尺寸线平行于倾斜的标注对象。如果用户是通过选择两个点来创建对齐尺寸，则尺寸线与两点的连线平行。

在标注过程中，可随时修改标注文字及文字的倾斜角度，还能动态地调整尺寸线的位置。

【练习7-2】：　打开素材文件 "dwg\第 7 章\7-2.dwg"，用 DIM 命令创建尺寸标注，如图 7-5 所示。保存该文件，后续练习继续使用。

命令: _dim
选择对象或指定第一个尺寸界线原点或 [角度(A)/基线(B)/连续(C)/坐标(O)/对齐(G)/分发(D)/图层(L)/放弃(U)]:　　　　　　//指定第一条尺寸界线的起始点或选择要标注的对象

指定第二个尺寸界线原点或 [放弃(U)]： //指定第二条尺寸界线的起始点

指定尺寸界线位置或第二条线的角度 [多行文字(M)/文字(T)/文字角度(N)/放弃(U)]：

//移动鼠标光标将尺寸线放置在适当位置，然后单击鼠标左键，完成操作

不要退出 DIM 命令，继续同样的操作标注其他尺寸，结果如图 7-5 所示。若标注文字位置不合适，可激活关键点进行调整。

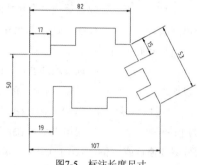

图7-5 标注长度尺寸

命令选项

- 角度(A)：标注角度尺寸。
- 基线(B)：创建基线型尺寸。
- 连续(C)：创建连续型尺寸。
- 坐标(O)：生成坐标标注。
- 对齐(G)：使多条尺寸线对齐。
- 分发(D)：使平行尺寸线均布。
- 图层(L)：忽略当前层设置。通过选择一个对象或输入图层名称指定尺寸标注放置的图层。
- 多行文字(M)：使用该选项时打开多行文字编辑器，利用此编辑器用户可输入新的标注文字。

 若修改了系统自动标注的文字，就会失去尺寸标注的关联性，即尺寸数字不随标注对象的改变而改变。

- 文字(T)：此选项使用户可以在命令行上输入新的尺寸文字。
- 文字角度(A)：通过该选项设置文字的放置角度。

7.2.2 创建连续型及基线型尺寸标注

连续型尺寸标注是一系列首尾相连的标注形式，而基线型尺寸标注是指所有的尺寸都从同一点开始标注，即它们公用一条尺寸界线。DIM 命令的"连续（C）"及"基线（B）"选项可创建这两种尺寸。

- 连续（C）：启动该选项，选择已有尺寸的尺寸线一端作为标注起始点生成连续型尺寸。
- 基线（B）：启动该选项，选择已有尺寸的尺寸线一端作为标注起始点生成基线型尺寸。

继续前面的练习，创建连续型及基线型尺寸，如图 7-6 所示。

```
命令: _dim
选择对象或指定第一个尺寸界线原点或 [角度(A)/基线(B)/连续(C)/坐标(O)/对齐(G)/分
发(D)/图层(L)/放弃(U)]:C              //使用"连续(C)"选项
指定第一个尺寸界线原点以继续:           //在"19"的尺寸线右端选择一点
指定第二个尺寸界线原点或 [选择(S)/放弃(U)] <选择>:
                                      //选择连续型尺寸的其他点,然后按 Enter 键
指定第一个尺寸界线原点以继续:           //在"15"的尺寸线右下端选择一点
指定第二个尺寸界线原点或 [选择(S)/放弃(U)] <选择>:
                                      //选择连续型尺寸的其他点,然后按 Enter 键
指定第一个尺寸界线原点以继续:           //再按 Enter 键
选择对象或指定第一个尺寸界线原点或 [角度(A)/基线(B)/连续(C)/坐标(O)/对齐(G)/分
发(D)/图层(L)/放弃(U)]:B              //使用"基线(B)"选项
指定作为基线的第一个尺寸界线原点或 [偏移(O)]:O     //使用"偏移(O)"选项
指定偏移距离 <3.000000>:7              //设定平行尺寸线间距离
指定作为基线的第一个尺寸界线原点或 [偏移(O)]:     //在"17"的尺寸线左端选择一点
指定第二个尺寸界线原点或 [选择(S)/偏移(O)/放弃(U)] <选择>:
                                      //选择基线型尺寸的其他点,然后按 Enter 键
```

结果如图 7-6 所示。

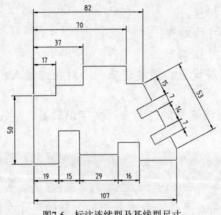

图7-6　标注连续型及基线型尺寸

7.2.3　利用尺寸样式覆盖方式标注角度

DIM 命令的"角度(A)"选项用于创建角度尺寸,启动该选项后,选择角的两边、3 个点或一段圆弧就生成角度尺寸。利用 3 点生成角度时,第一个选择点是角的顶点。

国标中对于角度标注有规定,如图 7-7 所示,角度数字一律水平书写,一般注写在尺寸线的中断处,必要时可注写在尺寸线的上方或外面,也可画引线标注。显然,角度文本的注写方式与线性尺寸文本是不同的。

为使角度数字的放置形式符合国标规定,用户可采用当前样式覆盖方式标注角度。此方式是指临时修改尺寸样式,修改后,仅影响此

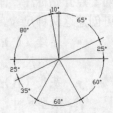

图7-7　角度文本注写规则

后创建的尺寸的外观。标注完成后，再设定以前的样式为当前样式继续标注。

若想利用当前样式的覆盖方式改变已有尺寸的标注外观，可使用尺寸更新命令更新尺寸。单击【注释】选项卡中【标注】面板上的 按钮启动该命令，然后选择尺寸即可。

【练习7-3】： 打开素材文件"dwg\第 7 章\7-3.dwg"，用 DIM 命令并结合当前样式覆盖方式标注角度尺寸，如图 7-8 所示。

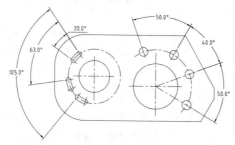

图7-8 创建角度尺寸

1. 单击【注释】面板上的 按钮，打开【标注样式管理器】对话框。
2. 单击 替代(0)... 按钮，打开【替代当前样式】对话框。
3. 进入【文字】选项卡，在【文字对齐】分组框中选取【水平】单选项，如图 7-9 所示。

图7-9 【替代当前样式】对话框

4. 返回 AutoCAD 主窗口，启动 DIM 命令，利用"角度（A）"选项创建角度尺寸，角度数字将水平放置，再利用"连续（C）"及"基线（B）"选项创建连续型及基线型角度尺寸，结果如图 7-8 所示。
5. 角度标注完成后，若要恢复原来的尺寸样式，就进入【标注样式管理器】对话框，在该对话框的列表框中选择尺寸样式，然后单击 置为当前(U) 按钮。此时，系统打开一个提示性对话框，继续单击 确定 按钮完成。

7.2.4 使用角度尺寸样式簇标注角度

对于某种类型的尺寸，其标注外观可能需要作一些调整，例如，创建角度尺寸时要求文字放置在水平位置，标注直径时想生成圆的中心标记。在 AutoCAD 中，用户可以通过尺寸样式簇对某种特定类型的尺寸进行控制。

除了利用尺寸样式覆盖方式标注角度外，用户还可以建立专门用于控制角度标注外观的样式簇。下面的练习说明了如何利用标注样式簇创建角度尺寸。

【练习7-4】：　打开素材文件"dwg\第 7 章\7-4.dwg"，利用角度尺寸样式簇标注角度，如图 7-10 所示。

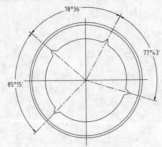

图7-10　标注角度

1. 单击【注释】面板上的 按钮，打开【标注样式管理器】对话框，再单击 新建(N)... 按钮，打开【创建新标注样式】对话框，在【用于】下拉列表中选择【角度标注】选项，如图 7-11 所示。
2. 单击 继续 按钮，打开【新建标注样式】对话框，进入【文字】选项卡，在该选项卡的【文字对齐】分组框中选择【水平】单选项，如图 7-12 所示。
3. 选择【主单位】选项卡，在【角度标注】分组框中设置【单位格式】为【度/分/秒】、【精度】为【0d00′】。
4. 返回 AutoCAD 主窗口，启动 DIM 命令，利用"角度（A）"及"连续（C）"选项创建角度尺寸，结果如图 7-10 所示。所有这些角度尺寸，其外观由样式簇控制。

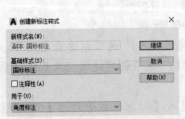

图7-11　【创建新标注样式】对话框

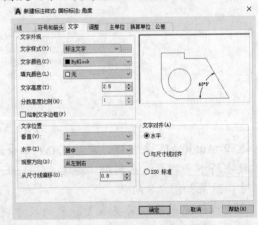

图7-12　【新建标注样式】对话框

7.2.5　直径型和半径型尺寸

启动 DIM 命令，选择圆或圆弧就能创建直径或半径尺寸。标注时，系统自动在标注文字前面加入"ϕ"或"R"符号。在实际标注中，直径型和半径型尺寸的标注形式多种多样，若通过当前样式的覆盖方式进行标注就非常方便，如使标注文字水平放置等。

【练习7-5】：　打开素材文件"dwg\第 7 章\7-5.dwg"，用 DIM 命令创建直径及半径尺寸，如图 7-13 所示。

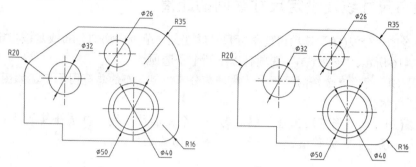

图7-13　标注直径及半径尺寸

1. 单击【注释】面板上的 按钮，打开【标注样式管理器】对话框，单击 替代(O)... 按钮，打开【替代当前样式】对话框，进入【文字】选项卡，设定标注文字为水平放置。

2. 启动 DIM 命令，将鼠标光标移动到圆或圆弧上，系统自动提示创建直径或半径尺寸；若不是，则需利用相关选项进行切换，然后选择圆或圆弧生成直径和半径尺寸，结果如图 7-13 左图所示。图中半径标注的尺寸线与圆心相连，接下来利用尺寸更新命令进行修改。

3. 打开【标注样式管理器】对话框，单击 替代(O)... 按钮，打开【替代当前样式】对话框，进入【符号和箭头】选项卡，设置圆心标记为【无】，再进入【调整】选项卡，取消对【在尺寸界线之间绘制尺寸线】复选项的选择。

4. 返回 AutoCAD 主窗口，单击【注释】选项卡中【标注】面板上的 按钮，启动尺寸更新命令，然后选择所有半径尺寸进行更新，结果如图 7-13 右图所示。

DIM 命令启动后，当将鼠标光标移动到圆或圆弧上时，系统显示标注预览图片，同时命令窗口中列出相应功能的选项。

- 半径(R)、直径(D)：生成半径或直径尺寸。
- 折弯(J)：创建折线形式的标注，如图 7-14 左图所示。
- 弧长(L)：标注圆弧长度，如图 7-14 右图所示。
- 角度(A)：标注圆弧的圆心角或是圆上一段圆弧的角度。

图7-14　折线及圆弧标注

7.2.6　使多个尺寸线共线

DIM 命令的"对齐(G)"选项可使多个标注的尺寸线对齐，启动该选项，先指定一条尺寸线为基准线，再选择其他尺寸线，使其与基准尺寸线共线，如图 7-15 所示。

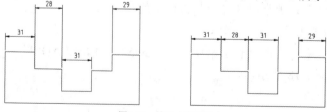

图7-15　使尺寸线对齐

7.2.7 均布尺寸线及设定尺寸线间的距离

DIM 命令的"分发(D)"选项可使平行尺寸线在某一范围内均匀分布或是按指定的间距值分布，如图 7-16 所示。"分发(D)"选项有以下两个子选项。

- 相等(E): 将所有选择的平行尺寸线均匀分布，但分布的总范围不变，如图 7-16 中图所示。
- 偏移(O): 设定偏移距离值，然后选择一个基准尺寸线，再选择其他尺寸线，则尺寸线按指定偏移值进行分布，如图 7-16 右图所示。

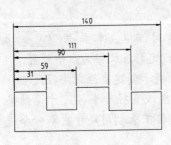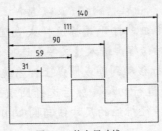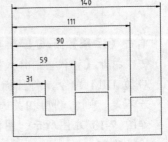

图7-16 均布尺寸线

7.3 引线标注

MLEADER 命令用于创建引线标注，引线标注由箭头、引线、基线及多行文字或图块组成，如图 7-17 所示。其中，箭头的形式、引线外观、文字属性及图块形状等由引线样式控制。

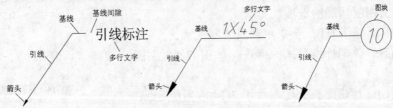

图7-17 引线标注的组成

选中引线标注对象，若利用关键点移动基线，则引线、文字或图块跟随移动；若利用关键点移动箭头，则只有引线跟随移动，基线、文字或图块不动。

命令启动方法

- 菜单命令:【标注】/【多重引线】。
- 面板:【默认】选项卡中【注释】面板上的 按钮。
- 命令: MLEADER 或简写 MLD。

【练习7-6】: 打开素材文件 "dwg\第 7 章\7-6.dwg"，用 MLEADER 命令创建引线标注，如图 7-18 所示。

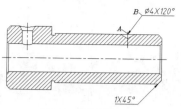

图7-18 创建引线标注

1. 单击【注释】面板上的 按钮，打开【多重引线样式管理器】对话框，如图 7-19 所示，利用该对话框可新建、修改、重命名或删除引线样式。
2. 单击 修改(M)... 按钮，打开【修改多重引线样式】对话框，如图 7-20 所示，在该对话框中完成以下设置。

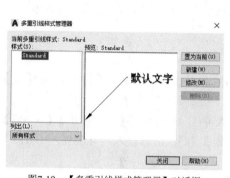

图7-19 【多重引线样式管理器】对话框

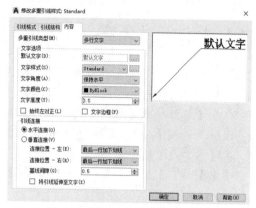

图7-20 【修改多重引线样式】对话框

(1) 进入【引线格式】选项卡，在【箭头】分组框的【符号】下拉列表中选择【实心闭合】选项，在【大小】栏中输入"2"。
(2) 进入【引线结构】选项卡，在【基线设置】分组框中选择【自动包含基线】和【设置基线距离】复选项，在其中的文本框中输入"1"。文本框中的数值表示基线的长度。
(3) 【内容】选项卡的设置如图 7-20 所示。其中【基线间隙】文本框中的数值表示基线与标注文字间的距离。
3. 单击【注释】面板上的 引线 按钮，启动创建引线标注命令。

        命令: _mleader
        指定引线箭头的位置或 [引线基线优先(L)/内容优先(C)/选项(O)] <选项>:
                            //指定引线起始点 A，如图 7-18 所示
        指定引线基线的位置: //指定引线下一个点 B
                            //打开【文字编辑器】选项卡，然后输入标注文字"φ4×120°"
重复命令，创建另一个引线标注，结果如图 7-18 所示。

要点提示　创建引线标注时，若文本或指引线的位置不合适，则可利用夹点编辑方式进行调整。

MLEADER 命令的常用选项如下。
- 引线基线优先(L): 创建引线标注时，首先指定基线的位置。
- 内容优先(C): 创建引线标注时，首先指定文字或图块的位置。

7.4　尺寸及形位公差标注

创建尺寸公差的方法有两种。

(1)　利用当前样式的覆盖方式标注尺寸公差。打开【标注样式管理器】，单击
`替代(O)...` 按钮，打开【替代当前样式】对话框，再进入【公差】选项卡中设置尺寸的上偏差、下偏差。

(2)　标注时，利用"多行文字(M)"选项打开多行文字编辑器，然后采用堆叠文字方式标注公差。

标注形位公差可使用 TOLERANCE 和 QLEADER 命令（简写 LE），前者只能产生公差框格，而后者既能形成公差框格又能形成标注指引线。

7.4.1　标注尺寸公差

【练习7-7】：　利用当前样式覆盖方式标注尺寸公差。

1.　打开素材文件 "dwg\第 7 章\7-7.dwg"。

2.　打开【标注样式管理器】对话框，然后单击 `替代(O)...` 按钮，打开【替代当前样式】对话框，进入【公差】选项卡，如图 7-21 所示。

3.　在【方式】【精度】和【垂直位置】下拉列表中分别选择【极限偏差】【0.000】和【中】，在【上偏差】【下偏差】和【高度比例】栏中分别输入 "0.039" "0.015" 和 "0.75"，如图 7-21 所示。

> 要点提示　默认情况下，系统自动在上偏差前面添加 "+" 号，在下偏差前面添加 "－" 号。若在输入偏差值时加上 "+" 或 "－" 号，则最终标注的符号将是默认符号与输入符号相乘的结果。

4.　返回 AutoCAD 图形窗口，启动 DIM 命令，标注线段 *AB*，如图 7-22 所示。

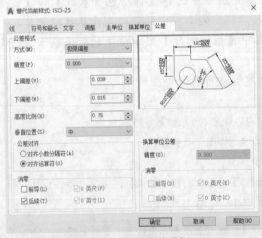

图7-21　【公差】选项卡

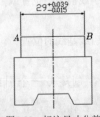

图7-22　标注尺寸公差

> 　标注尺寸公差时，若空间过小，可考虑使用较窄的文字进行标注。具体方法是先建立一个新的文本样式，在该样式中设置文字宽度比例因子小于1，然后通过尺寸样式的覆盖方式使当前尺寸样式连接新文字样式，这样标注的文字宽度就会变小。

【练习7-8】： 通过堆叠文字方式标注尺寸公差。

1. 启动 DIM 命令，指定标注对象并选择"多行文字(M)"选项后，打开【文字编辑器】选项卡，在此选项卡中采用堆叠文字方式输入尺寸公差（6.3.5 小节中已介绍过），如图 7-23 左图所示。

2. 选中尺寸公差，单击出现的工具按钮，选择【堆叠特性】命令，打开【堆叠特性】对话框，在此对话框中可调整公差文字的高度及位置等特性，如图 7-23 右图所示。

图7-23 【文字编辑器】选项卡及【堆叠特性】对话框

7.4.2 标注形位公差

标注形位公差常利用 QLEADER（简写 LE）命令，示例如下。

【练习7-9】： 用 QLEADER 命令标注形位公差。

1. 打开素材文件 "dwg\第 7 章\7-9.dwg"。

2. 输入 QLEADER 命令，系统提示"指定第一条引线点或 [设置(S)] <设置>:"，直接按 Enter 键，打开【引线设置】对话框，在【注释】选项卡中选取【公差】单选项，如图 7-24 所示。

图7-24 【引线设置】对话框

3. 单击 确定 按钮，系统提示如下。

指定第一个引线点或 [设置(S)]<设置>:   //在轴线上捕捉点 A，如图 7-25 所示

指定下一点: //打开正交并在 B 点处单击一点

指定下一点: //在 C 点处单击一点

系统打开【形位公差】对话框，在该对话框中输入公差值，如图 7-26 所示。

单击 确定 按钮，结果如图 7-25 所示。

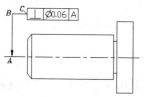

图7-25 标注形位公差

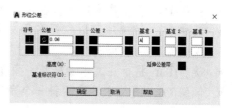

图7-26 【形位公差】对话框

7.5　编辑尺寸标注

　　尺寸标注的各个组成部分（如文字的大小、箭头的形式等）都可以通过调整尺寸样式进行修改，但当变动尺寸样式后，所有与此样式关联的尺寸标注都将发生变化。如果仅仅想改变某一个尺寸的外观或标注文本的内容该怎么办？本节将通过一个实例说明编辑单个尺寸标注的一些方法。

【练习7-10】：　以下练习内容包括修改标注文本内容、改变尺寸界线及文字的倾斜角度、调整标注位置及编辑尺寸标注属性等。

7.5.1　修改尺寸标注文字

　　可以使用 ED（TEDIT）命令或通过双击文字修改文字内容。

1.　打开素材文件 "dwg\第 7 章\7-10.dwg"。
2.　双击标注文字 "84" 后，系统打开【文字编辑器】选项卡，在该编辑器中输入直径代码，如图 7-27 所示。

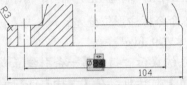

图7-27　添加直径代号

3.　单击 ✔ 按钮或文字编辑框外部，返回图形窗口，再选中尺寸 "104"，然后在该尺寸文字前加入直径代码，结果如图 7-28 右图所示。

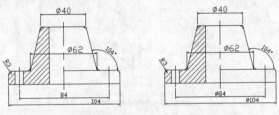

图7-28　修改尺寸文本

7.5.2　改变尺寸界线和文字的倾斜角度及恢复标注文字

　　DIMEDIT 命令可以用于调整尺寸文本位置，并能修改文本内容，此外，还可将尺寸界线倾斜某一角度及旋转尺寸文字。这个命令的优点是可以同时编辑多个尺寸标注。

　　DIMEDIT 命令选项的功能介绍如下。

- 默认(H)：将标注文字放置在尺寸样式中定义的位置。
- 新建(N)：该选项可以打开多行文字编辑器，通过此编辑器输入新的标注文字或恢复真实的标注文本。
- 旋转(R)：将标注文本旋转某一角度。
- 倾斜(O)：使尺寸界线倾斜一个角度。当创建轴测图尺寸标注时，这个选项非常有用。

下面使用 DIMEDIT 命令使尺寸"$\phi62$"的尺寸界线倾斜，如图 7-29 所示。

接上例。单击【注释】选项卡中【标注】面板的上 ⌐ 按钮，或者键入 DIMEDIT 命令，系统提示如下。

命令：_dimedit

输入标注编辑类型[默认(H)/新建(N)/旋转(R)/倾斜(O)]<默认>:o　　//使用"倾斜(O)"选项

选择对象：找到 1 个　　　　　　　　　　　　　　　　　　//选择尺寸"$\phi62$"

选择对象：　　　　　　　　　　　　　　　　　　　　　　//按 Enter 键

输入倾斜角度（按 ENTER 表示无）:120　　　　　　　　　　//输入尺寸界线的倾斜角度

结果如图 7-29 所示。

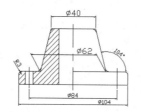

图7-29　使尺寸界线倾斜某一角度

7.5.3　调整标注位置，均布及对齐尺寸线

关键点编辑方式非常适合移动尺寸线和标注文字。进入这种编辑模式后，一般通过尺寸线两端或标注文字所在处的关键点来调整尺寸的位置。

对于平行尺寸线间的距离可用 DIMSPACE 命令调整，该命令可使平行尺寸线按用户指定的数值等间距分布。单击【注释】选项卡中【标注】面板上的 ▤ 按钮，启动 DIMSPACE 命令。

对于连续的线性标注及角度标注，可通过 DIMSPACE 命令使所有尺寸线对齐，此时设定尺寸线间距为"0"即可。

下面使用关键点编辑方式调整尺寸标注的位置。

1. 接上例。选择尺寸"104"，并激活文本所在处的关键点，系统自动进入拉伸编辑模式。

2. 向左下方移动鼠标光标调整文本的位置，结果如图 7-30 所示。

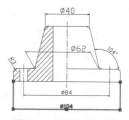

图7-30　调整文本的位置

调整尺寸标注位置的最佳方法是采用关键点编辑方式，当激活关键点后就可以移动文本或尺寸线到适当的位置。若还不能满足要求，则可用 EXPLODE 命令将尺寸标注分解为单个对象，然后再调整它们以达到满意的效果。

7.5.4　编辑尺寸标注属性

使用 PROPERTIES 命令（简写 PR）可以非常方便地编辑尺寸，用户可一次同时选取多个尺寸标注，输入 PR 命令或选择右键菜单中的【特性】命令后，系统打开【特性】对话框，在该对话框中用户可修改尺寸标注的许多属性。PROPERTIES 命令的另一个优点是当多个尺寸标注的某一属性不同时，也能将其设置为相同。例如，有几个尺寸标注的文本高度不同，就可同时选择这些尺寸，然后用 PROPERTIES 命令将所有标注文本的高度值修改为同样的数值。

下面使用 PROPERTIES 命令修改标注文字的高度。

1. 接上例。选择尺寸"φ40"和"φ62"，如图 7-30 所示，然后键入 PR 命令，系统打开【特性】对话框。

2. 在该对话框的【文字高度】文本框中输入数值"3.5"，如图 7-31 所示。

3. 返回图形窗口，按 Esc 键取消选择，结果如图 7-32 所示。

图7-31 修改文本高度

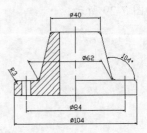

图7-32 修改结果

7.5.5 更新标注

如果发现尺寸标注的格式不合适，可以使用"更新标注"命令进行修改。过程是：先以当前尺寸样式的覆盖方式改变尺寸样式，然后通过"更新标注"命令使要修改的尺寸按新的尺寸样式进行更新。使用此命令时，用户可以连续地对多个尺寸进行更新。

单击【注释】选项卡中【标注】面板上的 按钮，启动"更新标注"命令。

下面练习使半径及角度尺寸的文本水平放置。

1. 接上例。单击【注释】面板上的 按钮，打开【标注样式管理器】对话框。

2. 单击 替代(O)... 按钮，打开【替代当前样式】对话框。

3. 进入【文字】选项卡，在【文字对齐】分组框中选取【水平】单选项。

4. 返回 AutoCAD 主窗口，单击【注释】选项卡中【标注】面板上的 按钮，然后选择角度及半径尺寸，按 Enter 键，结果如图 7-33 所示。

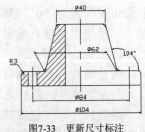

图7-33 更新尺寸标注

 选择要修改的尺寸，再使用 PR 命令使这些尺寸连接新的尺寸样式。操作完成后，系统更新被选取的尺寸标注。

7.6 在工程图中标注注释性尺寸

在工程图中创建尺寸标注时，需要注意的一个问题是：尺寸文本的高度及箭头大小应如何设置。若设置不当，则打印出图后，由于打印比例的影响，尺寸外观往往不合适。要解决这个问题，可以采用下面的方法。

(1)　在尺寸样式中将标注文本高度及箭头大小等设置成与图纸上真实大小一致，再设定标注全局比例因子为打印比例的倒数即可。例如，打印比例为 1∶2，标注全局比例就为 2。标注时标注外观放大一倍，打印时缩小一倍。

(2)　另一个方法是创建注释性尺寸，此类尺寸具有注释比例属性，系统会根据注释比例值自动缩放尺寸外观，缩放比例因子为注释比例的倒数。因此，若在工程图中标注注释性尺寸，只需设置注释对象当前注释比例等于出图比例，就能保证出图后标注外观与最初标注样式中的设定值一致。

创建注释性尺寸的步骤如下。

1.　创建新的尺寸样式并使其成为当前样式。在【创建新标注样式】对话框中选择【注释性】复选项，设定新样式为注释性样式，如图 7-34 左图所示。也可在【修改标注样式】对话框中修改已有样式为注释性样式，如图 7-34 右图所示。

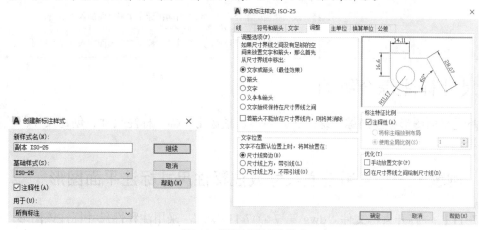

图7-34　创建注释性标注样式

2.　在注释性标注样式中设定尺寸文本高度、箭头外观大小与图纸上一致。

3.　单击 AutoCAD 状态栏底部的 1:2 / 50% 按钮，设定当前注释比例等于打印比例。

4.　创建尺寸标注，该尺寸为注释性尺寸，具有注释比例属性，其注释比例为当前设置值。

5.　单击 AutoCAD 状态栏底部的按钮，再改变当前注释比例，系统将自动把新的比例赋予注释性对象，该对象外观的大小随之发生变化。

可以认为注释比例就是打印比例，创建注释尺寸后，系统自动以当前注释比例的倒数缩放其外观，这样就保证了输出图形后尺寸外观等于设定值。例如，设定标注字高为 3.5，设置当前注释比例为 1∶2，创建尺寸后该尺寸的注释比例就为 1∶2，显示在图形窗口中的标注外观将放大一倍，字高变为 7。这样当以 1∶2 比例出图后，文字高度变为 3.5。

注释对象可以具有一个或多个注释比例，设定其中之一为当前注释比例，则注释对象外观以该比例值的倒数为缩放因子变大或变小。选择注释对象，通过右键快捷菜单上的【特性】命令可添加或删除注释比例。单击 AutoCAD 状态栏底部的 1:2 / 50% 按钮，可指定注释对象的某个比例为当前注释比例。

7.7　创建各类尺寸的独立命令

AutoCAD 提供了创建长度、角度、直径及半径等类型尺寸的命令按钮，如表 7-1 所示，这些按钮包含在【注释】选项卡的【标注】面板中。

表 7-1　　　　　　　　　　　　　　标注尺寸的命令按钮

尺寸类型	命令按钮	功能
长度尺寸	线性	标注水平、竖直及倾斜方向的尺寸
对齐尺寸	对齐	对齐尺寸的尺寸线平行于倾斜的标注对象。如果用户是通过选择两个点来创建对齐尺寸，则尺寸线与两点的连线平行
连续型尺寸	连续	一系列首尾相连的尺寸标注
基线型尺寸	基线	所有的尺寸都从同一点开始标注，即它们公用一条尺寸界线
角度尺寸	角度	通过拾取两条边线、3 个点或一段圆弧来创建角度尺寸
半径尺寸	半径	选择圆或圆弧创建半径尺寸，系统自动在标注文字前面加入 "R" 符号
直径尺寸	直径	选择圆或圆弧创建直径尺寸，系统自动在标注文字前面加入 "ϕ" 符号

7.8　尺寸标注综合练习

以下是平面图形标注的综合练习题，内容包括选用图幅、标注尺寸、创建尺寸公差和形位公差等。

7.8.1　例题一——采用普通尺寸或注释性尺寸标注平面图形

【练习7-11】：　打开素材文件 "dwg\第 7 章\7-11.dwg"，采用注释性尺寸标注该图形，如图 7-35 所示。图幅选用 A3 幅面，绘图比例为 2：1，标注字高为 3.5，字体为 "gbenor.shx"。

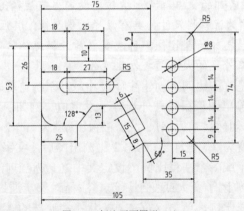

图7-35　标注平面图形（1）

1.　打开包含标准图框的图形文件 "dwg\第 7 章\A3.dwg"，把 A3 图框复制到要标注的图形中，用 SCALE 命令缩放 A3 图框，缩放比例为 0.5。
2.　用 MOVE 命令将图样放入图框内。
3.　创建一个名为 "尺寸标注" 的图层，并将其设置为当前层。

4. 创建新文字样式，样式名为"标注文字"，与该样式相连的字体文件是"gbenor.shx"和"gbcbig.shx"。

5. 创建一个注释性尺寸样式，名称为"国标标注"，对该样式做以下设置。

   - 标注文本连接【标注文字】，文字高度为"3.5"，精度为【0.0】，小数点格式是【句点】。
   - 标注文本与尺寸线间的距离是"0.8"。
   - 箭头大小为"2"。
   - 尺寸界线超出尺寸线长度为"2"。
   - 尺寸线起始点与标注对象端点间的距离为"0"。
   - 标注基线尺寸时，平行尺寸线间的距离为"7"。
   - 使"国标标注"成为当前样式。

6. 单击 AutoCAD 状态栏底部的 ⚠ 2:1 / 200% ▾ 按钮，设置当前注释比例为 2:1，该比例值等于打印比例。

7. 打开对象捕捉，设置捕捉类型为"端点"和"交点"，标注尺寸。

【练习7-12】： 打开素材文件"dwg\第 7 章\7-12.dwg"，采用普通尺寸标注该图形，结果如图 7-36 所示。图幅选用 A3 幅面，绘图比例为 2:1，标注字高为 2.5，字体为"gbeitc.shx"。

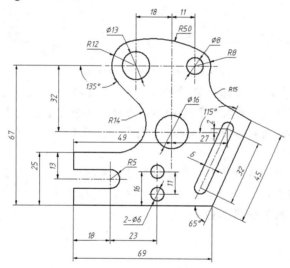

图7-36　标注平面图形（2）

该图形的标注过程与前一个练习类似，只是标注样式为普通标注样式，但应设定标注全局比例因子为 0.5，即出图比例的倒数。

7.8.2　例题二——标注尺寸公差及形位公差

【练习7-13】： 打开素材文件"dwg\第 7 章\7-13.dwg"，采用注释性尺寸标注该图形，如图 7-37 所示。图幅选用 A3 幅面，绘图比例为 2:1，标注字高为 3.5，字体为"gbnor.shx"。

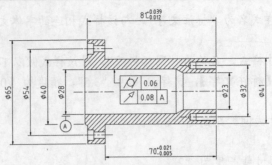

图7-37　标注尺寸公差及形位公差

1.　插入图框及创建注释性尺寸样式的过程参见【练习 7-11】。

2.　将标注数值精度设定为【0】，标注尺寸 "54" "40" 及 "28" 等，并使平行尺寸线均匀分布，如图 7-38 左图所示。

3.　利用尺寸样式的覆盖方式给标注文字前添加直径代号。打开【标注样式管理器】对话框，单击 替代(0)... 按钮，打开【替代当前样式】对话框，再进入【主单位】选项卡，在【前缀】文本框中输入标注文字的前缀 "%%C"。利用尺寸更新命令更新尺寸，结果如图 7-38 右图所示。

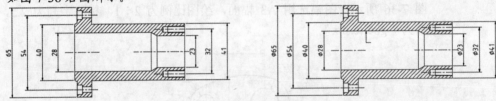

图7-38　给标注文字前添加直径代号

4.　利用尺寸样式的覆盖方式标注尺寸公差。打开【标注样式管理器】对话框，单击 替代(0)... 按钮，【替代当前样式】对话框，再进入【公差】选项卡，设置尺寸公差，然后标注尺寸，用移动及旋转命令标注基准代号，再用 LE 命令标注形位公差，结果如图 7-37 所示。

5.　打断尺寸界线。在图 7-37 中尺寸界线与基准代号相交了，单击【注释】选项卡中【标注】面板上的 按钮，启动 "打断尺寸" 命令，选择尺寸 "φ40"，则尺寸界线在基准代号处自动断开，结果如图 7-37 所示。

7.9　习题

1.　思考题。

(1)　AutoCAD 中的尺寸对象由哪几部分组成？

(2)　尺寸样式的作用是什么？

(3)　创建基线形式标注时，如何控制尺寸线间的距离？

(4)　怎样调整尺寸界线起点与标注对象间的距离？

(5)　标注样式的覆盖方式有何作用？

(6)　若公差数值的外观大小不合适，应如何调整？

(7)　如何设定标注全局比例因子？它的作用是什么？

(8)　如何建立样式簇？它的作用是什么？

(9) 怎样修改标注文字内容及调整标注数字的位置？

(10) 采用注释性尺寸的好处有哪些？

2. 打开素材文件"dwg\第 7 章\7-14.dwg"，标注该图样，结果如图 7-39 所示。

3. 打开素材文件"dwg\第 7 章\7-15.dwg"，标注该图样，结果如图 7-40 所示。

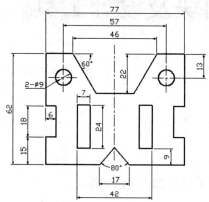

图7-39 尺寸标注练习一

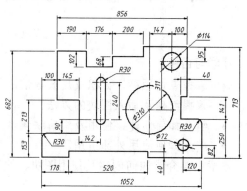

图7-40 尺寸标注练习二

4. 打开素材文件"dwg\第 7 章\7-16.dwg"，标注该图样，结果如图 7-41 所示。

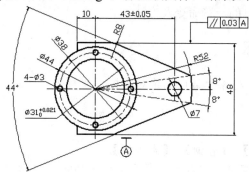

图7-41 尺寸标注练习三

第8章 查询信息、图块及设计工具

【学习目标】
- 掌握查询距离、面积及周长等信息的方法。
- 掌握创建及插入图块的方法。
- 学会如何创建、使用及编辑块属性。
- 熟悉如何使用外部引用。

本章主要介绍如何创建及使用图块、块属性，并讲解外部引用的用法。

8.1 获取图形信息的方法

本节介绍获取图形信息的一些命令及方法。

8.1.1 获取点的坐标

ID 命令用于查询图形对象上某点的绝对坐标，坐标值以"*x,y,z*"形式显示出来。对于二维图形，*z* 坐标值为零。

命令启动方法
- 菜单命令:【工具】/【查询】/【点坐标】。
- 面板:【默认】选项卡中【实用工具】面板上的 ⌖ 点坐标按钮。
- 命令: ID。

【练习8-1】: 练习 ID 命令的使用。

打开素材文件 "dwg\第 8 章\8-1.dwg"，单击【实用工具】面板上的 ⌖ 按钮，启动 ID 命令，系统提示如下。

```
命令: '_id 指定点: cen 于                        //捕捉圆心 A, 如图 8-1 所示
X = 1463.7504   Y = 1166.5606   Z = 0.0000   //AutoCAD 显示圆心坐标值
```

图8-1 查询点的坐标

 ID 命令显示的坐标值与当前坐标系的位置有关。如果用户创建新坐标系，则 ID 命令测量的同一点坐标值也将发生变化。

8.1.2　快速测量

单击【默认】选项卡中【实用工具】面板上的█████ 快速按钮，启动快速测量功能。此时，鼠标光标变为水平及竖直相交线。移动鼠标光标，与光标线接触的线段自动显示长度及两线间的夹角。

输入 MEA 命令，利用"快速(Q)"选项也可启动快速测量功能。该命令的"模式(M)"选项可设定启动 MEA 命令时是否直接进入快速测量状态。

8.1.3　测量距离及连续线长度

MEA 命令的"距离(D)"选项（或 DIST 命令）可用于测量两点间的距离，还可计算两点连线与 xy 平面的夹角以及在 xy 平面内的投影与 x 轴的夹角，如图 8-2 左图所示。此外，还能测出连续线的长度。

命令启动方法

- 菜单命令:【工具】/【查询】/【距离】。
- 面板:【默认】选项卡中【实用工具】面板上的█████ 距离按钮。
- 命令: MEASUREGEOM 或简写 MEA。

【练习8-2】: 　练习 MEA 命令的使用。

打开素材文件 "dwg\第 8 章\8-2.dwg"，单击【实用工具】面板上的██ 按钮，启动 MEA 命令，系统提示如下。

```
指定第一点:                                    //捕捉端点 A, 如图 8-3 所示
指定第二个点或 [多个点(M)]:                      //捕捉端点 B
距离 = 206.9383, XY 平面中的倾角 = 106,   与 XY 平面的夹角 = 0
X 增量 = -57.4979,   Y 增量 = 198.7900,     Z 增量 = 0.0000
输入一个选项[距离(D)/半径(R)/角度(A)/面积(AR)/体积(V)/快速(Q)/模式(M)/退出(X)]
<距离>: x                                     //单击"退出(X)"选项结束
```

MEA 命令显示的测量值的意义如下。

- 距离: 两点间的距离。
- XY 平面中的倾角: 两点连线在 xy 平面上的投影与 x 轴间的夹角，如图 8-2 左图所示。
- 与 XY 平面的夹角: 两点连线与 xy 平面间的夹角。
- X 增量: 两点的 x 坐标差值。
- Y 增量: 两点的 y 坐标差值。
- Z 增量: 两点的 z 坐标差值。

要点提示　使用 MEA 命令时，两点的选择顺序不影响距离值，但影响该命令的其他测量值。

(1)　计算由线段构成的连续线的长度。

启动 MEA 命令（距离选项），选择"多个点(M)"选项，然后指定连续线的端点就能计算出连续线的长度，如图 8-2 中图所示。

(2) 计算包含圆弧的连续线长度。

启动 MEA 命令（距离选项），选择"多个点(M)""圆弧(A)"及"长度(L)"选项，就可以像绘制多段线一样测量含圆弧的连续线的长度，如图 8-2 右图所示。测量距离如图 8-3 所示。

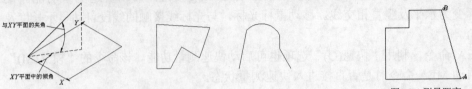

图8-2 测量距离及长度   图8-3 测量距离

启动 MEA 命令后，再打开动态提示，系统将在屏幕上显示测量的结果。完成一次测量的同时将弹出快捷菜单，选择【距离】命令，可继续测量另一条连续线的长度。

8.1.4 测量半径及直径

MEA 命令的"半径(R)"选项可用于测量圆弧的半径或直径值。

命令启动方法

- 菜单命令:【工具】/【查询】/【半径】。
- 面板:【默认】选项卡中【实用工具】面板上的 按钮。

启动该命令，选择圆弧或圆，系统在命令窗口显示半径及直径值。若同时打开动态提示，则系统在屏幕上直接显示测量的结果，如图 8-4 所示。完成一次测量后，还将弹出快捷菜单，选择其中的命令可继续进行测量。

图8-4 测量半径及直径

8.1.5 测量角度

MEA 命令的"角度(A)"选项可用于测量角度值，包括圆弧的圆心角、两条直线的夹角及 3 点确定的角度等，如图 8-5 所示。

命令启动方法

- 菜单命令:【工具】/【查询】/【角度】。
- 面板:【默认】选项卡中【实用工具】面板上的 角度按钮。

打开动态提示，启动该命令，测量角度，系统将在屏幕上直接显示测量的结果。

(1) 两条线段的夹角。

单击 按钮，选择夹角的两条边，如图 8-5 左图所示。

(2) 测量圆心角。

单击 按钮，选择圆弧，如图 8-5 中图所示。

(3) 测量 3 点构成的角度。

单击 按钮，先选择夹角的顶点，再选择另外两点，如图 8-5 右图所示。

图8-5 测量角度

8.1.6 计算图形的面积及周长

MEA 命令的"面积(AR)"选项（或 AREA 命令）可用于测量图形的面积及周长。

命令启动方法

- 菜单命令:【工具】/【查询】/【面积】。
- 面板:【默认】选项卡中【实用工具】面板上的 面积 按钮。

启动该命令的同时打开动态提示，则系统将在屏幕上直接显示测量结果。

(1) 测量多边形区域的面积及周长。

启动 MEA 或 AREA 命令，然后指定折线的端点就能计算出折线包围区域的面积及周长，如图 8-6 左图所示。若折线不闭合，则系统假定将其闭合进行计算，所得周长是折线闭合后的数值。

(2) 测量包含圆弧区域的面积及周长。

启动 MEA 或 AREA 命令，选择"圆弧(A)"或"直线(L)"选项，就可以像创建多段线一样"绘制"图形的外轮廓，如图 8-6 右图所示。"绘制"完成，系统显示面积及周长。

若轮廓不闭合，则系统假定将其闭合进行计算，所得周长是轮廓闭合后的数值。

【练习8-3】： 用 MEA 命令计算图形面积，如图 8-7 所示。

图8-6　测量图形面积及周长　　　　　　　　图8-7　测量图形面积

打开素材文件"dwg\第 8 章\8-3.dwg"，单击【实用工具】面板上的 按钮，启动 MEA 命令，系统提示如下。

```
指定第一个角点或 [对象(O)/增加面积(A)/减少面积(S)/退出(X)] <对象(O)>: A
                                    //使用"增加面积(A)"选项
指定第一个角点或 [对象(O)/减少面积(S)/退出(X)]:      //捕捉 A 点，如图 8-7 所示
 ("加"模式)指定下一个点或 [圆弧(A)/长度(L)/放弃(U)]:    //捕捉 B 点
 ("加"模式)指定下一个点或 [圆弧(A)/长度(L)/放弃(U)]: A //使用"圆弧(A)"选项
指定圆弧的端点(按住 Ctrl 键以切换方向)或
[角度(A)/圆心(CE)/闭合(CL)/方向(D)/直线(L)/半径(R)/第二个点(S)/放弃(U)]: S
                                    //使用"第二个点(S)"选项
指定圆弧上的第二个点: nea 到            //捕捉圆弧上的一点
指定圆弧的端点:                       //捕捉 C 点
指定圆弧的端点(按住 Ctrl 键以切换方向)或
[角度(A)/圆心(CE)/闭合(CL)/方向(D)/直线(L)/半径(R)/第二个点(S)/放弃(U)]: L
                                    //使用"直线(L)"选项
 ("加"模式)指定下一个点或 [圆弧(A)/长度(L)/放弃(U)/总计(T)] <总计>:
                                    //捕捉 D 点
 ("加"模式)指定下一个点或 [圆弧(A)/长度(L)/放弃(U)/总计(T)] <总计>:
```

```
                                             //捕捉 E 点
("加"模式)指定下一个点或 [圆弧(A)/长度(L)/放弃(U)/总计(T)] <总计>:
                                             //按 Enter 键
```

```
区域 = 933629.2416,周长 = 4652.8657
总面积 = 933629.2416
指定第一个角点或 [对象(O)/减少面积(S)/退出(X)]: S    //使用"减少面积(S)"选项
指定第一个角点或 [对象(O)/增加面积(A)/退出(X)]: O    //使用"对象(O)"选项
("减"模式) 选择对象:                          //选择圆
区域 = 36252.3386,圆周长 = 674.9521
总面积 = 897376.9029
("减"模式) 选择对象:                          //按 Enter 键结束
```

命令选项

(1)　对象(O)：求出所选对象的面积，有以下两种情况。

- 用户选择的对象是圆、椭圆、面域、正多边形及矩形等闭合图形。
- 对于非封闭的多段线及样条曲线，系统将假定有一条连线使其闭合，然后计算出闭合区域的面积，而所计算出的周长却是多段线或样条曲线的实际长度。

(2)　增加面积(A)：进入"加"模式。该选项使用户可以将新测量的面积加入总面积中。

(3)　减少面积(S)：利用此选项可使 AutoCAD 把新测量的面积从总面积中扣除。

 用户可以将复杂的图形创建成面域，然后利用"对象(O)"选项查询面积及周长。

8.1.7　列出对象的图形信息

LIST 命令以列表的形式显示对象的图形信息，这些信息随对象类型的不同而不同，一般包括以下内容。

- 对象类型、图层及颜色等。
- 对象的一些几何特性，如线段的长度、端点坐标、圆心位置、半径大小、圆的面积及周长等。

命令启动方法

- 菜单命令：【工具】/【查询】/【列表】。
- 面板：【默认】选项卡中【特性】面板上的 列表按钮。
- 命令：LIST 或简写 LI。

【练习8-4】：　练习 LIST 命令的使用。

打开素材文件 "dwg\第 8 章\8-4.dwg"，单击【特性】面板上的 列表按钮，启动 LIST 命令，系统提示如下。

```
命令: _list
选择对象:找到 1 个         //选择圆,如图 8-8 所示
```

选择对象：　　　　　//按 Enter 键结束，系统打开【文本窗口】

　　圆　　　图层：0

空间：模型空间

句柄 = 1e9

圆心 点，X=1643.5122　Y=1348.1237　Z=0.0000

半径　59.1262

周长　371.5006

面积 10982.7031

图8-8　练习 LIST 命令

 用户可以将复杂的图形创建成面域，然后用 LIST 命令查询面积及周长等。

8.1.8　查询图形信息综合练习

【练习8-5】：　　打开素材文件"dwg\第 8 章\8-5.dwg"，如图 8-9 所示，试计算以下内容。

(1)　图形外轮廓线的周长。

(2)　图形面积。

(3)　圆心 A 到中心线 B 的距离。

(4)　中心线 B 的倾斜角度。

1.　用 REGION 命令将图形外轮廓线框 C（见图 8-10）创建成面域，然后用 LIST 命令获取此线框周长，数值为 1766.97。

2.　将线框 D、E 及 4 个圆创建成面域，用面域 C"减去"面域 D、E 及 4 个圆面域，如图 8-10 所示。

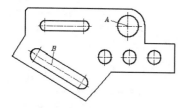

图8-9　获取面积、周长等信息

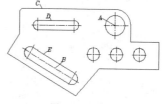

图8-10　差运算

3.　用 LIST 命令查询面域面积，数值为 117908.46。

4.　用 DIST 命令计算圆心 A 到中心线 B 的距离，数值为 284.95。

5.　用 LIST 命令获取中心线 B 的倾斜角度，数值为 150°。

8.2　图块

在工程图中有大量反复使用的图形对象，如机械图中的螺栓、螺钉和垫圈等，建筑图中的门、窗等。由于这些对象的结构形状相同，只是尺寸有所不同，因而作图时常常将它们生成图块，这样会很方便以后作图。

(1)　减少重复性劳动并实现"积木式"绘图。

将常用件、标准件定制成标准库，作图时在某一位置插入已定义的图块就可以了，因而用户不必反复绘制相同的图形元素，这样就实现了"积木式"的作图方式。

(2) 节省存储空间。

每当向图形中增加一个图元，系统就必须记录此图元的信息，从而增大了图形的存储空间。对于反复使用的图块，系统仅对其作一次定义。当用户插入图块时，系统只是对已定义的图块进行引用，这样就可以节省大量的存储空间。

(3) 方便编辑。

在 AutoCAD 中，图块是作为单一对象来处理的。常用的编辑命令（如 MOVE、COPY 和 ARRAY 等）都适用于图块，它还可以嵌套，即在一个图块中包含其他的一些图块。此外，如果对某一图块进行重新定义，就会引起图样中所有引用的图块都自动更新。

8.2.1 创建图块

用 BLOCK 命令可以将图形的一部分或整个图形创建成图块，用户可以给图块起名，并可定义插入基点。

命令启动方法

- 菜单命令：【绘图】/【块】/【创建】。
- 面板：【默认】选项卡中【块】面板上的 按钮。
- 命令：BLOCK 或简写 B。

【练习8-6】：创建图块。

1. 打开素材文件 "dwg\第 8 章\8-6.dwg"。
2. 单击【块】面板上的 按钮，系统打开【块定义】对话框，如图 8-11 所示。
3. 在【名称】栏中输入新建图块的名称 "block-1"，如图 8-11 所示。
4. 选择构成块的图形元素。单击 按钮，系统返回绘图窗口并提示 "选择对象"，选择线框 A，如图 8-12 所示。

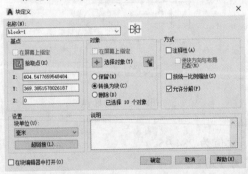

图8-11 【块定义】对话框

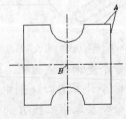

图8-12 创建图块

5. 指定块的插入基点。单击 按钮，系统返回绘图窗口并提示 "指定插入基点"，拾取点 B，如图 8-12 所示。
6. 单击 确定 按钮，系统生成图块。

> **要点提示** 在定制符号块时，一般将块图形画在 1×1 的正方形中，这样就便于在插入块时确定图块沿 x 方向、y 方向的缩放比例因子。

【块定义】对话框中常用选项的功能介绍如下。

- 【名称】：在此栏中输入新建图块的名称，最多可使用 255 个字符。单击此栏

右边的 ▼ 按钮，打开下拉列表，该列表中显示了当前图形的所有图块。

- 【拾取点】：单击 按钮，系统切换到绘图窗口，用户可直接在图形中拾取某点作为块的插入基点。
- 【X】【Y】【Z】文本框：在这 3 个文本框中分别输入插入基点的 x、y、z 坐标值。
- 【选择对象】：单击 ✛ 按钮，系统切换到绘图窗口，用户在绘图区中选择构成图块的图形对象。
- 【保留】：选取该单选项，则系统生成图块后，还保留构成块的原对象。
- 【转换为块】：选取该单选项，则系统生成图块后，把构成块的原对象也转化为块。
- 【删除】：该单选项使用户可以设置创建图块后是否删除构成块的原对象。
- 【注释性】：创建注释性图快。
- 【按统一比例缩放】：设定图块沿各坐标轴的缩放比例是否一致。

8.2.2 插入图块或外部文件

用户可以使用 INSERT 命令在当前图形中插入块或其他图形文件，无论块或被插入的图形多么复杂，系统都将它们作为一个单独的对象。如果用户需编辑其中的单个图形元素，就必须用 EXPLODE 命令分解图块或文件块。

命令启动方法

- 菜单命令：【插入】/【块选项板】。
- 面板：【默认】选项卡中【块】面板上的 按钮。
- 命令：INSERT 或简写 I。

单击 按钮，将显示出当前图形中图块的预览图片，选择其中之一，指定插入点后插入图块。若选择【其他图形中的块】，则打开【块】对话框，如图 8-13 所示。该对话框显示文件中包含的图形及图块，单击要插入的对象，系统提示"指定插入点或 [基点(B)/比例(S)/X/Y/Z/旋转(R)]:"，拾取点后，系统就将所选对象以块的形式插入当前图形中。也可按住鼠标左键将图块拖入图形中。

图8-13 【插入】对话框

INSERT 命令常用选项的功能介绍如下。

- 基点(B)：重新指定插入基点。
- 比例(S)：设定块的缩放比例。
- X/Y/Z：分别设定沿 x、y、z 方向的缩放比例。
- 旋转(R)：指定插入块时的旋转角度。

【块】对话框中包含 3 个选项卡：【当前图形】【最近使用】及【其他图形】，切换到不同的选项卡，就显示出相关图形及图块，用鼠标右键单击某一对象，弹出相应的快捷菜单，利用其上的命令可对图块进行插入及重定义等操作。

 当把一个图形文件插入当前图中时，被插入图样的图层、线型、图块和字体样式等也将加入当前图中。如果两者中有重名的这类对象，那么当前图中的定义优先于被插入的图样。

【块】对话框中常用选项的功能介绍如下。

- 【过滤】：输入关键字过滤块，可以使用通配符。
- ....按钮：单击此按钮，查找其他图形文件。
- ▣ ▾下拉列表：设定图块的预览方式，如大图标、列表等。
- 【插入点】：不管该复选项选中与否，单击图块按系统提示信息插入块。取消选择该复选项，可事先设定插入点的坐标，然后通过右键快捷菜单的插入命令将图块插入到坐标点。
- 【比例】：包含【比例】及【统一比例】两个选项。不管该复选项选中与否，单击图块按系统提示信息插入块。取消选择该选项，可事先设定插入图块时的比例因子。
- 【旋转】：不管该复选项选中与否，单击图块按系统提示信息插入图块。取消选择该复选项，可事先设定插入图块时的旋转角度。
- 【重复放置】：单击图块，重复插入。

8.2.3　创建及使用块属性

在 AutoCAD 中，用户可以使块附带属性。属性类似于商品的标签，包含了图块所不能表达的其他各种文字信息，如材料、型号和制造者等，存储在属性中的信息一般称为属性值。当用 BLOCK 命令创建块时，将已定义的属性与图形一起生成块，这样块中就包含属性了。当然，用户也能仅将属性本身创建成一个块。

属性有助于用户快速产生关于设计项目的信息报表，或者作为一些符号块的可变文字对象。其次，属性也常用来预定义文本位置、内容或提供文本默认值等。例如，把标题栏中的一些文字项目定制成属性对象，就能方便地进行填写或修改。

命令启动方法

- 菜单命令：【绘图】/【块】/【定义属性】。
- 面板：【默认】选项卡中【块】面板上的◈按钮。
- 命令：ATTDEF 或简写 ATT。

启动 ATTDEF 命令，系统打开【属性定义】对话框，如图 8-14 所示，可利用该对话框创建块属性。

图8-14　【属性定义】对话框

【属性定义】对话框中常用选项的功能介绍如下。

- 【不可见】：控制属性值在图形中的可见性。如果想使图中包含属性信息，但又不想使其在图形中显示出来，就选取该复选项。有一些文字信息（如零部件的成本、产地和存放仓库等）不必在图样中显示出来，就可设定为不可见属性。
- 【固定】：选取该复选项，属性值将为常量。
- 【验证】：设置是否对属性值进行校验。若选取该复选项，则插入块并输入属性值后，系统将再次给出提示，让用户校验输入值是否正确。
- 【预设】：该选项用于设定是否将实际属性值设置成默认值。若选取该复选项，则插入块时，系统将不再提示用户输入新属性值，实际属性值等于【属性】分组框中的默认值。

- 【锁定位置】: 锁定块参照中属性的位置。解锁后，属性可以相对于使用夹点编辑的块的其他部分移动，并且可以调整多行文字属性的大小。
- 【多行】: 指定属性值可以包含多行文字。选定此复选项后，可以指定属性的边界宽度。
- 【标记】: 标识图形中每次出现的属性。使用任何字符组合（空格除外）输入属性标记。小写字母会自动转换为大写字母。
- 【提示】: 指定在插入包含该属性定义的块时显示的提示。如果不输入提示，属性标记将用作提示。如果在【模式】分组框中选择【固定】复选项，那么【属性】分组框中的【提示】选项将不可用。
- 【默认】: 指定默认的属性值。
- 【插入点】: 指定属性位置，输入坐标值或选择【在屏幕上指定】复选项。
- 【对正】: 该下拉列表中包含了十多种属性文字的对齐方式，如布满、居中、中间、左对齐和右对齐等。这些选项的功能与 TEXT 命令对应的选项功能相同，参见 6.2.2 小节。
- 【文字样式】: 从该下拉列表中选择文字样式。
- 【文字高度】: 用户可直接在文本框中输入属性文字高度，或者单击右侧的按钮切换到绘图窗口，在绘图区中拾取两点以指定高度。
- 【旋转】: 设定属性文字的旋转角度。

【练习8-7】: 下面的练习将演示定义属性及使用属性的具体过程。

1. 打开素材文件 "dwg\第 8 章\8-7.dwg"。
2. 键入 ATTDEF 命令，系统打开【属性定义】对话框，如图 8-15 所示。在【属性】分组框中输入下列内容。

    标记: 姓名及号码
    提示: 请输入您的姓名及电话号码
    默认: 李燕 2660732

3. 在【文字样式】下拉列表中选择【样式-1】，在【文字高度】文本框中输入数值 "3"，单击 确定 按钮，系统提示"指定起点"，在电话机的下边拾取 A 点，如图 8-16 所示。

图8-15 【属性定义】对话框

姓名及号码

图8-16 定义属性

4. 将属性与图形一起创建成图块。单击【块】面板上的 按钮，系统打开【块定义】对话框，如图 8-17 所示。

5. 在【名称】栏中输入新建块的名称"电话机"，在【对象】分组框中选择【保留】单选项，如图 8-17 所示。

6. 单击 ✥ 按钮，系统返回绘图窗口，并提示"选择对象"，选择电话机及属性，如图 8-16 所示。

7. 指定块的插入基点。单击 按钮，系统返回绘图窗口，并提示"指定插入基点"，拾取点 B，如图 8-16 所示。

8. 单击 确定 按钮，系统生成块。

9. 插入带属性的块。单击【块】面板上的 按钮，选择【电话机】图块，再指定插入点，系统打开【编辑属性】对话框，输入新的属性值，结果如图 8-18 所示。

图8-17　【块定义】对话框

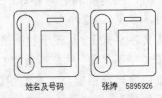

图8-18　插入附带属性的块

8.2.4　编辑块的属性

若属性已被创建成块，则用户可用 EATTEDIT 命令来编辑属性值及属性的其他特性。

命令启动方法

- 菜单命令：【修改】/【对象】/【属性】/【单个】。
- 面板：【默认】选项卡中【块】面板上的 单个按钮。
- 命令：EATTEDIT。

【练习8-8】：　练习 EATTEDIT 命令。

启动 EATTEDIT 命令，系统提示"选择块"，用户选择要编辑的块后，打开【增强属性编辑器】对话框，如图 8-19 所示。在该对话框中，用户可对块属性进行编辑。

【增强属性编辑器】对话框中有【属性】【文字选项】和【特性】3 个选项卡，它们的功能介绍如下。

- 【属性】选项卡：在该选项卡中，系统列出了当前块对象中各个属性的标记、提示及值，如图 8-19 所示。选中某一属性，用户就可以在【值】文本框中修改属性的值。

- 【文字选项】选项卡：该选项卡用于修改属性文字的一些特性，如文字样式、字高等，如图 8-20 所示。选项卡中各选项的含义与【文字样式】对话框中同名选项的含义相同。

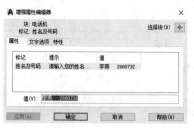

图8-19 【增强属性编辑器】对话框

图8-20 【文字选项】选项卡

- 【特性】选项卡：在该选项卡中用户可以修改属性文字的图层、线型、颜色等，如图8-21所示。

图8-21 【特性】选项卡

8.2.5 在工程图中使用注释性符号块

用户可以创建注释性符号块。在工程图中插入注释性符号块，就不必考虑打印比例对块外观的影响，只要当前注释比例等于出图比例，就能保证出图后块外观与设定值一致。

使用注释性符号块的步骤如下。

1. 按实际尺寸绘制块图形。
2. 设定当前注释比例为 1：1，创建注释性符号块（在【块定义】对话框中选择【注释性】选项），则块的注释比例为 1：1。
3. 设置当前注释比例等于打印比例，然后插入块，块外观自动缩放，缩放比例因子为当前注释比例的倒数。

8.2.6 块及属性综合练习——创建明细表块

【练习8-9】： 设计明细表。此练习的内容包括创建块、属性及插入带属性的块。

1. 绘制图 8-22 所示的表格。
2. 创建属性项 A、B、C、D、E，各属性项字高为 3.5，如图 8-23 所示，包含的内容如表8-1 所示。

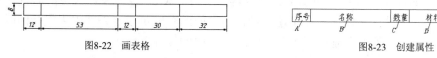

图8-22 画表格

图8-23 创建属性

3. 用 BLOCK 命令将属性与图形一起定制成块，块名为"明细表"，插入点设定在表格的左下角点。
4. 选择菜单命令【修改】/【对象】/【属性】/【块属性管理器】，打开【块属性管理器】对话框，利用 下移(D) 按钮或 上移(U) 按钮调整属性项目的排列顺序，如图8-24所示。

表 8-1   各属性项包含的内容

项目	标记	提示	值
属性 *A*	序号	请输入序号	1
属性 *B*	名称	请输入名称	
属性 *C*	数量	请输入数量	1
属性 *D*	材料	请输入材料	
属性 *E*	备注	请输入备注	

5. 用 INSERT 命令插入块"明细表"，并输入属性值，结果如图 8-25 所示。

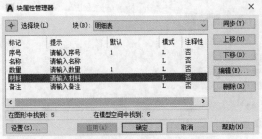

图8-24 调整属性项的排列顺序   图8-25 插入块

8.3 使用外部引用

当用户将其他图形以块的形式插入当前图样中时，被插入的图形就成为当前图样的一部分，但用户可能并不想如此，而仅仅是要把另一个图形作为当前图形的一个样例，或者想观察一下正在设计的模型与相关的其他模型是否匹配，此时就可通过外部引用（也称为Xref）将其他图形文件放置到当前图形中。

Xref 使用户能方便地在自己的图形中以引用的方式看到其他图样，被引用的图并不成为当前图样的一部分，当前图形中仅记录了外部引用文件的位置和名称。虽然如此，用户仍然可以控制被引用图形层的可见性，并能进行对象捕捉。

利用 Xref 获得其他图形文件比插入文件块有更多的优点。

由于外部引用的图形并不是当前图样的一部分，因而利用 Xref 组合的图样比通过文件块构成的图样要小。

(1) 每当 AutoCAD 装载图样时，都将加载最新的 Xref 版本。因此，若外部图形文件有所改动，则用户装入的引用图形也将随之变动。

(2) 利用外部引用将有利于几个人共同完成一个设计项目，因为 Xref 使设计者之间可以容易地查看对方的设计图样，从而协调设计内容。另外，Xref 也使设计人员同时使用相同的图形文件进行分工设计。例如，一个建筑设计小组的所有成员通过外部引用就能同时参照建筑物的结构平面图，然后分别开展电路、管道等方面的设计工作。

8.3.1 引用外部图形

调用 XATTACH 命令引用外部图形，可设定引用图形沿坐标轴的缩放比例及引用的方式。

命令启动方法

- 菜单命令:【插入】/【DWG 参照】。
- 面板:【插入】选项卡中【参照】面板上的 按钮。
- 命令: XATTACH 或简写 XA。

启动 XATTACH 命令后,系统打开【选择参照文件】对话框。用户在该对话框中选择所需文件后,单击 打开(O) 按钮,弹出【附着外部参照】对话框,如图 8-26 所示。

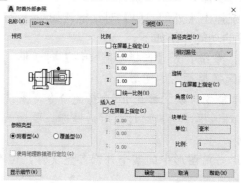

图8-26 【附着外部参照】对话框

【附着外部参照】对话框中常用选项的功能介绍如下。

- 【名称】: 该下拉列表显示了当前图形中包含的外部参照文件的名称。用户可在列表中直接选取文件,也可单击 浏览(B)... 按钮查找其他的参照文件。
- 【附着型】: 图形文件 A 嵌套了其他的 Xref,而这些文件是以"附着型"方式被引用的,则当新文件引用图形 A 时,用户不仅可以看到图形 A 本身,还能看到图形 A 中嵌套的 Xref。附加方式的 Xref 不能循环嵌套,即如果图形 A 引用了图形 B,而图形 B 又引用了图形 C,则图形 C 不能再引用图形 A。
- 【覆盖型】: 图形 A 中有多层嵌套的 Xref,但它们均以"覆盖型"方式被引用。当其他图形引用图形 A 时,就只能看到图形 A 本身,而其包含的任何 Xref 都不会显示出来。覆盖方式的 Xref 可以循环引用,这使设计人员可以灵活地查看其他任何图形文件,而无须为图形之间的嵌套关系担忧。
- 【插入点】: 在此分组框中指定外部参照文件的插入基点,用户可直接在【X】【Y】和【Z】文本框中输入插入点的坐标,也可选取【在屏幕上指定】复选项,然后在屏幕上指定。
- 【比例】: 在此分组框中指定外部参照文件的缩放比例,用户可直接在【X】【Y】【Z】文本框中输入沿这 3 个方向的比例因子,也可选取【在屏幕上指定】复选项,然后在屏幕上指定。
- 【旋转】: 确定外部参照文件的旋转角度,用户可直接在【角度】文本框中输入角度值,也可选取【在屏幕上指定】复选项,然后在屏幕上指定。

8.3.2 更新外部引用文件

当被引用的图形作了修改后,系统并不自动更新当前图样中的 Xref 图形,用户必须重新加载以更新它。在【外部参照】对话框中,用户可以选择一个引用文件或同时选取几个文件，然后单击鼠标右键，在弹出的快捷菜单中选取【重载】命令，以加载外部图形，如图 8-27 所示。由于可以随时进行更新，因此用户在设计过程中能及时获得最新的 Xref 文件。

命令启动方法

- 菜单命令:【插入】/【外部参照】。
- 面板:【插入】选项卡中【参照】面板右下角的▣按钮。
- 命令: XREF 或简写 XR。

调用 XREF 命令，系统弹出【外部参照】对话框，如图 8-27 所示。该对话框中常用选项的功能介绍如下。

图8-27　外部参照管理菜单

- ▣·: 单击此按钮，系统打开【选择参照文件】对话框，用户通过该对话框选择要插入的图形文件。
- 【附着】(快捷菜单命令，以下都是): 选择此命令，系统打开【外部参照】对话框，用户通过此对话框选择要插入的图形文件。
- 【卸载】: 暂时移走当前图形中的某个外部参照文件，但在列表框中仍保留该文件的路径。
- 【重载】: 在不退出当前图形文件的情况下更新外部引用文件。
- 【拆离】: 将某个外部参照文件去除。
- 【绑定】: 将外部参照文件永久地插入当前图形中，使之成为当前文件的一部分，详细内容见 8.3.3 小节。

8.3.3　转化外部引用文件的内容为当前图形的一部分

由于被引用的图形本身并不是当前图形的内容，因此引用图形的命名项目（如图层、文本样式、尺寸标注样式等）都以特有的格式表示出来。Xref 的命名项目表示形式为"Xref 名称|命名项目"，通过这种方式，系统将引用文件的命名项目与当前图形的命名项目区别开来。

用户可以把外部引用文件转化为当前图形的内容，转化后 Xref 就变为图样中的一个块，另外，也能把引用图形的命名项目（如图层、文字样式等）转变为当前图形的一部分。通过这种方法，用户可以轻易地使所有图纸的图层、文字样式等命名项目保持一致。

在【外部参照】对话框（见图 8-27）中选择要转化的图形文件，然后用鼠标右键单击，弹出快捷菜单，选取【绑定】命令，打开【绑定外部参照】对话框，如图 8-28 所示。

【绑定外部参照】对话框中有两个选项，它们的功能介绍如下。

- 【绑定】: 选取该单选项时，引用图形的所有命名项目的名称由"Xref 名称|命名项目"变为"Xref 名称N命名项目"。其中，字母"N"是可自动增加的整数，以避免与当前图样中的项目名称重复。
- 【插入】: 使用该选项类似于先拆离引用文件，然后再以块的形式插入外部文件。当合并外部图形后，命名项目的名称前不加任何前缀。例如，外部引用文件中有图层 WALL，当利用【插入】选项转化外部图形时，若当前图形中无 WALL 层，那么系统就创建 WALL 层，否则继续使用原来的 WALL 层。

在命令行中输入"XBIND"命令，系统打开【外部参照绑定】对话框，如图 8-29 所示。在该对话框左边的列表框中选择要添加到当前图形中的项目，然后单击 添加(A)-> 按钮，把命名项加入【绑定定义】列表框中，再单击 确定 按钮完成。

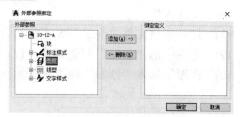

图8-28　【绑定外部参照】对话框　　　　　图8-29　【外部参照绑定】对话框

 用户可以通过 Xref 连接一系列的库文件，如果想要使用库文件中的内容，就用 XBIND 命令将库文件中的有关项目（如尺寸样式、块等）转化成当前图样的一部分。

8.3.4　使用外部参照综合练习

【练习8-10】：　练习使用外部参照的方法，练习内容包括引用外部图形、修改及保存图形、重新加载图形。

1.　打开素材文件 "dwg\第 8 章\8-10-A.dwg"。
2.　使用 ATTACH 命令引用文件 "dwg\第 8 章\8-10-B.dwg"，再使用 MOVE 命令移动图形，使两个图形 "装配" 在一起，结果如图 8-30 所示。
3.　打开素材文件 "dwg\第 8 章\8-10-B.dwg"，修改图形，再保存图形，结果如图 8-31 所示。

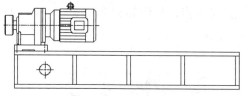

图8-30　引用外部图形

图8-31　修改并保存图形

4.　切换到文件 "dwg\第 8 章\8-10-A.dwg"，使用 XREF 命令重新加载文件 "dwg\第 8 章\8-10-B.dwg"，结果如图 8-32 所示。

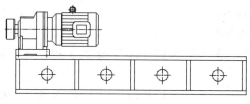

图8-32　重新加载文件

8.4　习题

1.　思考题。
(1)　绘制工程图时，把重复使用的标准件定制成块有何好处？
(2)　定制符号块时，为什么常将块图形绘制在 1×1 的正方形中？
(3)　如何定义块属性？它有何用途？

(4) Xref 与块的主要区别是什么？其用途有哪些？

2. 创建及插入块。

(1) 打开素材文件 "dwg\第 8 章\8-11.dwg"。

(2) 将图中的 "沙发" 创建成块，设定 A 点为插入点，如图 8-33 所示。

(3) 在图中插入 "沙发" 块，结果如图 8-34 所示。

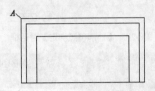

图8-33 创建 "沙发" 块

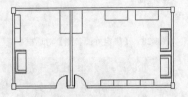

图8-34 插入 "沙发" 块

(4) 将图中的 "转椅" 创建成块，设定中点 B 为插入点，如图 8-35 所示。

(5) 在图中插入 "转椅" 块，结果如图 8-36 所示。

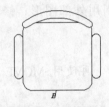

图8-35 创建 "转椅" 块

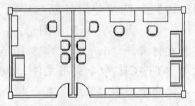

图8-36 插入 "转椅" 块

(6) 将图中的 "计算机" 创建成块，设定 C 点为插入点，如图 8-37 所示。

(7) 在图中插入 "计算机" 块，结果如图 8-38 所示。

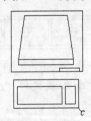

图8-37 创建 "计算机" 块

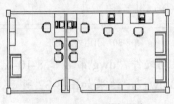

图8-38 插入 "计算机" 块

3. 创建块、插入块和外部引用。

(1) 打开素材文件 "dwg\第 8 章\8-12.dwg"，如图 8-39 所示，将图形定义为块，块名为 "Block"，插入点在 A 点。

(2) 引用素材文件 "dwg\第 8 章\8-13.dwg"，然后插入块，结果如图 8-40 所示。

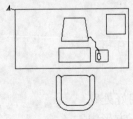

图8-39 创建块

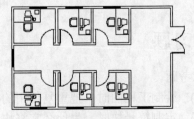

图8-40 插入块

第9章 轴测图

【学习目标】
- 掌握激活轴测投影模式的方法。
- 学会在轴测模式下绘制线段、圆及平行线。
- 掌握在轴测图中添加文字的方法。
- 学会如何给轴测图标注尺寸。

通过本章的学习，读者可以掌握绘制轴测图的轴测模式及一些基本的作图方法。

9.1 轴测投影模式、轴测面及轴测轴

在 AutoCAD 中用户可以利用轴测投影模式绘制轴测图，当激活此模式后，十字光标会自动调整到与当前指定的轴测面一致的位置，如图 9-1 所示。

长方体的等轴测投影如图 9-1 所示，其投影中只有 3 个平面是可见的。为便于绘图，将这 3 个面作为画线、找点等操作的基准平面，并称它们为轴测面，根据其位置的不同分别是左轴测面、右轴测面和顶轴测面。当激活了轴测模式后，用户就可以在这 3 个面间进行切换，同时系统会自动改变十字光标的形状，以使它们看起来好像处于当前轴测面内。

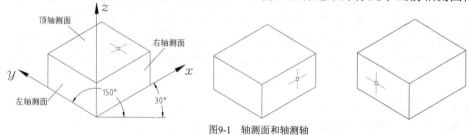

图9-1 轴测面和轴测轴

在图 9-1 所示的轴测图中，长方体的可见边与水平线间的夹角分别是 30°、90°、150°。现在，在轴测图中建立一个假想的坐标系，该坐标系的坐标轴称为轴测轴，它们所处的位置如下。
- x 轴与水平位置的夹角是 30°。
- y 轴与水平位置的夹角是 150°。
- z 轴与水平位置的夹角是 90°。

进入轴测模式后，十字光标将始终与当前轴测面的轴测轴方向一致。用户可以使用以下方法激活轴测投影模式。

【练习9-1】： 激活轴测投影模式。

1. 打开素材文件"dwg\第 9 章\9-1.dwg"。单击状态栏上的 按钮，激活轴测投影模式，十字光标将处于左轴测面内，如图9-2左图所示。
2. 单击轴测图按钮旁边的三角形按钮，在弹出的菜单中选择【顶部等轴测平面】选项，或

按 F5 键切换至顶轴测面，再按 F5 键可切换至右轴测面，如图 9-2 中图和右图所示。

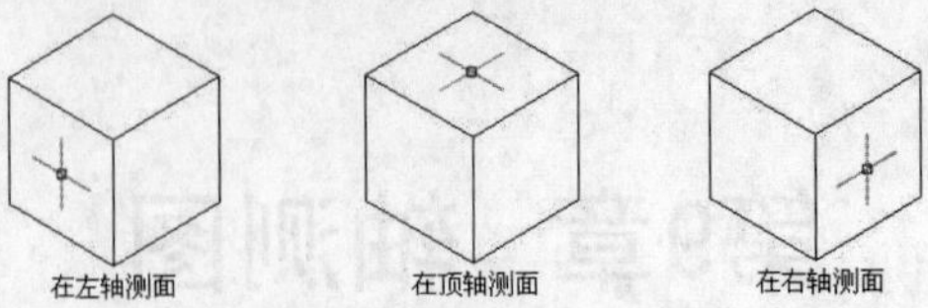

在左轴测面　　　　　　　　在顶轴测面　　　　　　　　在右轴测面

图9-2　切换不同的轴测面

9.2　在轴测投影模式下作图

进入轴测模式后，用户仍然是利用基本的二维绘图命令来创建直线、椭圆等图形对象，但要注意这些图形对象轴测投影的特点，如水平直线的轴测投影将变为斜线，而圆的轴测投影将变为椭圆。

9.2.1　在轴测模式下画直线

在轴测模式下画直线常采用以下 3 种方法。

(1)　通过输入点的极坐标来绘制直线。当所绘直线与不同的轴测轴平行时，输入的极坐标角度值将不同，有以下几种情况。

- 所画直线与 x 轴平行时，极坐标角度应输入 30° 或 −150°。
- 所画直线与 y 轴平行时，极坐标角度应输入 150° 或 −30°。
- 所画直线与 z 轴平行时，极坐标角度应输入 90° 或 −90°。
- 如果所画直线与任何轴测轴都不平行，则必须先找出直线上的两点，然后连线。

(2)　打开正交模式辅助画线，此时所绘直线将自动与当前轴测面内的某一轴测轴方向一致。例如，若处于右轴测面且打开正交模式，那么所画直线的方向为 30° 或 90°。

(3)　利用极轴追踪、自动追踪功能画线。打开极轴追踪、自动捕捉和自动追踪功能，并设定自动追踪的角度增量为"30"，这样就能很方便地画出沿 30°、90° 或 150° 方向的直线。

【练习9-2】：　在轴测模式下画线。

1.　单击状态栏上的 \ 按钮，激活轴测投影模式。

2.　输入点的极坐标画线。

命令：<等轴测平面 右视>	//按两次 F5 键切换到右轴测面
命令：_line 指定第一点：	//单击 A 点，如图 9-3 所示
指定下一点或 [放弃(U)]：@100<30	//输入 B 点的相对坐标
指定下一点或 [放弃(U)]：@150<90	//输入 C 点的相对坐标
指定下一点或 [闭合(C)/放弃(U)]：@40<-150	//输入 D 点的相对坐标
指定下一点或 [闭合(C)/放弃(U)]：@95<-90	//输入 E 点的相对坐标
指定下一点或 [闭合(C)/放弃(U)]：@60<-150	//输入 F 点的相对坐标
指定下一点或 [闭合(C)/放弃(U)]：c	//使线框闭合

结果如图 9-3 所示。

3.　打开正交状态画线。

命令：<等轴测平面 左视>	//按 F5 键切换到左轴测面
命令：<正交 开>	//打开正交
命令：_line 指定第一点：int 于	//捕捉 *A* 点，如图 9-4 所示
指定下一点或 [放弃(U)]：100	//输入线段 *AG* 的长度
指定下一点或 [放弃(U)]：150	//输入线段 *GH* 的长度
指定下一点或 [闭合(C)/放弃(U)]：40	//输入线段 *HI* 的长度
指定下一点或 [闭合(C)/放弃(U)]：95	//输入线段 *IJ* 的长度
指定下一点或 [闭合(C)/放弃(U)]：end 于	//捕捉 *F* 点
指定下一点或 [闭合(C)/放弃(U)]：	//按 Enter 键结束命令

结果如图 9-4 所示。

4. 打开极轴追踪、对象捕捉及自动追踪功能。设置极轴追踪角度增量为 "30"，设定对象捕捉方式为 "端点" "交点"，设置沿所有极轴角进行自动追踪。

命令：<等轴测平面 俯视>	//按 F5 键切换到顶轴测面
命令：<等轴测平面 右视>	//按 F5 键切换到右轴测面
命令：_line 指定第一点：20	//从 *A* 点沿 30° 方向追踪并输入追踪距离
指定下一点或 [放弃(U)]：30	//从 *K* 点沿 90° 方向追踪并输入追踪距离
指定下一点或 [放弃(U)]：50	//从 *L* 点沿 30° 方向追踪并输入追踪距离
指定下一点或 [闭合(C)/放弃(U)]：	//从 *M* 点沿-90° 方向追踪并捕捉交点 *N*
指定下一点或 [闭合(C)/放弃(U)]：	//按 Enter 键结束命令

结果如图 9-5 所示。

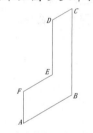

图9-3　在右轴测面内画线（1）

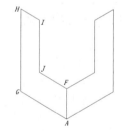

图9-4　在左轴测面内画线

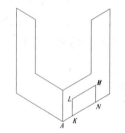

图9-5　在右轴测面内画线（2）

9.2.2　在轴测面内画平行线

通常情况下用 OFFSET 命令绘制平行线，但在轴测面内画平行线与在标准模式下画平行线的方法有所不同。如图 9-6 所示，在顶轴测面内作线段 *A* 的平行线 *B*，要求它们之间沿 30° 方向的间距是 30，如果使用 OFFSET 命令，并直接输入

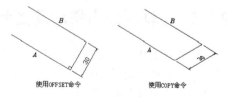

图9-6　画平行线

偏移距离 30，则偏移后两线间的垂直距离等于 30，而沿 30° 方向的间距并不是 30。为避免上述情况发生，常使用 COPY 命令或 OFFSET 命令的 "通过(T)" 选项来绘制平行线。

COPY 命令可以在二维空间和三维空间中对对象进行复制。使用此命令时，系统提示输入两个点或一个位移值。如果指定两点，则从第一点到第二点间的距离和方向就表示了新对象相对于原对象的位移。如果在 "指定基点或 [位移(D)]：" 提示下直接输入一个坐标值

209

（直角坐标或极坐标），然后在第二个"指定第二个点："的提示下按 Enter 键，那么输入的值就会被认为是新对象相对于原对象的移动值。

【练习9-3】： 在轴测面内作平行线。

1. 打开素材文件"dwg\第 9 章\9-3.dwg"。

2. 打开极轴追踪、对象捕捉及自动追踪功能。设置极轴追踪角度增量为"30"，设定对象捕捉方式为"端点""交点"，设置沿所有极轴角进行自动追踪。

3. 用 COPY 命令生成平行线。

```
命令: _copy
选择对象: 找到 1 个                          //选择线段A，如图 9-7 所示
选择对象:                                   //按 Enter 键
指定基点或 [位移(D)/模式(O)] <位移>:        //单击一点
指定第二个点或 [阵列(A)]<使用第一个点作为位移>: 26
                                          //沿-150°方向追踪并输入追踪距离
指定第二个点或[阵列(A)/退出(E)/放弃(U)]  <退出>:52
                                          //沿-150°方向追踪并输入追踪距离
指定第二个点或[阵列(A)/退出(E)/放弃(U)]  <退出>: //按 Enter 键结束命令
命令:COPY                                   //重复命令
选择对象: 找到 1 个                          //选择线段B
选择对象:                                   //按 Enter 键
指定基点或 [位移(D)/模式(O)] <位移>: 15<90   //输入复制的距离和方向
指定第二个点或[阵列(A)] <使用第一个点作为位移>: //按 Enter 键结束命令
```

结果如图 9-7 所示。

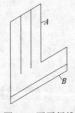

图9-7 画平行线

9.2.3 在轴测面内移动及复制对象

沿轴测轴移动及复制对象时，图形元素移动的方向平行于 30°、90° 或 150° 方向线，因此，设定极轴追踪增量角为 30°，并设置沿所有极轴角自动追踪，就能很方便地沿轴测轴进行移动和复制操作。

【练习9-4】： 在轴测面内移动及复制对象。打开素材文件"dwg\第 9 章\9-4.dwg"，如图 9-8 左图所示，用 COPY、MOVE、TRIM 命令将左图修改为右图。

1. 激活轴测投影模式，再打开极轴追踪、对象捕捉及自动追踪功能。指定极轴追踪角度增量为30°，设定对象捕捉方式为"端点""交点"，设置沿所有极轴角进行自动追踪。

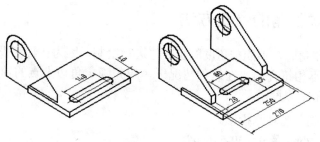

图9-8　在轴测面内移动及复制对象

2. 沿 30° 方向复制线框 *A*、*B*，再绘制线段 *C*、*D*、*E*、*F* 等，如图 9-9 所示。

命令: _copy

选择对象: 找到 10 个　　　　　　　　　　　　//选择线框 *A*、*B*

选择对象:　　　　　　　　　　　　　　　　//按 Enter 键

指定基点或或 [位移(D)/模式(O)] <位移>:　　//单击一点

指定第二个点或[阵列(A)] <使用第一个点作为位移>: 20

　　　　　　　　　　　　　　　　//沿 30° 方向追踪并输入追踪距离

指定第二个点或 [阵列(A)/退出(E)/放弃(U)] <退出>: 250

　　　　　　　　　　　　　　　　//沿 30° 方向追踪并输入追踪距离

指定第二个点或 [阵列(A)/退出(E)/放弃(U)] <退出>: 230

　　　　　　　　　　　　　　　　//沿 30° 方向追踪并输入追踪距离

指定第二个点或 [阵列(A)/退出(E)/放弃(U)] <退出>: //按 Enter 键结束

再绘制线段 *C*、*D*、*E*、*F* 等，如图 9-9 左图所示。修剪及删除多余线条，结果如图 9-9 右图所示。

3. 沿 30° 方向移动椭圆弧 *G* 及线段 *H*，沿 -30° 方向移动椭圆弧 *J* 及线段 *K*，然后修剪多余线条，结果如图 9-10 所示。

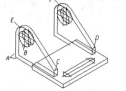 　　　　　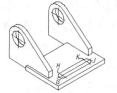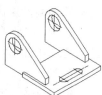

图9-9　复制对象及绘制线段　　　　　　　　　图9-10　移动对象及修剪对象

4. 将线框 *L* 沿 -90° 方向复制，如图 9-11 左图所示。修剪及删除多余线条，结果如图 9-11 右图所示。

5. 将图形 *M*（见图 9-11 右图）沿 150° 方向移动，再调整中心线的长度，结果如图 9-12 所示。

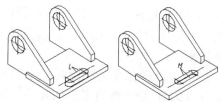　　　　　　　　　　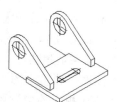

图9-11　复制对象及修剪对象　　　　　　图9-12　移动对象等

9.2.4　轴测模式下角的绘制方法

在轴测面内绘制角时，不能按角度的实际值进行绘制，因为在轴测投影图中，投影角度值与实际角度值是不相符合的。在这种情况下，应先确定角边上点的轴测投影，并将点连线，以获得实际的角轴测投影。

【练习9-5】：　绘制角的轴测投影。

1.　打开素材文件 "dwg\第 9 章\9-5.dwg"。
2.　打开极轴追踪、对象捕捉及自动追踪功能。设置极轴追踪角度增量为 "30"，设定对象捕捉方式为 "端点" "交点"，设置沿所有极轴角进行自动追踪。
3.　绘制线段 *B*、*C*、*D* 等，如图 9-13 左图所示。

> 命令：_line 指定第一点：50　　　　　　//从 *A* 点沿 30°方向追踪并输入追踪距离
> 指定下一点或 [放弃(U)]：80　　　　　//从 *A* 点沿-90°方向追踪并输入追踪距离
> 指定下一点或 [放弃(U)]：　　　　　　//按 Enter 键结束命令

复制线段 *B*，再连线 *C*、*D*，然后修剪多余的线条，结果如图 9-13 右图所示。

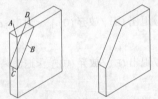

图9-13　形成角的轴测投影

9.2.5　绘制圆的轴测投影

圆的轴测投影是椭圆，当圆位于不同轴测面内时，椭圆的长轴、短轴位置也将不同。手工绘制圆的轴测投影比较麻烦，在 AutoCAD 中可直接使用 ELLIPSE 命令的 "等轴测圆(I)" 选项进行绘制，该选项仅在轴测模式被激活的情况下才出现。

键入 ELLIPSE 命令，系统提示如下。

> 命令：_ellipse
> 指定椭圆轴的端点或 [圆弧(A)/中心点(C)/等轴测圆(I)]：I　　　//输入 "I"
> 指定等轴测圆的圆心：　　　　　　　　　　　　　　　　　　//指定圆心
> 指定等轴测圆的半径或 [直径(D)]：　　　　　　　　　　　　//输入圆半径

选取 "等轴测圆(I)" 选项，再根据提示指定椭圆中心并输入圆的半径值，则系统会自动在当前轴测面中绘制出相应圆的轴测投影。

绘制圆的轴测投影时，首先要利用 F5 键切换到合适的轴测面，使之与圆所在的平面对应起来，这样才能使椭圆看起来是在轴测面内，如图 9-14 左图所示；否则，所画椭圆的形状是不正确的，如图 9-14 右图所示，圆的实际位置在正方体的顶面，而所绘轴测投影却位于右轴测面内，结果轴测圆与正方体的投影就显得不匹配了。

绘制轴测图时经常要画线与线间的圆滑过渡，此时过渡圆弧变为椭圆弧。绘制这个椭圆弧的方法是在相应的位置画一个椭圆，然后使用 TRIM 命令修剪多余的线条，如图 9-15 所示。

图9-14　绘制轴测圆

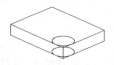 

图9-15　绘制过渡的椭圆弧

【练习9-6】：　　在轴测图中绘制圆及过渡圆弧。

1. 打开素材文件"dwg\第 9 章\9-6.dwg"。
2. 打开极轴追踪、对象捕捉及自动追踪功能。设置极轴追踪角度增量为"30"，设定对象捕捉方式为"端点""交点"，设置沿所有极轴角进行自动追踪。
3. 激活轴测投影模式，切换到顶轴测面，启动 ELLIPSE 命令，系统提示如下。

```
命令: _ellipse
指定椭圆轴的端点或 [圆弧(A)/中心点(C)/等轴测圆(I)]: i
                                //使用"等轴测圆(I)"选项
指定等轴测圆的圆心: tt          //建立临时参考点
指定临时对象追踪点: 20          //从 A 点沿 30°方向追踪并输入 B 点到 A 点的
                                  距离，如图 9-16 左图所示
指定等轴测圆的圆心: 20          //从 B 点沿 150°方向追踪并输入追踪距离
指定等轴测圆的半径或 [直径(D)]: 20  //输入圆半径
命令:ELLIPSE                    //重复命令
指定椭圆轴的端点或 [圆弧(A)/中心点(C)/等轴测圆(I)]: i
                                //使用"等轴测圆(I)"选项
指定等轴测圆的圆心: tt          //建立临时参考点
指定临时对象追踪点: 50          //从 A 点沿 30°方向追踪并输入 C 点到 A 点的距离
指定等轴测圆的圆心: 60          //从 C 点沿 150°方向追踪并输入追踪距离
指定等轴测圆的半径或 [直径(D)]: 15  //输入圆半径
```

结果如图 9-16 左图所示。修剪多余的线条，结果如图 9-16 右图所示。

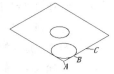 

图9-16　在轴测图中绘制圆及过渡圆弧

9.3　在轴测图中书写文本

　　为了使某个轴测面中的文本看起来像是在该轴测面内，就必须根据各轴测面的位置特点将文字倾斜某一角度，以使它们的外观与轴测图协调起来，否则立体感不好。图 9-17 所示是在轴测图的 3 个轴测面上采用适当倾角书写文本后的结果。

图9-17　轴测面上的文本

　　轴测面上各文本的倾斜规律如下。

- 在左轴测面上，文本需采用 –30°的倾斜角。
- 在右轴测面上，文本需采用 30°的倾斜角。

- 在顶轴测面上，当文本平行于 x 轴时，采用 $-30°$ 的倾斜角。
- 在顶轴测面上，当文本平行于 y 轴时，需采用 $30°$ 的倾斜角。

由以上规律可以看出，各轴测面内的文本或是倾斜 $30°$ 或是倾斜 $-30°$，因此在轴测图中书写文本时，应事先建立倾角分别为 $30°$ 和 $-30°$ 的两种文字样式，只要利用合适的文字样式控制文字的倾斜角度，就能够保证文字外观看起来是正确的。

【练习9-7】：　创建倾角分别为 $30°$ 和 $-30°$ 的两种文字样式，然后在各轴测面内书写文字。

1. 打开素材文件 "dwg\第 9 章\9-7.dwg"。
2. 单击【默认】选项卡【注释】面板上的 **A** 按钮，打开【文字样式】对话框，如图 9-18 所示。

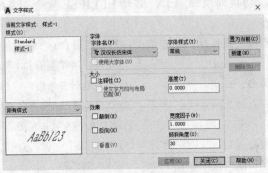

图9-18　【文字样式】对话框

3. 单击 新建(N)... 按钮，打开【新建文字样式】对话框，建立名为 "样式-1" 的文字样式。在【字体名】下拉列表中将文字样式所连接的字体设定为 "汉仪长仿宋体"，在【效果】分组框的【倾斜角度】文本框中输入数值 "30"，如图 9-18 所示。
4. 用同样的方法建立倾角为 $-30°$ 的文字样式 "样式-2"。
5. 激活轴测模式，并切换至右轴测面。

命令: dt	//利用 TEXT 命令书写单行文本
TEXT	
指定文字的起点或 [对正(J)/样式(S)]: s	//使用 "S" 选项指定文字的样式
输入样式名或 [?] <样式-2>: 样式-1	//选择文字样式 "样式-1"
指定文字的起点或 [对正(J)/样式(S)]:	//选取适当的起始点 A，如图 9-19 所示
指定高度 <22.6472>: 16	//输入文本的高度
指定文字的旋转角度 <0>: 30	//指定单行文本的书写方向
输入文字: 使用 STYLE1	//输入单行文字
输入文字:	//按 Enter 键结束命令

6. 按 F5 键切换至左轴测面。

命令: dt	//重复前面的命令
TEXT	
指定文字的起点或 [对正(J)/样式(S)]: s	//使用 "S" 选项指定文字的样式
输入样式名或 [?] <样式-1>: 样式-2	//选择文字样式 "样式-2"
指定文字的起点或 [对正(J)/样式(S)]:	//选取适当的起始点 B
指定高度 <22.6472>: 16	//输入文本的高度

指定文字的旋转角度 <0>: -30	//指定单行文本的书写方向
输入文字: 使用 STYLE2	//输入单行文字
输入文字:	//按 Enter 键结束命令

7. 按 F5 键切换至顶轴测面。

命令: dt	//沿 *x* 轴方向（30°）书写单行文本
TEXT	
指定文字的起点或 [对正(J)/样式(S)]: s	//使用"S"选项指定文字的样式
输入样式名或 [?] <样式-2>:	//按 Enter 键采用"样式-2"
指定文字的起点或 [对正(J)/样式(S)]:	//选取适当的起始点 *D*
指定高度 <16>: 16	//输入文本的高度
指定文字的旋转角度 <330>: 30	//指定单行文本的书写方向
输入文字: 使用 STYLE2	//输入单行文字
输入文字:	//按 Enter 键结束命令
命令:	//重复上一次的命令
TEXT	//沿 *y* 轴方向（-30°）书写单行文本
指定文字的起点或 [对正(J)/样式(S)]: s	//使用"S"选项指定文字的样式
输入样式名或 [?] <样式-2>: 样式-1	//选择文字样式"样式-1"
指定文字的起点或 [对正(J)/样式(S)]:	//选取适当的起始点 *C*
指定高度 <16>:	//按 Enter 键指定文本高度
指定文字的旋转角度 <30>:-30	//指定单行文本的书写方向
输入文字: 使用 STYLE1	//输入单行文字
输入文字:	//按 Enter 键结束命令

结果如图 9-19 所示。

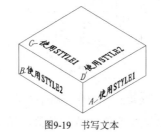

图9-19　书写文本

9.4　标注尺寸

当用标注命令在轴测图中创建尺寸后，其外观看起来与轴测图本身不协调。为了让某个轴测面内的尺寸标注看起来就像是在这个轴测面内，就需要将尺寸线、尺寸界线倾斜某一角度，以使它们与相应的轴测轴平行。此外，标注文本也必须设置成倾斜某一角度的形式，才能使文本的外观也具有立体感。图 9-20 所示是标注的初始状态与调整外观后结果的比较。

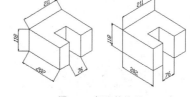

图9-20　标注的外观

在轴测图中标注尺寸时，一般采取以下步骤。

(1)　创建两种尺寸样式，这两种样式所控制的标注文本的倾斜角度分别是 30°和-30°。

(2)　由于在等轴测图中只有沿与轴测轴平行的方向进行测量才能得到真实的距离值，因此创建轴测图的尺寸标注时应使用 DIMALIGNED 命令（对齐尺寸），也可采用集成标注命令 DIM。

(3)　标注完成后，利用 DIMEDIT 命令的"倾斜(O)"选项修改尺寸界线的倾斜角度，使尺寸界线的方向与轴测轴的方向一致，这样才能使标注的外观具有立体感。

【练习9-8】：　在轴测图中标注尺寸。

1.　打开素材文件"dwg\第 9 章\9-8.dwg"。

2.　建立倾斜角分别是 30°和-30°的两种文字样式，样式名分别是"样式-1"和"样式-2"。这两个样式连接的字体文件是"gbeitc.shx"。

3.　再创建两种尺寸样式，样式名分别是"DIM-1"和"DIM-2"，其中"DIM-1"连接文字样式"样式-1"，"DIM-2"连接文字样式"样式-2"。

4.　打开极轴追踪、对象捕捉及自动追踪功能。指定极轴追踪角度增量为 30°，设定对象捕捉方式为"端点""交点"，设置沿所有极轴角进行自动追踪。

5.　指定尺寸样式"DIM-1"为当前样式，然后使用 DIM 命令标注尺寸"22""30""56"等，如图 9-21 所示。

6.　单击【注释】选项卡中【标注】面板上的 按钮，启动 DIMEDIT 命令，使用"倾斜(O)"选项将尺寸界线倾斜到竖直的位置、30°或-30°的位置，如图 9-22 所示。

7.　指定尺寸样式"DIM-2"为当前样式，单击【注释】选项卡中【标注】面板上的 按钮，选择尺寸"56""34""15"进行更新，结果如图 9-23 所示。

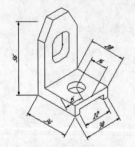
图9-21　标注对齐尺寸

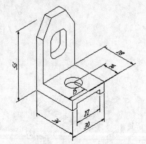
图9-22　修改尺寸界线的倾角

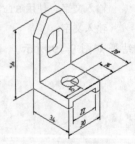
图9-23　更新尺寸标注

8.　利用关键点编辑方式调整标注文字及尺寸线的位置，结果如图 9-24 所示。

9.　用上述类似的方法标注其余尺寸，结果如图 9-25 所示。

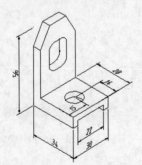
图9-24　调整标注文字及尺寸线的位置

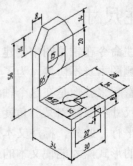
图9-25　标注其余尺寸

9.5 综合训练——绘制轴测图

【练习9-9】: 绘制图 9-26 所示的轴测图。

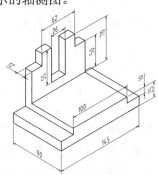

图9-26 绘制轴测图（1）

1. 创建新图形文件。
2. 激活轴测投影模式，打开极轴追踪、对象捕捉及自动追踪功能。设置极轴追踪角度增量为 "30"，设定对象捕捉方式为 "端点" 和 "交点"，设置沿所有极轴角进行自动追踪。
3. 切换到右轴测面，使用 LINE 命令绘制线框 A，如图 9-27 所示。
4. 沿 150° 方向复制线框 A，复制距离为 90，再使用 LINE 命令连线 B、C 等，如图 9-28 左图所示。延伸并修剪多余线条，结果如图 9-28 右图所示。

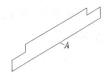

图9-27 绘制线框 A

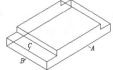

图9-28 复制对象及连线

5. 使用 LINE 命令绘制线框 D，使用 COPY 命令形成平行线 E、F、G，如图 9-29 左图所示。修剪及删除多余线条，结果如图 9-29 右图所示。
6. 沿 -30° 方向复制线框 H，复制距离为 12，再使用 LINE 命令连线 I、J 等，如图 9-30 左图所示。修剪及删除多余线条，结果如图 9-30 右图所示。

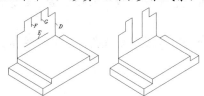

图9-29 绘制线框及画平行线

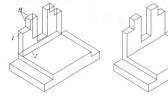

图9-30 复制对象、连线并修剪多余线条

【练习9-10】: 绘制图 9-31 所示的轴测图。

1. 创建新图形文件。
2. 激活轴测投影模式，再打开极轴追踪、对象捕捉及自动追踪功能。设置极轴追踪角度增量为 "30"，设定对象捕捉方式为 "端点" 和 "交点"，设置沿所有极轴角进行自动追踪。

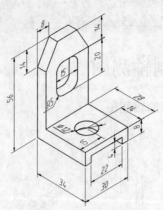

图9-31　绘制轴测图（2）

3. 切换到右轴测面，使用 LINE 命令绘制线框 A，如图 9-32 所示。

4. 沿 150° 方向复制线框 A，复制距离为 34，再使用 LINE 命令连线 B、C 等，如图 9-33 左图所示。修剪及删除多余线条，结果如图 9-33 右图所示。

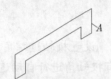

图9-32　绘制线框 A

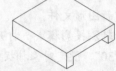

图9-33　复制对象及连线

5. 切换到顶轴测面，绘制椭圆 D，并将其沿 –90° 方向复制，复制距离为 4，如图 9-34 左图所示。修剪多余线条，结果如图 9-34 右图所示。

6. 绘制图形 E，如图 9-35 左图所示。沿 –30° 方向复制图形 E，复制距离为 6，再使用 LINE 命令连线 F、G 等。修剪及删除多余线条，结果如图 9-35 右图所示。

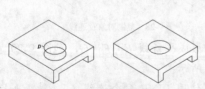

图9-34　绘制椭圆及修剪多余线条

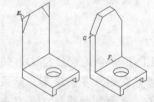

图9-35　复制对象、连线及修剪多余线条

7. 使用 COPY 命令形成平行线 J、K 等，如图 9-36 左图所示。延伸及修剪多余线条，结果如图 9-36 右图所示。

8. 切换到右轴测面，绘制 4 个椭圆，如图 9-37 左图所示。修剪多余线条，结果如图 9-37 右图所示。

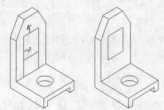

图9-36　绘制平行线及修剪对象

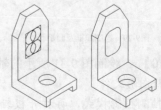

图9-37　绘制椭圆及修剪多余线条

9. 沿 150° 方向复制线框 L，复制距离为 6，如图 9-38 左图所示。修剪及删除多余线条，
   结果如图 9-38 右图所示。

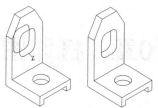

图9-38 复制对象及修剪线条

9.6 习题

1. 思考题。
   (1) 怎样激活轴测投影模式？
   (2) 轴测图是真正的三维图形吗？
   (3) 为了便于沿轴测轴方向追踪定位，一般应设定极轴追踪的角度增量为多少？
   (4) 在轴测面内绘制平行线时可采取哪些方法？
   (5) 如何绘制轴测图中的过渡圆弧？
   (6) 为了使轴测面上的文字具有立体感，应将文字的倾斜角度设定为多少？
   (7) 如何在轴测图中标注尺寸？常使用哪几个命令来创建尺寸？

2. 使用 LINE、COPY、TRIM 等命令绘制图 9-39 所示的轴测图。

3. 使用 LINE、COPY、TRIM 等命令绘制图 9-40 所示的轴测图。

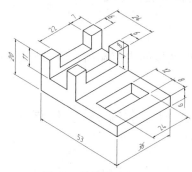

图9-39 绘制轴测图（1）

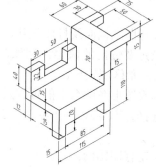

图9-40 绘制轴测图（2）

4. 使用 LINE、COPY、TRIM 等命令绘制图 9-41 所示的轴测图。

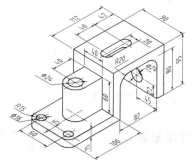

图9-41 绘制轴测图（3）

第10章　打印图形

【学习目标】

- 了解输出图形的完整过程。
- 学会选择打印设备及对当前打印设备的设置进行简单修改。
- 能够选择图纸幅面和设定打印区域。
- 能够调整打印方向、打印位置和设定打印比例。
- 掌握将小幅面图纸组合成大幅面图纸进行打印的方法。

通过对本章的学习，读者应掌握从模型空间打印图形的方法，并学会将多张图纸布置在一起打印的技巧。

10.1　打印图形的过程

用户在模型空间中将工程图样布置在标准幅面的图框内，再标注尺寸及书写文字后，就可以输出图形了。输出图形的主要过程如下。

(1)　指定打印设备，打印设备可以是 Windows 系统打印机也可以是在 AutoCAD 中安装的打印机。

(2)　选择图纸幅面及打印份数。

(3)　设定要输出的内容。例如，可指定将某一矩形区域的内容输出，或是将包围所有图形的最大矩形区域输出。

(4)　调整图形在图纸上的位置及方向。

(5)　选择打印样式，详见 10.2.2 小节。若不指定打印样式，则按对象的原有属性进行打印。

(6)　设定打印比例。

(7)　预览打印效果。

【练习10-1】：从模型空间打印图形。

1.　打开素材文件 "dwg\第 10 章\10-1.dwg"。

2.　单击程序窗口左上角的菜单浏览器 Ａ 图标，选取菜单命令【打印】/【管理绘图仪】，打开 "Plotters" 窗口，利用该窗口的 "添加绘图仪向导" 配置一台绘图仪 "DesignJet 450C C4716A"。

3.　单击快速访问工具栏上的 🖨 按钮，打开【打印】对话框，如图 10-1 所示，在该对话框中完成以下设置。

- 在【打印机/绘图仪】分组框的【名称】下拉列表中选择打印设备【DesignJet 450C C4716A.pc3】。

- 在【图纸尺寸】下拉列表中选择 A2 幅面图纸。
- 在【打印份数】分组框的数值框中输入打印份数。
- 在【打印范围】下拉列表中选择【范围】选项。
- 在【打印比例】分组框中设定打印比例为【布满图纸】。
- 在【打印偏移】分组框中设置为【居中打印】。
- 在【图形方向】分组框中设定图形打印方向为【横向】。
- 在【打印样式表】分组框的下拉列表中选择打印样式【monochrome.ctb】(将所有颜色打印为黑色)。

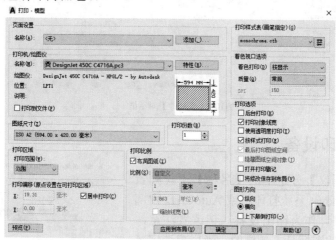

图10-1　【打印】对话框

4. 单击 [预览(P)...] 按钮，预览打印效果，如图 10-2 所示。若满意，单击 🖶 按钮开始打印；否则，按 [Esc] 键返回【打印】对话框重新设定打印参数。

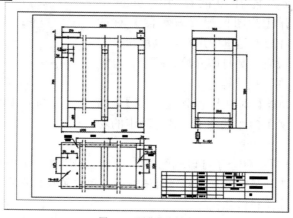

图10-2　预览打印效果

10.2　设置打印参数

在 AutoCAD 中，用户可使用内部打印机或 Windows 系统打印机输出图形，并能方便地修改打印机设置及其他打印参数。单击快速访问工具栏上的 🖶 按钮，系统打开【打印】对话框，如图 10-3 所示。在该对话框中用户可配置打印设备及选择打印样式，还能设定图纸幅面、打印比例及打印区域等参数。下面介绍该对话框的主要功能。

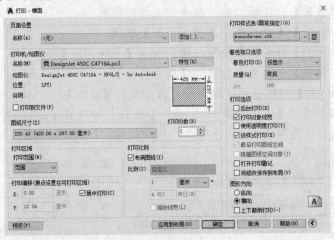

图10-3　【打印】对话框

10.2.1　选择打印设备

在【打印机/绘图仪】分组框的【名称】下拉列表中，用户可选择 Windows 系统打印机或 AutoCAD 内部打印机（".pc3"文件）作为输出设备。请读者注意，这两种打印机名称前的图标是不一样的。当用户选定某种打印机后，【名称】下拉列表下面将显示被选中设备的名称、连接端口及其他有关打印机的注释信息。

如果用户想修改当前打印机设置，可单击
| 特性(R)... | 按钮，打开【绘图仪配置编辑器】对话框，如图 10-4 所示。在该对话框中用户可以重新设定打印机端口及其他输出设置，如打印介质、图形、自定义特性、校准及自定义图纸尺寸等。

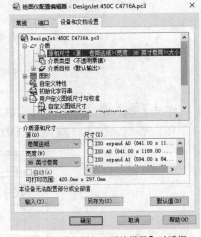

图10-4　【绘图仪配置编辑器】对话框

【绘图仪配置编辑器】对话框包含【常规】【端口】和【设备和文档设置】3 个选项卡，各选项卡的功能介绍如下。

- 【常规】：该选项卡包含了打印机配置文件（".pc3"文件）的基本信息，如配置文件名称、驱动程序信息和打印机端口等。用户可在此选项卡的【说明】列表框中加入其他注释信息。

- 【端口】：通过此选项卡用户可修改打印机与计算机的连接设置，如选定打印端口、指定打印到文件和后台打印等。

  若使用后台打印，则允许用户在打印的同时运行其他应用程序。

- 【设备和文档设置】：在该选项卡中用户可以指定图纸的来源、尺寸和类型，并能修改颜色深度、打印分辨率等。

10.2.2　使用打印样式

在【打印】对话框的【打印样式表】下拉列表中选择打印样式，如图 10-5 所示。打印样式是对象的一种特性，如同颜色、线型一样，它用于修改打印图形的外观。若为某个对象选择了一种打印样式，则输出图形后，对象的外观由样式决定。AutoCAD 提供了几百种打印样式，并将其组合成一系列打印样式表。

系统有以下两种类型的打印样式表。

- 颜色相关打印样式表：颜色相关打印样式表以 ".ctb" 为文件扩展名保存。该表以对象颜色为基础，共包含 255 种打印样式，每种 ACI 颜色对应一个打印样式，样式名分别为 "颜色 1" "颜色 2" 等，用户不能添加或删除颜色相关打印样式，也不能改变它们的名称。若当前图形文件与颜色相关打印样式表相连，则系统自动根据对象的颜色分配打印样式。用户不能选择其他打印样式，但可以对已分配的样式进行修改。

- 命名相关打印样式表：命名相关打印样式表以 ".stb" 为文件扩展名保存。该表包括一系列已命名的打印样式，用户可修改打印样式的设置及其名称，还可添加新的样式。若当前图形文件与命名相关打印样式表相连，则用户可以不考虑对象颜色，直接给对象指定样式表中的任意一种打印样式。

在【打印样式表】下拉列表中包含了当前图形中的所有打印样式表，用户可选择其中之一，若要修改打印样式，就单击此下拉列表右边的 按钮，打开【打印样式表编辑器】对话框，利用该对话框用户可查看或改变当前打印样式表中的参数。

单击程序窗口左上角的菜单浏览器 图标，选取菜单命令【打印】/【管理打印样式】，系统打开【Plot Styles】界面。该界面中包含打印样式文件及创建新打印样式的快捷方式，单击此快捷方式就能创建新打印样式。

AutoCAD 新建的图形不是处于"颜色相关"模式下就是处于"命名相关"模式下，这和创建图形时选择的样板文件有关。若是采用无样板方式新建图形，则可事先设定新图形的打印样式模式。发出 OPTIONS 命令，系统打开【选项】对话框，进入【打印和发布】选项卡，单击 ▇▇▇▇打印样式表设置(S)... ▇▇▇ 按钮，打开【打印样式表设置】对话框，如图 10-6 所示，通过该对话框设置新图形的默认打印样式模式。当选取【使用命名打印样式】单选项后，用户还可设定图层 0 或图形对象所采用的默认打印样式。

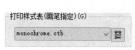

图10-5　使用打印样式

图10-6　【打印样式表设置】对话框

10.2.3　选择图纸幅面

在【打印】对话框的【图纸尺寸】下拉列表中指定图纸大小，如图 10-7 所示。【图纸尺寸】下拉列表中包含了选定打印设备可用的标准图纸尺寸，当选择

图10-7　【图纸尺寸】下拉列表

某种幅面图纸时，该列表右上角出现所选图纸及实际打印范围的预览图像（打印范围用阴影表示出来，可在【打印区域】分组框中设定）。将鼠标光标移到图像上面，在鼠标光标的位置处就显示出精确的图纸尺寸及图纸上可打印区域的尺寸。

除了从【图纸尺寸】下拉列表中选择标准图纸外，用户也可以创建自定义的图纸。此时，用户需修改所选打印设备的配置。

【练习10-2】：创建自定义图纸。

1. 在【打印】对话框的【打印机/绘图仪】分组框中单击 特性(R)... 按钮，打开【绘图仪配置编辑器】对话框，在【设备和文档设置】选项卡中选取【自定义图纸尺寸】选项，如图 10-8 所示。
2. 单击 添加(A)... 按钮，打开【自定义图纸尺寸】对话框，如图 10-9 所示。
3. 不断单击 下一步(N) > 按钮，并根据提示设置图纸参数，最后单击 完成(F) 按钮结束。

图10-8　【设备和文档设置】选项卡

图10-9　【自定义图纸尺寸】对话框

4. 返回【打印】对话框，系统将在【图纸尺寸】下拉列表中显示自定义的图纸尺寸。

10.2.4　设定打印区域

在【打印】对话框的【打印区域】分组框中设置要输出的图形范围，如图 10-10 所示。

该分组框的【打印范围】下拉列表中包含 4 个选项，用户可利用图 10-11 所示的图样了解它们的功能。

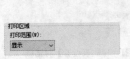

图10-10　【打印区域】分组框

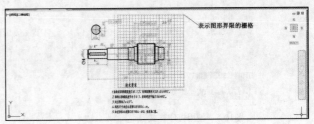

图10-11　设置打印区域

- 【图形界限】：从模型空间打印时，【打印范围】下拉列表将列出【图形界限】选项。选取该选项，系统就把设定的图形界限范围（用 LIMITS 命令设置图形界限）打印在图纸上，如图 10-12 所示。

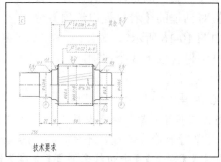

图10-12　应用【图形界限】选项

从图纸空间打印时，【打印范围】下拉列表将列出【布局】选项。选取该选项，系统将打印虚拟图纸可打印区域内的所有内容。

- 【范围】：打印图样中的所有图形对象，如图 10-13 所示。
- 【显示】：打印整个图形窗口，如图 10-14 所示。

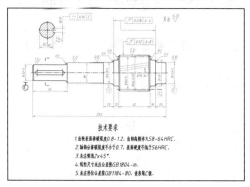

图10-13　应用【范围】选项

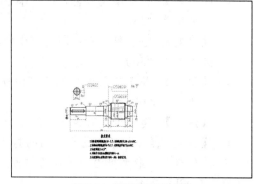

图10-14　应用【显示】选项

- 【窗口】：打印用户自己设定的区域。选取此选项后，系统提示指定打印区域的两个角点，同时在【打印】对话框中显示 窗口(O)< 按钮，单击此按钮，可重新设定打印区域。

10.2.5　设定打印比例

在【打印】对话框的【打印比例】分组框中设置出图比例，如图 10-15 所示。绘制阶段用户根据实物按 1∶1 比例绘图，出图阶段需依据图纸尺寸确定打印比例，该比例是图纸尺寸单位与图形单位的比值。当测量单位是毫米，打印比例设定为 1∶2 时，表示图纸上的 1 mm 代表 2 个图形单位。

图10-15　【打印比例】分组框

【比例】下拉列表包含了一系列标准缩放比例值。此外，还有【自定义】选项，该选项使用户可以自己指定打印比例。

从模型空间打印时，【打印比例】的默认设置是【布满图纸】。此时，系统将缩放图形以充满所选定的图纸。

10.2.6　设定着色打印

着色打印用于指定着色图及渲染图的打印方式，并可设定它们的分辨率。在【打印】对话框的【着色视口选项】分组框中设置着色打印方式，如图 10-16 所示。

图10-16　【着色视口选项】分组框

【着色视口选项】分组框中包含以下 3 个选项。

(1)　【着色打印】下拉列表。

- 【按显示】：按对象在屏幕上的显示进行打印。
- 【传统线框】：按线框方式打印对象，不考虑其在屏幕上的显示情况。
- 【传统隐藏】：打印对象时消除隐藏线，不考虑其在屏幕上的显示情况。
- 【概念】【隐藏】【真实】【着色】【带边缘着色】【灰度】【勾画】【线框】【X 射线】：按视觉样式打印对象，不考虑其在屏幕上的显示方式。
- 【渲染】：按渲染方式打印对象，不考虑其在屏幕上的显示方式。

(2)　【质量】下拉列表。

- 【草稿】：将渲染及着色图按线框方式打印。
- 【预览】：将渲染及着色图的打印分辨率设置为当前设备分辨率的 1/4，DPI 的最大值为 "150"。
- 【常规】：将渲染及着色图的打印分辨率设置为当前设备分辨率的 1/2，DPI 的最大值为 "300"。
- 【演示】：将渲染及着色图的打印分辨率设置为当前设备的分辨率，DPI 的最大值为 "600"。
- 【最高】：将渲染及着色图的打印分辨率设置为当前设备的分辨率。
- 【自定义】：将渲染及着色图的打印分辨率设置为【DPI】文本框中用户指定的分辨率，最大可为当前设备的分辨率。

(3)　【DPI】文本框。

设定打印图像时每英寸的点数，最大值为当前打印设备分辨率的最大值。只有当【质量】下拉列表中选择了【自定义】选项后，此选项才可用。

10.2.7　调整图形打印方向和位置

图形在图纸上的打印方向通过【图形方向】分组框中的选项调整，如图 10-17 所示。该分组框包含一个图标，此图标表明图纸的放置方向，图标中的字母代表图形在图纸上的打印方向。

【图形方向】包含以下 3 个选项。

- 【纵向】：图形在图纸上的放置方向是水平的。
- 【横向】：图形在图纸上的放置方向是竖直的。
- 【上下颠倒打印】：使图形颠倒打印，此选项可与【纵向】【横向】结合使用。

图形在图纸上的打印位置由【打印偏移】分组框中的选项确定，如图 10-18 所示。默认情况下，系统从图纸左下角打印图形，打印原点处在图纸左下角位置，坐标是（0,0）。用户可在【打印偏移】分组框中设定新的打印原点，这样图形在图纸上将沿 x 轴和 y 轴移动。

图10-17 【图形方向】分组框

图10-18 【打印偏移】分组框

【打印偏移】分组框包含以下 3 个选项。

- 【居中打印】：在图纸正中间打印图形（自动计算 x 和 y 的偏移值）。
- 【X】：指定打印原点在 x 方向的偏移值。
- 【Y】：指定打印原点在 y 方向的偏移值。

> **要点提示** 如果用户不能确定打印机如何确定原点，可试着改变打印原点的位置并预览打印结果，然后根据图形的移动距离推测原点位置。

10.2.8 预览打印效果

打印参数设置完成后，用户可通过打印预览观察图形的打印效果，如果不合适可重新调整，以免浪费图纸。

单击【打印】对话框下面的 预览(P)... 按钮，系统显示实际的打印效果。由于系统要重新生成图形，因此对于复杂图形需耗费较多时间。

预览时，鼠标光标变成"🔍"形状，此时可以进行实时缩放操作。查看完毕后，按 Esc 键或 Enter 键，返回【打印】对话框。

10.2.9 保存打印设置

用户选择打印设备并设置打印参数（图纸幅面、比例和方向等）后，可以将所有这些保存在页面设置中，以便以后使用。

【打印】对话框【页面设置】分组框的【名称】下拉列表中显示了所有已命名的页面设置。若要保存当前页面设置就单击该列表右边的 添加(...)... 按钮，打开【添加页面设置】对话框，如图 10-19 所示，在该对话框的【新页面设置名】文本框中输入页面名称，然后单击 确定(O) 按钮，存储页面设置。

用户也可以从其他图形中输入已定义的页面设置。在【页面设置】分组框的【名称】下拉列表中选取【输入】选项，打开【从文件选择页面设置】对话框，选择并打开所需的图形文件，打开【输入页面设置】对话框，如图 10-20 所示。该对话框显示图形文件中包含的页面设置，选择其中之一，单击 确定(O) 按钮完成。

图10-19 【添加页面设置】对话框

图10-20 【输入页面设置】对话框

10.3　打印图形实例

前面几节介绍了许多有关打印方面的知识，下面通过一个实例演示打印图形的全过程。

【练习10-3】：打印图形。

1. 打开素材文件"dwg\第 10 章\10-3.dwg"。

2. 单击【输出】选项卡中【打印】面板上的🖨按钮，打开【打印】对话框，如图 10-21 所示。

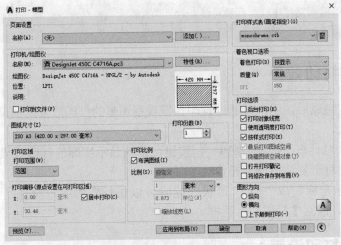

图10-21　【打印】对话框

3. 如果想使用以前创建的页面设置，就在【页面设置】分组框的【名称】下拉列表中选择它。

4. 在【打印机/绘图仪】分组框的【名称】下拉列表中指定打印设备。若要修改打印机特性，可单击下拉列表右边的 特性(R)... 按钮，打开【绘图仪配置编辑器】对话框，通过该对话框用户可修改打印机端口、介质类型，还可自定义图纸大小。

5. 在【打印份数】栏中输入打印份数。

6. 如果要将图形输出到文件，则应在【打印机/绘图仪】分组框中选取【打印到文件】复选项。此后，当用户单击【打印】对话框中的 确定 按钮时，系统就打开【浏览打印文件】对话框，用户通过该对话框指定输出文件的名称及地址。

7. 继续在【打印】对话框中作以下设置。

- 在【图纸尺寸】下拉列表中选择 A3 图纸。
- 在【打印范围】下拉列表中选取【范围】选项。
- 设定打印比例为【布满图纸】。
- 设定图形打印方向为【横向】。
- 指定打印原点为【居中打印】。
- 在【打印样式表】分组框的下拉列表中选择打印样式【monochrome.ctb】（将所有颜色打印为黑色）。

8. 单击 预览(P)... 按钮，预览打印效果，如图 10-22 所示。若满意，按 Esc 键返回【打印】对话框，再单击 确定 按钮开始打印。

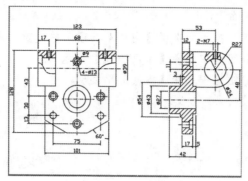

图10-22　预览打印效果

10.4　将多张图纸布置在一起打印

为了节省图纸，用户常需要将几个图样布置在一起打印，示例如下。

【练习10-4】：　素材文件"dwg\第 10 章\10-4-A.dwg"和"10-4-B.dwg"都采用 A2 幅面图纸，绘图比例分别为（1∶3）和（1∶4），现将它们布置在一起输出到 A1幅面的图纸上。

1.　创建一个新文件。

2.　单击【插入】选项卡中【参照】面板上的 按钮，打开【选择参照文件】对话框，找到图形文件"10-4-A.dwg"，单击 打开(O) 按钮，打开【外部参照】对话框，利用该对话框插入图形文件，插入时的缩放比例为 1∶1。

3.　用 SCALE 命令缩放图形，缩放比例为 1∶3（图样的绘图比例）。

4.　用与步骤 2 和步骤 3 相同的方法插入图形文件"10-4-B.dwg"，插入时的缩放比例为 1∶1。插入图样后，用 SCALE 命令缩放图形，缩放比例为 1∶4。

5.　用 MOVE 命令调整图样位置，让其组成A1 幅面图纸，结果如图 10-23 所示。

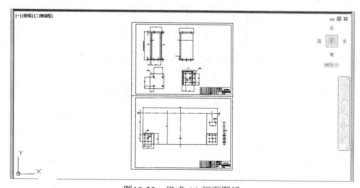

图10-23　组成 A1 幅面图纸

6.　单击【输出】选项卡中【打印】面板上的 按钮，如图 10-24 所示，在该对话框中做以下设置。

-   在【打印机/绘图仪】分组框的【名称】下拉列表中选择打印设备【DesignJet 450C C4716A.pc3】。
-   在【图纸尺寸】下拉列表中选择 A1 幅面图纸。
-   在【打印样式表】分组框的下拉列表中选择打印样式【monochrome.ctb】（将

229

所有颜色打印为黑色）。

- 在【打印范围】下拉列表中选择【窗口】选项，并设置为居中打印。
- 在【打印比例】分组框中选择【布满图纸】复选项。
- 在【图形方向】分组框中选择【纵向】单选项。

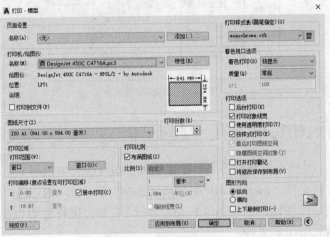

图10-24　【打印】对话框

7. 单击 预览(P)... 按钮，预览打印效果，如图 10-25 所示。若满意，则单击 按钮开始打印。

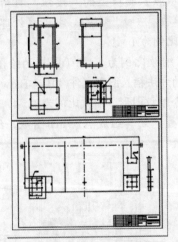

图10-25　打印预览

10.5　习题

1. 打印图形时，一般应设置哪些打印参数？如何设置？
2. 打印图形的主要过程是什么？
3. 当设置完打印参数后，应如何保存以便再次使用？
4. 从模型空间出图时，怎样将不同绘图比例的图纸放在一起打印？
5. 有哪两种类型的打印样式？它们的作用是什么？

第11章 三维建模

【学习目标】

- 学会如何观察三维模型。
- 掌握创建长方体、球体及圆柱体等基本立体的方法。
- 能够拉伸或旋转二维对象，形成三维实体及曲面。
- 了解通过扫掠及放样形成三维实体或曲面的方法。
- 学会如何阵列、旋转及镜像三维对象。
- 能够拉伸及旋转实体表面。
- 掌握使用用户坐标系的方法。
- 可以利用布尔运算构建复杂模型。

通过本章的学习，读者要掌握创建及编辑三维模型的主要命令，了解利用布尔运算构建复杂模型的方法。

11.1 三维建模空间

用户创建三维模型时可切换至 AutoCAD 三维工作空间，单击状态栏上的 ⚙ ▼ 按钮，打开下拉列表，选择【三维建模】命令，就切换至该空间。默认情况下，三维建模空间包含【常用】【实体】【曲面】及【网格】等选项卡。【常用】选项卡由【建模】【实体编辑】【坐标】及【视图】面板等组成，如图 11-1 所示。这些面板的功能介绍如下。

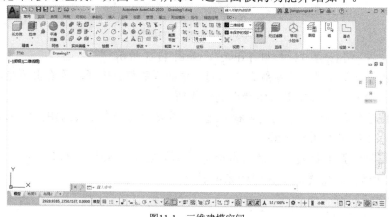

图11-1 三维建模空间

- 【建模】面板：包含创建基本立体、回转体及其他曲面立体等的命令按钮。
- 【实体编辑】面板：利用该面板中的命令按钮可对实体表面进行拉伸、旋转等操作。
- 【坐标】面板：通过该面板上的命令按钮可以创建及管理 UCS 坐标系。

- 【视图】面板：通过该面板中的命令按钮可设定观察模型的方向，形成不同的模型视图。

创建三维模型时，以"acad3D.dwt"或"acadiso3D.dwt"为样板进入三维绘图环境。系统将绘图窗口的查看模式变为透视模式，图元的外观样式变为"真实"，详见 11.2.4 小节。

11.2　观察三维模型

在三维建模过程中，用户常需要从不同的方向观察模型。系统提供了多种观察模型的方法，以下介绍常用的几种。

11.2.1　用标准视点观察三维模型

任何三维模型都可以从任意一个方向观察，进入三维建模空间，该空间【常用】选项卡中【视图】面板上的【恢复视图】下拉列表提供了 10 种标准视点，如图 11-2 所示。通过这些视点就能获得 3D 对象的 10 种视图，如前视图、后视图、左视图及东南轴测图等。

切换到标准视点的另一种快捷方法是利用绘图窗口左上角的【视图控件】下拉列表，该列表也列出了 10 种标准视图。此外，还能快速切换到平行投影模式或透视投影模式。

图11-2　用标准视点观察模型

【练习11-1】：　下面通过图 11-3 所示的三维模型来演示标准视点生成的视图。

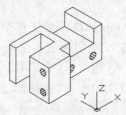

图11-3　用标准视点观察模型

1. 打开素材文件"dwg\第 11 章\11-1.dwg"，如图 11-3 所示。
2. 选择【视图控件】或【三维导航】下拉列表中的【前视】选项，再发出消隐命令 HIDE，结果如图 11-4 所示，此图是三维模型的前视图。
3. 选择【视图控件】下拉列表的【左视】选项，再发出消隐命令 HIDE，结果如图 11-5 所示，此图是三维模型的左视图。
4. 选择【视图控件】下拉列表中的【东南等轴测】选项，然后发出消隐命令 HIDE，结果如图 11-6 所示，此图是三维模型的东南轴测视图。

图11-4　前视图

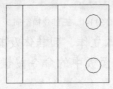

图11-5　左视图

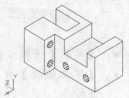

图11-6　东南轴测图

11.2.2 消除隐藏线

启动 HI (HIDE)命令，系统重新生成三维线框模型，且不显示隐藏线。

11.2.3 三维动态旋转

启动三维动态旋转功能后，就可通过单击鼠标左键并拖动鼠标光标的方法来旋转视图，常用的动态旋转功能如下。

- 受约束的动态旋转：限于水平动态观察和垂直动态观察，命令为 3DORBIT。单击【导航栏】上的 ⊕ 按钮，启动该命令。按住 Shift 键并单击鼠标滚轮也可暂时启动该命令。
- 自由动态旋转：在任意方向上进行动态旋转，命令为 3DFORBIT。单击【导航栏】上的 ⊘ 按钮，启动该命令。同时按住 Shift 键和 Ctrl 键并单击鼠标滚轮也可暂时启动该命令。

当用户仅想观察多个对象中的一个时，应先选中此对象，然后启动动态旋转命令，此时，仅所选对象显示在屏幕上。若所选对象未处于绘图窗口的中心位置，可单击鼠标右键，在弹出的快捷菜单中选择【范围缩放】命令即可。

3DFORBIT（自由动态旋转）命令激活交互式的动态视图，使用此命令时，用户可以事先选择模型中的全部对象或一部分对象，系统围绕待观察的对象形成一个观察辅助圆，该圆被 4 个小圆分成四等份，如图 11-7 所示。辅助圆的圆心是观察目标点，当用户按住鼠标左键并拖动鼠标光标时，待观察的对象（或目标点）静止不动，而视点绕着 3D 对象旋转，显示结果是视图在不断地转动。

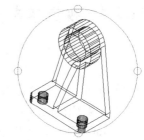

图11-7　3D 动态视图

当鼠标光标移至辅助圆的不同位置时，其形状将发生变化，不同形状的鼠标光标表明了当前视图的旋转方向。

一、 球形光标 ⊕

鼠标光标位于辅助圆内时，光标变为 ⊕ 形状，此时，用户可假想一个球体把目标对象包裹起来。单击鼠标并拖动鼠标光标，就使球体沿鼠标光标拖动的方向旋转，模型视图也就随之旋转起来。

二、 圆形光标 ⊙

移动鼠标光标到辅助圆外，光标变为 ⊙ 形状。按住鼠标左键并将鼠标光标沿辅助圆拖动，就使 3D 视图旋转，旋转轴垂直于屏幕并通过辅助圆心。

三、 水平椭圆形光标 ⊕

当把鼠标光标移动到左、右小圆的位置时，光标变为 ⊕ 形状。单击鼠标并拖动鼠标光标就使视图绕着一个铅垂轴线转动，此旋转轴线经过辅助圆心。

四、 竖直椭圆形光标 ⊕

将鼠标光标移动到上、下两个小圆的位置时，光标变为 ⊕ 形状。单击鼠标并拖动鼠标光标将使视图绕着一个水平轴线转动，此旋转轴线经过辅助圆心。

当 3DFORBIT 命令被激活时，单击鼠标右键，弹出快捷
菜单，如图 11-8 所示。此菜单中常用命令的功能介绍如下。

（1）【缩放窗口】：单击两点指定缩放窗口，系统将放大
此窗口区域。

（2）【范围缩放】：将图形对象充满整个图形窗口显示出
来。

（3）【缩放上一个】：返回上一个视图。

（4）【平行模式】：激活平行投影模式。

（5）【透视模式】：激活透视投影模式，透视图与眼睛观
察到的图像极为接近。

（6）【重置视图】：将当前的视图恢复到激活 3DFORBIT
命令时的视图。

（7）【预设视图】：指定要使用的预定义视图，如左视
图、俯视图等。

（8）【命名视图】：选择要使用的命名视图。

（9）【视觉样式】：用于改变模型在视口中的显示外观。

| 退出(X) |
| 当前模式: 自由动态观察 |
| 其他导航模式(O) |
| ✓ 启用动态观察自动目标(T) |
| 动画设置(A)... |
| 缩放窗口(W) |
| 范围缩放(E) |
| 缩放上一个 |
| ✓ 平行模式(A) |
| 透视模式(P) |
| 重置视图(R) |
| 预设视图(S) |
| 命名视图(N) |
| 视觉样式(V) |
| 视觉辅助工具(I) |

图11-8　快捷菜单

11.2.4　视觉样式——创建消隐图及着色图

视觉样式用于改变模型在视口中的显示外观，从而生成消隐图或着色图等。它是一组控
制模型显示方式的设置，这些设置包括面设置、环境设置及边设置等。面设置用于控制视口
中面的外观，环境设置用于控制阴影和背景，边设置用于控制如何显示边。当选中一种视觉
样式时，系统在视口中按样式规定的形式显示模型。

AutoCAD 提供了以下 10 种默认视觉样式。单击绘图窗口左上角的【视觉样式】控件，
利用下拉菜单中的相关选项在不同视觉样式间切换。也可在【常用】选项卡中【视图】面板
的【视觉样式】下拉列表中进行设定。

- 【二维线框】：通过使用直线和曲线表示边界的方式显示对象，如图 11-9 所示。
- 【概念】：着色对象，效果缺乏真实感，但可以清晰地显示模型细节，如图
  11-9 所示。
- 【隐藏】：用三维线框表示模型并隐藏不可见线条，如图 11-9 所示。
- 【真实】：对模型表面进行着色，显示已附着于对象的材质，如图 11-9 所示。
- 【着色】：将对象平面着色，着色的表面较光滑，如图 11-9 所示。
- 【带边框着色】：用平滑着色和可见边显示对象，如图 11-9 所示。
- 【灰度】：用平滑着色和单色灰度显示对象，如图 11-9 所示。
- 【勾画】：用线延伸和抖动边修改器显示手绘效果的对象，如图 11-9 所示。
- 【线框】：用直线和曲线表示模型，如图 11-9 所示。
- 【X 射线】：以局部透明度显示对象，如图 11-9 所示。

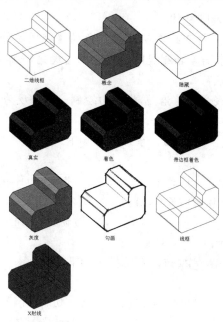

图11-9 各种视觉样式的效果

11.3 三维基本立体

AutoCAD 能生成长方体、球体、圆柱体、圆锥体、楔形体及圆环体等基本立体,【建模】面板上包含了创建这些立体的命令按钮,表 11-1 列出了这些按钮的功能及操作时要输入的主要参数。

表 11-1 创建基本立体的命令按钮及主要参数

按钮	功能	输入参数
长方体	创建长方体	指定长方体的一个角点,再输入另一"对角点"的相对坐标
圆柱体	创建圆柱体	指定圆柱体底面的中心点,输入圆柱体半径及高度
圆锥体	创建圆锥体及圆锥台	指定圆锥体底面的中心点,输入锥体底面半径及锥体高度 指定圆锥台底面的中心点,输入锥台底面半径、顶面半径及锥台高度
球体	创建球体	指定球心,输入球半径
棱锥体	创建棱锥体及棱锥台	指定棱锥体底面边数及中心点,输入锥体底面半径及锥体高度 指定棱锥台底面边数及中心点,输入棱锥台底面半径、顶面半径及棱锥台高度
楔体	创建楔形体	指定楔形体的一个角点,再输入另一"对角点"的相对坐标
圆环体	创建圆环	指定圆环中心点,输入圆环体半径及圆管半径

创建长方体或其他基本立体时,用户也可通过单击一点设定参数的方式进行绘制。当系统提示输入相关数据时,用户移动鼠标光标到适当位置,然后单击一点,在此过程中,立体的外观将显示出来,以便于用户初步确定立体形状。绘制完成后,用户可用 PR 命令显示立体尺寸,并对其进行修改。

【**练习11-2**】：　创建长方体及圆柱体。

1. 进入三维建模工作空间。打开绘图窗口左上角的【视图控件】下拉列表，选择【东南等轴测】选项，切换到东南等轴测视图。再通过【视觉样式控件】下拉列表设定当前模型显示方式为"二维线框"。

2. 打开极轴追踪，启动画线命令，沿 z 轴方向绘制一条长度为 600 的线段。双击鼠标滚轮，使线段充满绘图窗口显示出来。

3. 单击【建模】面板上的 长方体 按钮，系统提示如下。

   ```
   命令: _box
   指定第一个角点或 [中心(C)]:                    //指定长方体角点 A，如图 11-10 左图所示
   指定其他角点或 [立方体(C)/长度(L)]: @100,200,300
                                              //输入另一角点 B 的相对坐标
   ```

   结果如图 11-10 左图所示。

4. 单击【建模】面板上的 圆柱体 按钮，系统提示如下。

   ```
   命令: _cylinder
   指定底面的中心点或 [三点(3P)/两点(2P)/切点、切点、半径(T)/椭圆(E)]:
                                              //指定圆柱体底圆中心，如图 11-10 右图所示
   指定底面半径或 [直径(D)] <80.0000>: 80        //输入圆柱体半径
   指定高度或 [两点(2P)/轴端点(A)] <300.0000>: 300    //输入圆柱体高度
   ```

   结果如图 11-10 右图所示。

5. 改变实体表面网格线的密度。

   ```
   命令: isolines
   输入 ISOLINES 的新值 <4>: 40                //设置实体表面网格线的数量，详见 11.20 节
   ```

   启动 **REGEN** 命令，或者选取菜单命令【视图】/【重生成】，重新生成模型，实体表面网格线变得更加密集。

6. 控制实体消隐后表面网格线的密度。

   ```
   命令: facetres
   输入 FACETRES 的新值 <0.5000>: 5           //设置实体消隐后的网格线密度，详见 11.20 节
   ```

   启动 **HIDE** 命令，结果如图 11-10 右图所示。

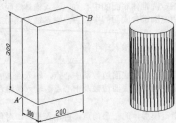

图11-10　创建长方体及圆柱体

11.4　多段体

使用 POLYSOLID 命令可以像绘制连续折线或画多段线一样创建实体，该实体称为多段体。它看起来是由矩形薄板及圆弧形薄板组成的，板的高度和厚度可以设定。此外，用户还

可利用该命令将已有的直线、圆弧及二维多段线等对象创建成多段体。

一、 命令启动方法

- 菜单命令:【绘图】/【建模】/【多段体】。
- 面板:【常用】选项卡中【建模】面板上的 ⬚ 按钮。
- 命令: POLYSOLID 或简写 PSOLID。

【练习11-3】: 练习 POLYSOLID 命令。

1. 打开素材文件 "dwg\第 11 章\11-3.dwg"。
2. 将坐标系绕 x 轴旋转 90°。选中坐标系,将鼠标光标移动到 y 轴端部的关键点处,在弹出的快捷菜单中选择【绕 X 轴旋转】选项,然后输入旋转角度。
3. 打开极轴追踪、对象捕捉及自动追踪功能,用 POLYSOLID 命令创建实体。

```
命令: _Polysolid 指定起点或 [对象(O)/高度(H)/宽度(W)/对正(J)] <对象>: h
                                            //使用"高度(H)"选项
指定高度 <260.0000>: 260                      //输入多段体的高度
指定起点或 [对象(O)/高度(H)/宽度(W)/对正(J)] <对象>: w //使用"宽度(W)"选项
指定宽度 <30.0000>: 30                        //输入多段体的宽度
指定起点或 [对象(O)/高度(H)/宽度(W)/对正(J)] <对象>: j //使用"对正(J)"选项
输入对正方式 [左对正(L)/居中(C)/右对正(R)] <居中>: c  //使用"居中(C)"选项
指定起点或 [对象(O)/高度(H)/宽度(W)/对正(J)] <对象>: mid 于
                                            //捕捉中点 A, 如图 11-11 所示
指定下一个点或 [圆弧(A)/放弃(U)]: 100          //向下追踪并输入追踪距离
指定下一个点或 [圆弧(A)/放弃(U)]: a            //切换到圆弧模式
指定圆弧的端点或 [闭合(C)/方向(D)/直线(L)/第二个点(S)/放弃(U)]: 220
                                    //沿 x 轴方向追踪并输入追踪距离
指定圆弧的端点或 [闭合(C)/方向(D)/直线(L)/第二个点(S)/放弃(U)]: l
                                            //切换到直线模式
指定下一个点或 [圆弧(A)/闭合(C)/放弃(U)]: 150
                                            //向上追踪并输入追踪距离
指定下一个点或 [圆弧(A)/闭合(C)/放弃(U)]:     //按 Enter 键结束
```

结果如图 11-11 所示。

图11-11 创建多段体

二、 命令选项

- 对象(O): 将直线、圆弧、圆及二维多段线转化为实体。
- 高度(H): 设定实体沿当前坐标系 z 轴的高度。
- 宽度(W): 指定实体宽度。

- 对正(J): 设定鼠标光标在实体宽度方向的位置。该选项包含"圆弧"子选项,可用于创建圆弧形多段体。

11.5 将二维对象拉伸成实体或曲面

EXTRUDE 命令可以用于拉伸二维对象生成三维实体或曲面,若拉伸闭合对象,则生成实体,否则,生成曲面。操作时,用户可指定拉伸高度值及拉伸对象的锥角,还可沿某一直线或曲线路径进行拉伸。

EXTRUDE 命令能拉伸的对象及路径如表 11-2 所示。

表 11-2   EXTRUDE 命令能拉伸的对象及路径

拉伸对象	拉伸路径
直线、圆弧、椭圆弧	直线、圆弧、椭圆弧
二维多段线	二维及三维多段线
二维样条曲线	二维及三维样条曲线
面域	螺旋线
实体上的平面、边,曲面的边	实体及曲面的边

> **要点提示** 实体的面、边及顶点是实体的子对象,按住 Ctrl 键就能选择这些子对象。

一、 命令启动方法

- 菜单命令:【绘图】/【建模】/【拉伸】。
- 面板:【常用】选项卡中【建模】面板上的 📦拉伸 按钮。
- 命令: EXTRUDE 或简写 EXT。

【练习11-4】: 练习 EXTRUDE 命令。

1. 打开素材文件 "dwg\第 11 章\11-4.dwg",用 EXTRUDE 命令创建实体。
2. 将图形 A 创建成面域,再用 JOIN 命令将连续线 B 编辑成一条多段线,如图 11-12 左图所示。
3. 用 EXTRUDE 命令拉伸面域及多段线,形成实体和曲面。

命令: _extrude	
选择要拉伸的对象或 [模式(MO)]: 找到 1 个	//选择面域
选择要拉伸的对象或 [模式(MO)]:	//按 Enter 键
指定拉伸的高度或 [方向(D)/路径(P)/倾斜角(T)/表达式(E)] <262.2213>: 260	
	//输入拉伸高度
命令:EXTRUDE	//重复命令
选择要拉伸的对象或 [模式(MO)]: 找到 1 个	//选择多段线
选择要拉伸的对象或 [模式(MO)]:	//按 Enter 键
指定拉伸的高度或 [方向(D)/路径(P)/倾斜角(T)/表达式(E)] <260.0000>: p	
	//使用"路径(P)"选项
选择拉伸路径或 [倾斜角(T)]:	//选择样条曲线 C

238

结果如图 11-12 右图所示。

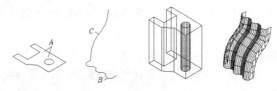

图11-12　拉伸面域及多段线

> **要点提示**　系统变量 SURFU 和 SURFV 用于控制曲面上素线的密度。选中曲面，启动 PROPERTIES 命令，该命令将列出这两个系统变量的值，修改它们，曲面上素线的数量就发生变化。

二、命令选项

- 模式(MO)：控制拉伸对象是实体还是曲面。
- 指定拉伸的高度：如果输入正的拉伸高度，则对象沿 z 轴正向拉伸。若输入负值，则沿 z 轴负向拉伸。当对象不在坐标系 xy 平面内时，将沿该对象所在平面的法线方向拉伸对象。
- 方向(D)：指定两点，两点的连线表明了拉伸的方向和距离。
- 路径(P)：沿指定路径拉伸对象，形成实体或曲面。拉伸时，路径被移动到轮廓的形心位置。路径不能与拉伸对象在同一个平面内，也不能具有较大曲率的区域，否则，有可能在拉伸过程中产生自相交的情况。
- 倾斜角(T)：当系统提示"指定拉伸的倾斜角度："时，输入正的拉伸倾角，表示从基准对象逐渐变细地拉伸，而负角度值则表示从基准对象逐渐变粗地拉伸，如图 11-13 所示。用户要注意拉伸斜角不能太大，若拉伸实体截面在到达拉伸高度前已经变成一个点，那么系统将提示不能进行拉伸。

拉伸斜角为5°　　　拉伸斜角为-5°

图11-13　指定拉伸斜角

- 表达式(E)：输入公式或方程式，以指定拉伸高度。

11.6　旋转二维对象形成实体或曲面

REVOLVE 命令可以用于旋转二维对象生成三维实体，若二维对象是闭合的，则生成实体，否则，生成曲面。用户通过选择直线，指定两点或 x 轴、y 轴来确定旋转轴。

REVCLVE 命令可以旋转以下二维对象。

- 直线、圆弧、椭圆弧。
- 二维多段线、二维样条曲线。
- 面域、实体上的平面及边。
- 曲面的边。

一、命令启动方法

- 菜单命令:【绘图】/【建模】/【旋转】。
- 面板:【常用】选项卡中【建模】面板上的　　按钮。
- 命令行: REVOLVE 或简写 REV。

【练习11-5】：练习 REVOLVE 命令。

打开素材文件 "dwg\第 11 章\11-5.dwg"，用 REVOLVE 命令创建实体。

命令: _revolve

选择要旋转的对象或 [模式(MO)]: 找到 1 个

//选择要旋转的对象，该对象是面域，如图 11-14 左图所示

选择要旋转的对象或 [模式(MO)]:   //按 Enter 键

指定轴起点或根据以下选项之一定义轴 [对象(O)/X/Y/Z] <对象>: //捕捉端点 A

指定轴端点: //捕捉端点 B

指定旋转角度或 [起点角度(ST)/反转(R)/表达式(EX)] <360>: st

//使用 "起点角度(ST)" 选项

指定起点角度 <0.0>: -30   //输入回转起始角度

指定旋转角度或[起点角度(ST)/表达式(EX)]<360>: 210   //输入回转角度

再启动 HIDE 命令，结果如图 11-14 右图所示。

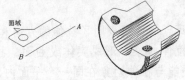

图11-14 将二维对象旋转成 3D 实体

若拾取两点指定旋转轴，则轴的正向是从第一点指向第二点，旋转角的正方向按右手螺旋法则确定。

二、 命令选项

- 模式(MO): 控制旋转动作是创建实体还是曲面。
- 对象(O): 选择直线或实体的线性边作为旋转轴，轴的正方向是从拾取点指向最远端点。
- X、Y、Z: 使用当前坐标系的 x 轴、y 轴、z 轴作为旋转轴。
- 起点角度(ST): 指定旋转起始位置与旋转对象所在平面的夹角，角度的正向以右手螺旋法则确定。
- 反转(R): 更改旋转方向，类似于输入 "−"（负）角度值。
- 表达式(EX): 输入公式或方程式，以指定旋转角度。

要点提示 使用 EXTRUDE、REVOLVE 命令时，如果要保留原始的线框对象，就设置系统变量 DELOBJ 等于 0。

11.7 通过扫掠创建实体或曲面

SWEEP 命令可以用于将平面轮廓沿二维路径或三维路径进行扫掠，以形成实体或曲面，若二维轮廓是闭合的，则生成实体，否则，生成曲面。轮廓与路径可以处于同一平面内，系统扫掠时会自动将轮廓调整到与路径垂直的方向。默认情况下，轮廓形心将与路径起始点对齐，但也可指定轮廓的其他点作为扫掠对齐点。

扫掠时可选择的轮廓对象及路径如表 11-3 所示。

表 11-3　　　　　　　　　　　　　　扫掠轮廓及路径

轮廓对象	扫掠路径
直线、圆弧、椭圆弧	直线、圆弧、椭圆弧
二维多段线	二维及三维多段线
二维样条曲线	二维及三维样条曲线
面域	螺旋线
实体上的平面、边，曲面的边	实体及曲面的边

一、 命令启动方法

- 菜单命令：【绘图】/【建模】/【扫掠】。
- 面板：【常用】选项卡中【建模】面板上的 按钮。
- 命令：SWEEP。

【练习11-6】： 练习 SWEEP 命令。

1. 打开素材文件 "dwg\第 11 章\11-6.dwg"。
2. 利用 PEDIT 命令将路径曲线 A 编辑成一条多段线，如图 11-15 左图所示。
3. 用 SWEEP 命令将面域沿路径扫掠。

```
命令: _sweep
选择要扫掠的对象或 [模式(MO)]: 找到 1 个          //选择轮廓面域，如图 11-15 左图所示
选择要扫掠的对象或 [模式(MO)]:                      //按 Enter 键
选择扫掠路径或 [对齐(A)/基点(B)/比例(S)/扭曲(T)]: b   //使用 "基点(B)" 选项
指定基点: end 于                                    //捕捉 B 点
选择扫掠路径或 [对齐(A)/基点(B)/比例(S)/扭曲(T)]:    //选择路径曲线 A
```

再启动 HIDE 命令，结果如图 11-15 右图所示。

图11-15　扫掠

二、 命令选项

- 模式(MO)：控制扫掠动作是创建实体还是曲面。
- 对齐(A)：指定是否将轮廓调整到与路径垂直的方向或保持原有方向。默认情况下，系统将使轮廓与路径垂直。
- 基点(B)：指定扫掠时的基点，该点将与路径起始点对齐。
- 比例(S)：路径起始点处的轮廓缩放比例为 1，路径结束处的缩放比例为输入值，中间轮廓沿路径连续变化。与选择点靠近的路径端点是路径的起始点。
- 扭曲(T)：设定轮廓沿路径扫掠时的扭转角度，角度值小于 360°。该选项包含 "倾斜" 子选项，可使轮廓随三维路径自然倾斜。

11.8 通过放样创建实体或曲面

LOFT 命令可用于对一组平面轮廓曲线进行放样，形成实体或曲面，若所有轮廓是闭合的，则生成实体，否则，生成曲面，如图 11-16 所示。注意，放样时，轮廓线或是全部闭合或是全部开放，不能使用既包含开放轮廓又包含闭合轮廓的选择集。

放样实体或曲面中间轮廓的形状可利用放样路径控制，如图 11-17（a）所示，放样路径始于第一个轮廓所在的平面，终于最后一个轮廓所在的平面。导向曲线是另一种控制放样形状的方法，将轮廓上对应的点通过导向曲线连接起来，使轮廓按预定方式进行变化，如图 11-17（b）所示。轮廓的导向曲线可以有多条，每条导向曲线必须与各轮廓相交，始于第一个轮廓，止于最后一个轮廓。

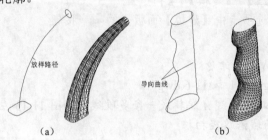

图11-16 通过放样创建三维对象

放样时可选择的轮廓对象、路径及导向曲线如表 11-4 所示。

表 11-4 轮廓对象、路径及导向曲线

轮廓对象	路径及导向曲线
直线、圆弧、椭圆弧	直线、圆弧、椭圆弧
二维多段线、二维样条曲线	二维及三维多段线
点对象、仅第一个或最后一个放样截面可以是点	二维及三维样条曲线
实体及曲面的面、边	边子对象

一、 命令启动方法

- 菜单命令:【绘图】/【建模】/【放样】。
- 面板:【常用】选项卡中【建模】面板上的 放样 按钮。
- 命令: LOFT。

【练习11-7】: 练习 LOFT 命令。

1. 打开素材文件 "dwg\第 11 章\11-7.dwg"。
2. 利用 JOIN 命令将线条 A、D、E 编辑成多段线，如图 11-17（a）和图 11-17（b）所示。
3. 用 LOFT 命令在轮廓 B、C 间放样，路径曲线是 A。

       命令: _loft
       按放样次序选择横截面或 [点(PO)/合并多条边(J)/模式(MO)]:总计 2 个
                              //选择轮廓 B、C，如图 11-17（a）所示
       按放样次序选择横截面或 [点(PO)/合并多条边(J)/模式(MO)]:   //按 Enter 键

输入选项 [导向(G)/路径(P)/仅横截面(C)/设置(S)] <仅横截面>: P

　　　　　　　　　　　　　　　　　　　　　　　　　　//使用"路径(P)"选项

　　　　　选择路径轮廓：　　　　　　　　　　　　　　//选择路径曲线 A

　　结果如图 11-17（c）所示。

4. 用 LOFT 命令在轮廓 F、G、H、I、J 间放样，导向曲线是 D、E，如图 11-17（b）所示。

　　　　　命令：_loft

　　　　　按放样次序选择横截面或 [点(PO)/合并多条边(J)/模式(MO)]:总计 5 个

　　　　　　　　　　　　　　　　　　//选择轮廓 F、G、H、I、J，如图 11-17（b）所示

　　　　　按放样次序选择横截面或 [点(PO)/合并多条边(J)/模式(MO)]: //按 Enter 键

　　　　　输入选项 [导向(G)/路径(P)/仅横截面(C)/设置(S)] <仅横截面>: G

　　　　　　　　　　　　　　　　　　　　　　　　　　//使用"导向(G)"选项

　　　　　选择导向轮廓或[合并多条边(J)]:总计 2 个　　//导向曲线是 D、E

　　结果如图 11-17（d）所示。

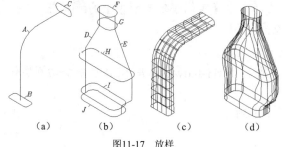

图11-17　放样

5. 选中放样对象，出现箭头关键点，单击它，弹出下拉菜单，利用菜单上的相关命令可设定各截面处放样面的切线方向。

二、 命令选项

- 点(PO): 如果选择"点"选项，还必须选择闭合曲线。
- 合并多条边(J): 将多个端点相交曲线合并为一个横截面。
- 模式(MO): 控制放样对象是实体还是曲面。
- 导向(G): 利用连接各个轮廓的导向曲线控制放样实体或曲面的截面形状。
- 路径(P): 指定放样实体或曲面的路径，路径要与各个轮廓截面相交。
- 仅横截面(C): 在不使用导向或路径的情况下，创建放样对象。
- 设置(S): 选取此选项，打开【放样设置】对话框，如图 11-18 所示，通过该对话框控制放样对象表面的变化。

图11-18　【放样设置】对话框

【放样设置】对话框中各选项的功能介绍如下。

- 【直纹】: 各轮廓线间是直纹面。
- 【平滑拟合】: 用平滑曲面连接各轮廓线。
- 【法线指向】: 此下拉列表中的选项用于设定放样对象表面与各轮廓截面是否

垂直。

- 【拔模斜度】：设定放样对象表面在起始位置及终止位置处的切线方向与轮廓所在截面的夹角，该角度对放样对象的影响范围由【幅值】文本框中的数值决定，该值控制在横截面处曲面沿拔模斜度方向上实际分布的长度。

11.9　利用平面或曲面切割实体

SLICE 命令可以根据平面或曲面切开实体模型，被剖切的实体可保留一半或两半都保留，保留部分将保持原实体的图层和颜色特性。剖切方法是先定义切割平面，然后选定需要的部分，用户可通过 3 点来定义切割平面，也可指定当前坐标系 xy 平面、yz 平面、zx 平面作为切割平面。

一、　命令启动方法

- 菜单命令：【修改】/【三维操作】/【剖切】。
- 面板：【常用】选项卡中【实体编辑】面板上的 按钮。
- 命令：SLICE 或简写 SL。

【练习11-8】：　练习 SLICE 命令。

打开素材文件 "dwg\第 11 章\11-8.dwg"，用 SLICE 命令切割实体。

命令：_slice	
选择要剖切的对象：找到 1 个	//选择实体
选择要剖切的对象：	//按 Enter 键
指定切面的起点或 [平面对象(O)/曲面(S)/Z 轴(Z)/视图(V)/xy(XY)/yz(YZ)/zx(ZX)/三点(3)] <三点>：	//按 Enter 键，利用 3 点定义剖切平面
指定平面上的第一个点：end 于	//捕捉端点 *A*，如图 11-19 左图所示
指定平面上的第二个点：mid 于	//捕捉中点 *B*
指定平面上的第三个点：mid 于	//捕捉中点 *C*
在所需的侧面上指定点或 [保留两个侧面(B)] <保留两个侧面>：	//在要保留的那边单击一点
命令：SLICE	//重复命令
选择要剖切的对象：找到 1 个	//选择实体
选择要剖切的对象：	//按 Enter 键
指定切面的起点或 [平面对象(O)/曲面(S)/Z 轴(Z)/视图(V)/xy(XY)/yz(YZ)/zx(ZX)/三点(3)] <三点>：s	//使用 "曲面(S)" 选项
选择曲面：	//选择曲面
选择要保留的实体或 [保留两个侧面(B)] <保留两个侧面>：	//在要保留的那边单击一点

删除曲面后的结果如图 11-19 右图所示。

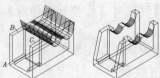

图11-19　切割实体

二、 命令选项

- 平面对象(O): 用圆、椭圆、圆弧或椭圆弧、二维样条曲线或二维多段线等对象所在的平面作为剖切平面。
- 曲面(S): 指定曲面作为剖切面。
- Z 轴(Z): 通过指定剖切平面的法线方向来确定剖切平面。
- 视图(V): 剖切平面与当前视图平面平行。
- XY(XY)、YZ(YZ)、ZX(ZX): 用坐标平面 *xoy*、*yoz*、*zox* 剖切实体。

11.10 螺旋线、涡状线及弹簧

HELIX 命令用于创建螺旋线及涡状线,这些曲线可用作扫掠路径及拉伸路径,从而形成复杂的三维实体。用户先用 HELIX 命令绘制螺旋线,再用 SWEEP 命令将圆沿螺旋线扫掠就创建出弹簧的实体模型。

一、 命令启动方法

- 菜单命令:【绘图】/【螺旋】。
- 面板:【常用】选项卡中【绘图】面板上的按钮。
- 命令: HELIX。

【练习11-9】: 练习 HELIX 命令。

1. 打开素材文件 "dwg\第 11 章\11-9.dwg"。
2. 用 HELIX 命令绘制螺旋线。

```
命令: _Helix
指定底面的中心点:                                      //指定螺旋线底面中心点
指定底面半径或 [直径(D)] <40.0000>: 40               //输入螺旋线半径值
指定顶面半径或 [直径(D)] <40.0000>:                   //按 Enter 键
指定螺旋高度或 [轴端点(A)/圈数(T)/圈高(H)/扭曲(W)] <100.0000>: h
                                                      //使用"圈高(H)"选项
指定圈间距 <20.0000>: 20                              //输入螺距
指定螺旋高度或 [轴端点(A)/圈数(T)/圈高(H)/扭曲(W)] <100.0000>: 100
                                                      //输入螺旋线高度
```

结果如图 11-20 左图所示。

 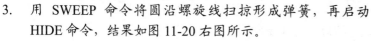若输入螺旋线的高度为 0,则形成涡状线。

3. 用 SWEEP 命令将圆沿螺旋线扫掠形成弹簧,再启动 HIDE 命令,结果如图 11-20 右图所示。

图11-20 绘制螺旋线及弹簧

二、 命令选项

- 轴端点(A): 指定螺旋轴端点的位置。螺旋轴的长度及方向表明了螺旋线的高度及倾斜方向。
- 圈数(T): 输入螺旋线的圈数,数值小于 500。
- 圈高(H): 输入螺旋线的螺距。

- 扭曲(W)：按顺时针或逆时针方向绘制螺旋线，以第二种方式绘制的螺旋线是右旋的。

11.11　三维移动

用户可以使用 MOVE 命令在三维空间中移动对象，其操作方式与在二维空间中一样，只不过当通过输入距离来移动对象时，必须输入沿 x 轴、y 轴、z 轴的距离值。

AutoCAD 提供了专门用来在三维空间中移动对象的命令 3DMOVE，该命令还能移动实体的面、边及顶点等子对象（按 Ctrl 键可选择子对象）。3DMOVE 命令的操作方式与 MOVE 命令类似，但前者使用起来更形象、直观。

在三维空间移动对象也可利用移动小控件完成。

命令启动方法

- 菜单命令：【修改】/【三维操作】/【三维移动】。
- 面板：【常用】选项卡中【修改】面板上的 按钮。
- 命令：3DMOVE 或简写 3M。

【**练习11-10**】　练习 3DMOVE 命令。

1. 打开素材文件 "dwg\第 11 章\11-10.dwg"。
2. 进入三维建模空间，启动 3DMOVE 命令，将对象 A 由基点 B 移动到第二点 C，再通过输入距离的方式移动对象 D，移动距离为 "40,－50"，结果如图 11-21 右图所示。
3. 重复命令，选择对象 E，按 Enter 键，系统显示移动控件，该控件 3 个轴的方向与当前坐标轴的方向一致，如图 11-22 左图所示。
4. 将鼠标光标悬停在小控件的 y 轴上，直至其变为黄色并显示出移动辅助线，单击鼠标左键确认，物体的移动方向被约束到与轴的方向一致。
5. 若将鼠标光标移动到两轴间的矩形边处，直至矩形变成黄色，则表明移动被限制在矩形所在的平面内。
6. 向左下方移动鼠标光标，物体随之移动，输入移动距离 50，结果如图 11-22 右图所示。也可通过单击一点来移动对象。

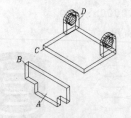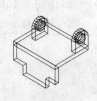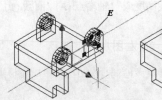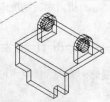

图11-21　指定两点或距离移动对象　　　　　图11-22　利用移动控件移动对象

若想沿任一方向移动对象，可按以下方式操作。

(1) 将模型的显示方式切换为三维线框模式，启动 3DMOVE 命令，选择对象，系统显示移动控件。

(2) 用鼠标右键单击控件，利用快捷菜单上的相关命令调整控件的位置，使控件的 x 轴与移动方向重合。

(3) 激活控件移动模式，移动模型。

11.12　三维旋转

使用 ROTATE 命令仅能使对象在 xy 平面内旋转，即旋转轴只能是 z 轴。3DROTATE 命令是 ROTATE 的 3D 版本，这个命令能使对象在 3D 空间中绕任意轴旋转。此外，3DROTATE 命令还能旋转实体的表面（按住 Ctrl 键选择实体表面）。下面介绍该命令的用法。

在三维空间中旋转对象也可利用旋转小控件完成。

命令启动方法

- 菜单命令:【修改】/【三维操作】/【三维旋转】。
- 面板:【常用】选项卡中【修改】面板上的 ⊕ 按钮。
- 命令: 3DROTATE 或简写 3R。

【练习11-11】：　练习 3DROTATE 命令。

1. 打开素材文件 "dwg\第 11 章\11-11.dwg"。
2. 启动 3DROTATE 命令，选择要旋转的对象，按 Enter 键，系统显示附着在鼠标光标上的旋转控件，如图 11-23 左图所示，该控件包含表示旋转方向的 3 个辅助圆。
3. 移动鼠标光标到 A 点处，并捕捉该点，旋转控件就被放置在此点，如图 11-23 左图所示。
4. 将鼠标光标移动到圆 B 处，悬停鼠标光标直至圆变为黄色，同时出现以圆为回转方向的回转轴，单击鼠标左键确认。回转轴与当前坐标系的坐标轴是平行的，且轴的正方向与坐标轴正方向一致。
5. 输入回转角度值-90°，结果如图 11-23 右图所示。若输入 90°，则反向旋转。

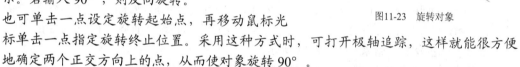

图11-23　旋转对象

6. 也可单击一点设定旋转起始点，再移动鼠标光标单击一点指定旋转终止位置。采用这种方式时，可打开极轴追踪，这样就能很方便地确定两个正交方向上的点，从而使对象旋转90°。

使用 3DROTATE 命令时，控件回转轴与世界坐标系的坐标轴是平行的。若想指定某条线段为旋转轴，应先将 UCS 坐标系的某一轴与线段重合，然后设定旋转控件与 UCS 坐标系对齐，并将控件放置在线段端点处，这样，就使得旋转轴与线段重合了。

可以使用关键点编辑方式使 UCS 坐标系的某一轴与线段重合，或是采用 UCS 命令的 "z 轴" 选项使 z 轴与线段对齐。此时，若 z 轴作为旋转轴，用户可用二维编辑命令 ROTATE 旋转三维对象。

11.13　三维缩放

二维对象缩放命令 SCALE 也可用于缩放三维对象，但只能进行整体缩放。3DSCALE 命令是 SCALE 的 3D 版本，其用法与二维缩放命令类似，只是在操作过程中需用户指定缩放轴。对于三维网格模型及其子对象，该命令可以分别沿一个、两个或 3 个坐标轴方向进行缩放；对于三维实体、曲面模型及其子对象（面、边），则只能整体缩放。

使用 3DSCALE 命令时，系统将显示缩放小控件，可直接利用小控件完成缩放操作。

命令启动方法

- 面板:【常用】选项卡中【修改】面板上的 △ 按钮。
- 命令:3DSCALE。

11.14 三维阵列

3DARRAY 命令是二维 ARRAY 命令的 3D 版本,通过该命令,用户可以在三维空间中创建对象的矩形阵列或环形阵列。利用二维阵列命令阵列三维对象的操作过程参见 4.2 节,此时,需输入层数、层高或是指定旋转轴。

命令启动方法

- 菜单命令:【修改】/【三维操作】/【三维阵列】。
- 命令:3DARRAY。

【练习11-12】: 练习 3DARRAY 命令。

打开素材文件 "dwg\第 11 章\11-12.dwg",用 3DARRAY 命令创建矩形阵列及环形阵列。

命令:_3darray	
选择对象:找到 1 个	//选择要阵列的对象,如图 11-24 所示
选择对象:	//按 Enter 键
输入阵列类型 [矩形(R)/环形(P)] <矩形>:	//指定矩形阵列
输入行数 (---) <1>: 2	//输入行数,行的方向平行于 x 轴
输入列数 (|||) <1>: 3	//输入列数,列的方向平行于 y 轴
输入层数 (...) <1>: 3	//指定层数,层数表示沿 z 轴方向的分布数目
指定行间距 (---): 50	//输入行间距,如果输入负值,阵列方向将沿 x 轴反方向
指定列间距 (|||): 80	//输入列间距,如果输入负值,阵列方向将沿 y 轴反方向
指定层间距 (...): 120	//输入层间距,如果输入负值,阵列方向将沿 z 轴反方向

启动 HIDE 命令,结果如图 11-24 所示。

如果选取"环形(P)"选项,就能建立环形阵列,系统提示如下。

输入阵列中的项目数目: 6	//输入环形阵列的数目
指定要填充的角度 (+=逆时针, -=顺时针) <360>:	
//输入环行阵列的角度值,可以输入正值或负值,角度正方向由右手螺旋法则确定	
旋转阵列对象? [是(Y)/否(N)]<是>:	//按 Enter 键,则阵列的同时还旋转对象
指定阵列的中心点:	//指定旋转轴的第一点 A,如图 11-25 所示
指定旋转轴上的第二点:	//指定旋转轴的第二点 B

启动 HIDE 命令,结果如图 11-25 所示。

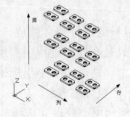

图11-24 矩形阵列

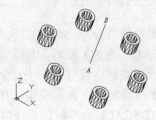

图11-25 环形阵列

旋转轴的正方向是从第一个指定点指向第二个指定点，沿该方向伸出大拇指，则其他 4 个手指的弯曲方向就是旋转角的正方向。

11.15 三维镜像

如果镜像线是当前 UCS 平面内的直线，则使用常见的 MIRROR 命令就可进行三维对象的镜像复制。但若想以某个平面作为镜像平面来创建三维对象的镜像复制，就必须使用 MIRROR3D 命令。如图 11-26 所示，把 A、B、C 点定义的平面作为镜像平面，对实体进行镜像。

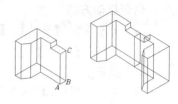

图11-26　三维镜像

一、 命令启动方法

- 菜单命令：【修改】/【三维操作】/【三维镜像】。
- 面板：【常用】选项卡中【修改】面板上的按钮。
- 命令：MIRROR3D。

【练习11-13】： 练习 MIRROR3D 命令。

打开素材文件 "dwg\第 11 章\11-13.dwg"，用 MIRROR3D 命令创建对象的三维镜像。

```
命令: _mirror3d
选择对象: 找到 1 个                          //选择要镜像的对象
选择对象:                                    //按 Enter 键
指定镜像平面（三点）的第一个点或[对象(O)/最近的(L)/Z 轴(Z)/视图(V)/XY 平面
(XY)/YZ 平面(YZ)/ZX 平面(ZX)/三点(3)]<三点>:
                    //利用 3 点指定镜像平面，捕捉第一点 A，如图 11-26 左图所示
在镜像平面上指定第二点:                      //捕捉第二点 B
在镜像平面上指定第三点:                      //捕捉第三点 C
是否删除源对象? [是(Y)/否(N)] <否>:          //按 Enter 键不删除源对象
```

结果如图 11-26 右图所示。

二、 命令选项

- 对象(O)：以圆、圆弧、椭圆及二维多段线等二维对象所在的平面作为镜像平面。
- 最近的(L)：该选项指定上一次 MIRROR3D 命令使用的镜像平面作为当前镜像平面。
- Z 轴(Z)：用户在三维空间中指定两个点，镜像平面将垂直于两点的连线，并通过第一个选取点。
- 视图(V)：镜像平面平行于当前视区，并通过用户的拾取点。
- XY(XY)平面、YZ(YZ)平面、ZX(ZX)平面：镜像平面平行于 *xy*、*yz* 或 *zx* 平面，并通过用户的拾取点。

11.16 三维对齐

3DALIGN 命令在三维建模中非常有用，通过该命令，用户可以指定源对象与目标对象的对齐点，从而使源对象的位置与目标对象的位置对齐。例如，用户利用 3DALIGN 命令让

对象 M（源对象）某一平面上的 3 点与对象 N（目标对象）某一平面上的 3 点对齐，操作完成后，M、N 两对象将重合在一起，如图 11-27 所示。

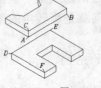

图11-27　三维对齐

命令启动方法

- 菜单命令：【修改】/【三维操作】/【三维对齐】。
- 面板：【常用】选项卡中【修改】面板上的 按钮。
- 命令：3DALIGN 或简写 3AL。

【练习11-14】：　在 3D 空间应用 3DALIGN 命令。

打开素材文件 "dwg\第 11 章\11-14.dwg"，用 3DALIGN 命令对齐三维对象。

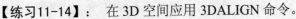

命令：_3dalign	
选择对象：找到 1 个	//选择要对齐的对象
选择对象：	//按 Enter 键
指定基点或 [复制(C)]：	//捕捉源对象上的第一点 A，如图 11-27 左图所示
指定第二个点或 [继续(C)] <C>：	//捕捉源对象上的第二点 B
指定第三个点或 [继续(C)] <C>：	//捕捉源对象上的第三点 C
指定第一个目标点：	//捕捉目标对象上的第一点 D
指定第二个目标点或 [退出(X)] <X>：	//捕捉目标对象上的第二点 E
指定第三个目标点或 [退出(X)] <X>：	//捕捉目标对象上的第三点 F

结果如图 11-27 右图所示。

使用 3DALIGN 命令时，用户不必指定所有的 3 对对齐点。下面说明提供不同数量的对齐点时，系统如何移动源对象。

- 如果仅指定一对对齐点，那么系统就把源对象由第一个源点移动到第一目标点处。
- 若指定两对对齐点，则系统移动源对象后，将使两个源点的连线与两个目标点的连线重合，并让第一个源点与第一目标点也重合。
- 如果用户指定 3 对对齐点，那么命令结束后，3 个源点定义的平面将与 3 个目标点定义的平面重合在一起。选择的第一个源点要移动到第一个目标点的位置，前两个源点的连线与前两个目标点的连线重合。第 3 个目标点的选取顺序若与第 3 个源点的选取顺序一致，则两个对象平行对齐，否则是相对对齐。

11.17　三维倒圆角

FILLET 命令可以用于给实心体的棱边倒圆角，该命令对表面模型不适用。在三维空间中使用此命令与在二维空间中使用有所不同，用户不必事先设定倒角的半径值，系统会提示用户进行设定。

一、命令启动方法

- 菜单命令：【修改】/【圆角】。
- 面板：【常用】选项卡中【修改】面板上的 按钮。

- 命令: FILLET 或简写 F。

倒圆角的另一命令是 FILLETEDGE，其用法与 FILLET 命令类似。单击【实体】选项卡【实体编辑】面板上的⬤按钮，启动该命令，选择要倒圆角的多条边，再设定圆角半径即可。操作时，该命令会显示圆角半径关键点，拖动关键点改变半径值，系统立刻显示圆角效果。

【练习11-15】： 在三维空间使用 FILLET 命令。

打开素材文件"dwg\第 11 章\11-15.dwg"，用 FILLET 命令给三维对象倒圆角。

命令: _fillet

选择第一个对象或 [放弃(U)/多段线(P)/半径(R)/修剪(T)/多个(M)]:

//选择棱边 A，如图 11-28 左图所示

输入圆角半径或 [表达式(E)]<10.0000>:15   //输入圆角半径

选择边或 [链(C)/环(L)/半径(R)]:   //选择棱边 B

选择边或 [链(C)/环(L)/半径(R)]:   //选择棱边 C

选择边或 [链(C)/环(L)/半径(R)]:   //按 Enter 键结束

结果如图 11-28 右图所示。

要点提示 对交于一点的几条棱边倒圆角时，若各边圆角半径相等，则在交点处产生光滑的球面过渡。

图11-28 三维倒圆角

二、 命令选项

- 选择边: 可以连续选择实体的倒角边。
- 链(C): 如果各棱边是相切的关系，则选择其中一个边，所有这些棱边都将被选中。
- 环(L): 该选项使用户可以一次选中基面内的所有棱边。
- 半径(R): 该选项使用户可以为随后选择的棱边重新设定圆角半径。

11.18 三维倒角

倒角命令 CHAMFER 只能用于实体，而对表面模型不适用。在对三维对象应用此命令时，系统的提示顺序与二维对象倒角时不同。

一、 命令启动方法

- 菜单命令:【修改】/【倒角】。
- 面板:【常用】选项卡中【修改】面板上的╱按钮。
- 命令: CHAMFER 或简写 CHA。

倒角的另一命令是 CHAMFEREDGE，其用法与 CHAMFER 命令类似。单击【实体】选项卡中【实体编辑】面板上的⬤按钮，启动该命令，选择同一面内要倒角的多条边，再设定基面及另一面内的倒角距离即可。操作时，该命令会在基面及另一面内显示倒角关键点，拖动关键点改变倒角距离值，系统立刻显示倒角效果。

【练习11-16】： 在三维空间中应用 CHAMFER 命令。

打开素材文件"dwg\第 11 章\11-16.dwg"，用 CHAMFER 命令给三维对象倒角。

命令: _chamfer

选择第一条直线或 [放弃(U)/多段线(P)/距离(D)/角度(A)/修剪(T)/方式(E)/多个(M)]:

　　　　　　　　　　　　　　　　　　　//选择棱边 E，如图 11-29 左图所示

基面选择... 　　　　　　　　　　　　　//平面 A 高亮显示

输入曲面选择选项 [下一个(N)/当前(OK)] <当前>: n

　　　　　　　　　　　　　　　　//利用"下一个(N)"选项指定平面 B 为倒角基面

输入曲面选择选项 [下一个(N)/当前(OK)] <当前>: 　//按 Enter 键

指定基面倒角距离或 [表达式(E)]: 15 　　　　//输入基面内的倒角距离

指定其他曲面倒角距离或 [表达式(E)] 10 　　　//输入另一平面内的倒角距离

选择边或 [环(L)]: 　　　　　　　　　　//选择棱边 E

选择边或 [环(L)]: 　　　　　　　　　　//选择棱边 F

选择边或 [环(L)]: 　　　　　　　　　　//选择棱边 G

选择边或 [环(L)]: 　　　　　　　　　　//选择棱边 H

选择边或 [环(L)]: 　　　　　　　　　　//按 Enter 键结束

结果如图 11-29 右图所示。

图11-29　三维倒角

　　实体的棱边是两个面的交线，当第一次选择棱边时，系统将高亮显示其中一个面，这个面代表倒角基面，用户也可以通过"下一个(N)"选项使另一个表面成为倒角基面。

二、　命令选项

- 选择边：选择基面内要倒角的棱边。
- 环(L)：该选项使用户可以一次选中基面内的所有棱边。

11.19　编辑实心体的面、边、体

　　用户除了能对实体进行倒角、阵列、镜像及旋转等操作外，还能编辑实体模型的表面。常用的表面编辑功能主要包括拉伸面、旋转面、压印对象等。

11.19.1　拉伸面

　　AutoCAD 可以根据指定的距离拉伸面或将面沿某条路径进行拉伸，拉伸时，如果是输入拉伸距离值，那么还可输入锥角，这样将使拉伸所形成的实体锥化。图 11-30 所示的是将实体面按指定的距离、锥角及沿路径进行拉伸的结果。

　　当用户输入距离值来拉伸面时，面将沿其法线方向移动。若指定路径进行拉伸，则系统形成拉伸实体的方式会依据不同性质的路径（如直线、多段线、圆弧和样条线等）而各有特点。

【练习11-17】：　拉伸面。

1.　打开素材文件"dwg\第 11 章\11-17.dwg"，利用 SOLIDEDIT 命令拉伸实体表面。

2. 单击【实体编辑】面板上的 按钮，系统主要提示如下。

```
命令: _solidedit
选择面或 [放弃(U)/删除(R)]: 找到一个面    //选择实体表面 A，如图 11-30 左上图所示
选择面或 [放弃(U)/删除(R)/全部(ALL)]:     //按 Enter 键
指定拉伸高度或 [路径(P)]: 50              //输入拉伸的距离
指定拉伸的倾斜角度 <0>: 5                //指定拉伸的锥角
```

结果如图 11-30 右上图所示。

选择要拉伸的实体表面后，系统提示"指定拉伸高度或 [路径(P)]:"，各选项的功能介绍如下。

- 指定拉伸高度：输入拉伸距离及锥角来拉伸面。对于每个面规定其外法线方向是正方向，当输入的拉伸距离是正值时，面将沿其外法线方向移动；否则，将向相反方向移动。在指定拉伸距离后，系统会提示输入锥角，若输入正的锥角值，使面向实体内部锥化；否则，使面向实体外部锥化，如图 11-31 所示。

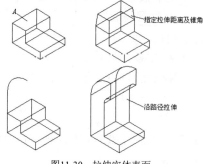

图11-30 拉伸实体表面

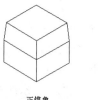

图11-31 拉伸并锥化面

如果用户指定的拉伸距离及锥角都较大时，可能使面在到达指定的高度前已缩小成为一个点，这时系统将提示拉伸操作失败。

- 路径(P)：沿着一条指定的路径拉伸实体表面。拉伸路径可以是直线、圆弧、多段线及二维样条线等，作为路径的对象不能与要拉伸的表面共面，也应避免路径曲线的某些局部区域有较高的曲率，否则，可能使新形成的实体在路径曲率较高处出现自相交的情况，从而导致拉伸失败。

拉伸路径的一个端点一般应在要拉伸的面内，否则，系统将把路径移动到面轮廓的中心。拉伸面时，面从初始位置开始沿路径运动，直至路径终点结束，在终点位置被拉伸的面与路径是垂直的。

如果拉伸的路径是二维样条曲线，拉伸完成后，在路径起始点和终止点处，被拉伸的面都将与路径垂直。若路径中相邻两条线段是非平滑过渡的，则系统沿着每一线段拉伸面后，将把相邻两段实体缝合在其夹角的平分处。

用户可用 PEDIT 命令的"合并(J)"选项将当前 UCS 平面内的连续几段线条连接成多段线，这样就可以将其定义为拉伸路径了。

11.19.2 旋转面

用户通过旋转实体的表面就可改变面的倾斜角度，或者将一些结构特征（如孔、槽等）旋转到新的方位。如图 11-32 所示，将面 A 的倾斜角修改为 120°，并把槽旋转 90°。

在旋转面时，用户可通过拾取两点，选择某条直线或设定旋转轴平行于坐标轴等方法来指定旋转轴，另外，应注意确定旋转轴的正方向。

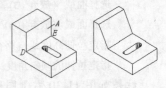

图11-32 旋转面

【练习11-18】: 旋转面。

打开素材文件 "dwg\第 11 章\11-18.dwg"，利用 SOLIDEDIT 命令旋转实体表面。

单击【实体编辑】面板上的 按钮，系统主要提示如下。

```
命令: _solidedit
选择面或 [放弃(U)/删除(R)]: 找到一个面          //选择表面 A，如图 11-32 左图所示
选择面或 [放弃(U)/删除(R)/全部(ALL)]:          //按 Enter 键
指定轴点或 [经过对象的轴(A)/视图(V)/X 轴(X)/Y 轴(Y)/Z 轴(Z)] <两点>:
                                                //捕捉旋转轴上的第一点 D
在旋转轴上指定第二个点:                          //捕捉旋转轴上的第二点 E
指定旋转角度或 [参照(R)]: -30                    //输入旋转角度
```

结果如图 11-32 右图所示。

选择要旋转的实体表面后，系统提示 "指定轴点或 [经过对象的轴(A)/视图(V)/X 轴(X)/Y 轴(Y)/Z 轴(Z)] <两点>:"，各选项的功能介绍如下。

- 两点: 指定两点来确定旋转轴，轴的正方向由第一个选择点指向第二个选择点。
- 经过对象的轴(A): 通过图形对象来定义旋转轴。若选择直线，则所选直线即是旋转轴。若选择圆或圆弧，则旋转轴通过圆心且垂直于圆或圆弧所在的平面。
- 视图: 旋转轴垂直于当前视图，并通过拾取点。
- X 轴(X)、Y 轴(Y)、Z 轴(Z): 旋转轴平行于 x 轴、y 轴或 z 轴，并通过拾取点。旋转轴的正方向与坐标轴的正方向一致。
- 指定旋转角度: 输入正的或负的旋转角，旋转角的正方向由右手螺旋法则确定。
- 参照(R): 该选项允许用户指定旋转的起始参考角和终止参考角，这两个角度的差值就是实际的旋转角，此选项常常用来使表面从当前的位置旋转到另一指定的方位。

11.19.3 抽壳

用户可以利用抽壳的方法将一个实心体模型创建成一个空心的薄壳。在使用抽壳功能时，用户要先指定壳体的厚度，然后系统把现有的实体表面偏移指定的厚度值，以形成新的表面，这样，原来的实体就变为一个薄壳体。如果指定正的厚度值，系统就在实体内部创建新面；否则，在实体的外部创建新面。另外，在抽壳操作过程中用户还能将实体的某些面去除，以形成薄壳体的开口，图 11-33 所示为把实体进行抽壳并去除其顶面的结果。

【练习11-19】： 抽壳。

打开素材文件 "dwg\第 11 章\11-19.dwg"，利用 SOLIDEDIT 命令创建一个薄壳体。

单击【实体编辑】面板上的■按钮，系统主要提示如下。

图11-33　抽壳

```
选择三维实体：                              //选择要抽壳的对象
删除面或 [放弃(U)/添加(A)/全部(ALL)]：找到一个面，已删除 1 个
                                         //选择要删除的表面 A，如图 11-33 左图所示
删除面或 [放弃(U)/添加(A)/全部(ALL)]：    //按 Enter 键
输入抽壳偏移距离：10                        //输入壳体厚度
```

结果如图 11-33 右图所示。

11.19.4　压印

压印可以把圆、直线、多段线、样条曲线、面域及实心体等对象压印到三维实体上，使其成为实体的一部分。用户必须使被压印的几何对象在实体表面内或与实体表面相交，压印操作才能成功。压印时，系统将创建新的表面，该表面以被压印的几何图形及实体的棱边作为边界，用户可以对生成的新面进行拉伸、复制、锥化等操作。图 11-34 所示为将圆压印在实体上，并将新生成的面向上拉伸的结果。

图11-34　压印

【练习11-20】： 压印。

1. 打开素材文件 "dwg\第 11 章\11-20.dwg"。
2. 单击【实体编辑】面板上的⊡按钮，系统主要提示如下。

```
选择三维实体或曲面：                        //选择实体模型
选择要压印的对象：                          //选择圆 A，如图 11-34 左图所示
是否删除源对象 [是(Y)/否(N)] <N>：y        //删除圆 A
选择要压印的对象：                          //按 Enter 键结束
```

结果如图 11-34 中图所示。

3. 再单击▯按钮，系统主要提示如下。

```
选择面或 [放弃(U)/删除(R)]：找到一个面      //选择表面 B，如图 11-34 中图所示
选择面或 [放弃(U)/删除(R)/全部(ALL)]：      //按 Enter 键
指定拉伸高度或 [路径(P)]：10                //输入拉伸高度
指定拉伸的倾斜角度 <0>：                    //按 Enter 键结束
```

结果如图 11-34 右图所示。

11.20　与实体显示有关的系统变量

与实体显示有关的系统变量有 ISOLINES、FACETRES、DISPSILH，下面分别对其进行介绍。

- 系统变量 ISOLINES：此变量用于设定实体表面网格线的数量，如图 11-35 所示。
- 系统变量 FACETRES：此变量用于设置实体消隐或渲染后的表面网格密度，此变量值的范围为 0.01~10.0，值越大表明网格越密，消隐或渲染后的表面越光滑，如图 11-36 所示。
- 系统变量 DISPSILH：此变量用于控制消隐时是否显示出实体表面的网格线，若此变量值为 0，则显示网格线；若为 1，则不显示网格线，如图 11-37 所示。

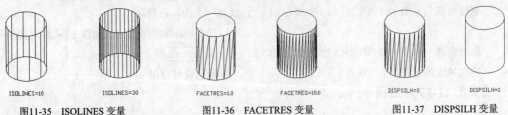

图11-35 ISOLINES 变量　　　　图11-36 FACETRES 变量　　　　图11-37 DISPSILH 变量

11.21 用户坐标系

默认情况下，AutoCAD 坐标系统是世界坐标系，该坐标系是一个固定坐标系。用户也可在三维空间中建立自己的坐标系（UCS），该坐标系是一个可变动的坐标系，坐标轴正向按右手螺旋法则确定。三维绘图时，UCS 坐标系特别有用，因为用户可以在任意位置、沿任意方向建立 UCS，从而使得三维绘图变得更加容易。

在 AutoCAD 中，多数 2D 命令只能在当前坐标系的 xy 平面或与 xy 平面平行的平面内执行。若用户想在三维空间的某一平面内使用 2D 命令，则应在此平面位置创建新的 UCS。

UCS 图标是一个可被选择的对象，选中它，出现关键点，激活关键点可移动或旋转坐标系。也可先将鼠标光标悬停在关键点上，弹出快捷菜单，利用菜单命令调整坐标系，如图 11-38 所示。

图11-38 UCS 图标对象

打开极轴追踪、对象捕捉及自动追踪功能，激活坐标轴的关键点，移动鼠标光标，可以很方便地将坐标轴从一个追踪方向调整到另一追踪方向。

【练习11-21】：利用 UCS 命令或关键点编辑方式在三维空间中调整坐标系。

1. 打开素材文件 "dwg\第 11 章\11-21.dwg"。
2. 改变坐标原点。单击【常用】选项卡中【坐标】面板上的 按钮，或者键入 UCS 命令，系统提示如下。

```
命令：ucs
指定 UCS 的原点或 [面(F)/命名(NA)/对象(OB)/上一个(P)/视图(V)/世界(W)/X/Y/Z/Z
轴(ZA)] <世界>：                          //捕捉 A 点，如图 11-39 所示
指定 X 轴上的点或 <接受>：                  //按 Enter 键
```

结果如图 11-39 所示。

3. 将 UCS 坐标系统绕 x 轴旋转 90°。

    命令:UCS

    指定 UCS 的原点或 [面(F)/命名(NA)/对象(OB)/上一个(P)/视图(V)/世界(W)/X/Y/Z/Z

    轴(ZA)] <世界>: x   //使用 "X" 选项

    指定绕 X 轴的旋转角度 <90>: 90   //输入旋转角度

结果如图 11-40 所示。

4. 利用 3 点定义新坐标系。

    命令:UCS

    指定 UCS 的原点或 [面(F)/命名(NA)/对象(OB)/上一个(P)/视图(V)/世界(W)/X/Y/Z/Z

    轴(ZA)] <世界>: end 于   //捕捉 B 点，如图 11-41 所示

    指定 X 轴上的点: end 于   //捕捉 C 点

    指定 XY 平面上的点: end 于   //捕捉 D 点

结果如图 11-41 所示。

5. 选中坐标系图标，利用关键点编辑方式移动坐标系及调整坐标轴的方向。

 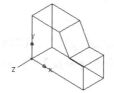

图11-39 改变坐标原点   图11-40 将坐标系绕 x 轴旋转   图11-41 利用 3 点定义坐标系

    除用 UCS 命令改变坐标系外，用户也可打开动态 UCS 功能，使 UCS 坐标系的 xy 平面在绘图过程中自动与某一平面对齐。按 F6 键或按下状态栏上的 按钮，就可打开动态 UCS 功能。启动二维或三维绘图命令，将鼠标光标移动到要绘图的实体面，该实体面亮显，表明坐标系的 xy 平面临时与实体面对齐，绘制的对象将处于此面内。绘图完成后，UCS 坐标系又返回原来的状态。

命令选项

- 指定 UCS 的原点：将原坐标系平移到指定原点处，新坐标系的坐标轴与原坐标系坐标轴的方向相同。
- 面(F)：根据所选实体的平面建立 UCS 坐标系。坐标系的 xy 平面与实体平面重合，x 轴将与距离选择点处最近的一条边对齐，如图 11-42 右图所示。
- 命名(NA)：命名保存或恢复经常使用的 UCS。
- 对象(OB)：根据所选对象确定用户坐标系，对象所在平面将是坐标系的 xy 平面。
- 上一个(P)：恢复前一个用户坐标系。系统保存了最近使用的 10 个坐标系，重复该选项就可逐个返回以前的坐标系。
- 视图(V)：该选项使新坐标系的 xy 平面与屏幕平行，但坐标原点不变动。
- 世界(W)：返回世界坐标系。
- X/Y/Z：将坐标系绕 x 轴、y 轴或 z 轴旋转某一角度，角度的正方向由右手螺旋法则确定。
- Z 轴(ZA)：通过指定新坐标系原点及 z 轴正方向上的一点来建立新坐标系，如图 11-42 所示。

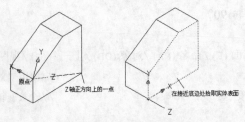

图11-42 建立新坐标系

11.22 利用布尔运算构建复杂实体模型

前面已经学习了如何生成基本三维实体及由二维对象转换得到三维实体。如果将这些简单实体放在一起，然后进行布尔运算就能构建复杂的三维模型。

布尔运算包括并集、差集、交集。

(1) 并集操作：UNION 命令将两个或多个实体合并在一起形成新的单一实体，操作对象既可以是相交的，也可以是分离开的。

【练习11-22】： 并集操作。

打开素材文件 "dwg\第 11 章\11-22.dwg"，用 UNION 命令进行并运算。单击【实体编辑】面板上的 按钮或选取菜单命令【修改】/【实体编辑】/【并集】，系统提示如下。

```
命令：_union
选择对象：找到 2 个            //选择圆柱体及长方体，如图 11-43 左图所示
选择对象：                   //按 Enter 键结束
```

结果如图 11-43 右图所示。

(2) 差集操作：SUBTRACT 命令将实体构成的一个选择集从另一选择集中减去。操作时，用户首先选择被减对象，构成第一选择集，然后选择要减去的对象，构成第二选择集，操作结果是第一选择集减去第二选择集后形成的新对象。

【练习11-23】： 差集操作。

打开素材文件 "dwg\第 11 章\11-23.dwg"，用 SUBTRACT 命令进行差运算。单击【实体编辑】面板上的 按钮或选取菜单命令【修改】/【实体编辑】/【差集】，系统提示如下。

```
命令：_subtract 选择要从中减去的实体、曲面和面域...
选择对象：找到 1 个            //选择长方体，如图 11-44 左图所示
选择对象：                   //按 Enter 键
选择要减去的实体、曲面和面域...
选择对象：找到 1 个            //选择圆柱体
选择对象：                   //按 Enter 键结束
```

结果如图 11-44 右图所示。

(3) 交集操作：INTERSECT 命令可创建由两个或多个实体重叠部分构成的新实体。

【练习11-24】： 交集操作。

打开素材文件 "dwg\第 11 章\11-24.dwg"，用 INTERSECT 命令进行交运算。单击【实体编辑】面板上的 按钮或选取菜单命令【修改】/【实体编辑】/【交集】，系统提示如下。

命令: _intersect

选择对象: //选择圆柱体和长方体，如图 11-45 左图所示

选择对象: //按 Enter 键

结果如图 11-45 右图所示。

图11-43   并集操作

图11-44   差集操作

图11-45   交集操作

【练习11-25】:   绘制图 11-46 所示支撑架的实体模型，演示三维建模的过程。

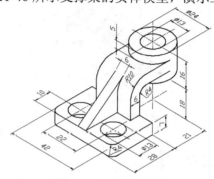

图11-46   支撑架实体模型

1. 创建一个新图形。

2. 选择【视图控件】下拉列表中的【东南等轴测】选项，切换到东南轴测视图，在 xy 平面上绘制底板的轮廓形状，并将其创建成面域，如图 11-47 所示。

3. 拉伸面域，形成底板的实体模型，结果如图 11-48 所示。

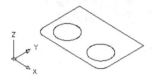   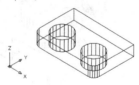

图11-47   绘制底板的轮廓形状并创建面域   图11-48   拉伸面域

4. 建立新的用户坐标系，在 xy 平面内绘制弯板及三角形筋板的二维轮廓，并将其创建成面域，如图 11-49 所示。

5. 拉伸面域 A、B，形成弯板及筋板的实体模型，结果如图 11-50 所示。

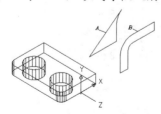   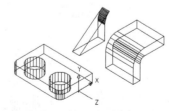

图11-49   绘制弯板及筋板的二维轮廓等   图11-50   形成弯板及筋板的实体模型

6. 用 MOVE 命令将弯板及筋板移动到正确的位置，结果如图 11-51 所示。

7. 建立新的用户坐标系，如图 11-52 所示，再绘制两个圆柱体 A、B，如图 11-52 所示。

图11-51 移动弯板及筋板

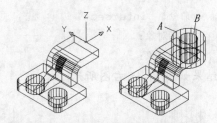

图11-52 创建新坐标系及绘制圆柱体

8. 合并底板、弯板、筋板及大圆柱体，使其成为单一实体，然后从该实体中去除小圆柱体，结果如图 11-53 所示。

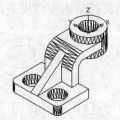

图11-53 执行并运算及差运算

11.23 实体建模综合练习

【练习11-26】： 绘制图 11-54 所示的实体模型。

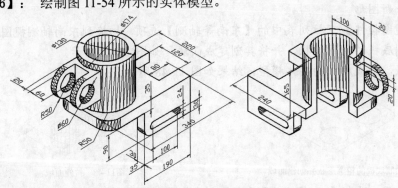

图11-54 创建实体模型（1）

主要作图步骤如图 11-55 所示。

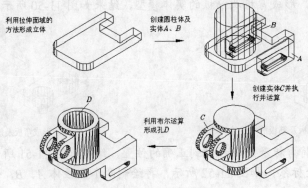

图11-55 主要作图步骤

260

【练习11-27】： 绘制图 11-56 所示的实体模型。

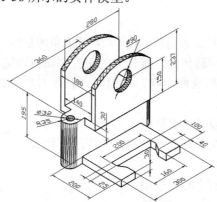

图11-56 创建实体模型（2）

1. 创建一个新图形。

2. 选择【视图控件】下拉列表中的【东南等轴测】选项，切换到东南轴测视图。在 xy 平面内绘制平面图形，并将其创建成面域，如图 11-57 左图所示。拉伸面域形成立体，结果如图 11-57 右图所示。

3. 利用拉伸面域的方法创建立体 A，如图 11-58 左图所示。用 MOVE 命令将立体 A 移动到正确的位置，执行并运算，结果如图 11-58 右图所示。

 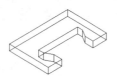

图11-57 创建面域并拉伸面域

图11-58 创建立体 A

4. 创建新的坐标系，在 xy 平面内绘制平面图形 B，并将其创建成面域，如图 11-59 左图所示。拉伸面域形成立体 C，结果如图 11-59 右图所示。

图11-59 创建立体 C

5. 用 MOVE 命令将立体 C 移动到正确的位置，执行并运算，结果如图 11-60 所示。

6. 创建长立体并将其移动到正确的位置，如图 11-61 左图所示。执行差运算，将长方体从模型中去除，结果如图 11-61 右图所示。

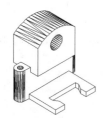

图11-60 移动立体并执行并运算

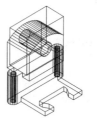 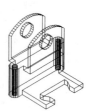

图11-61 创建长立体并执行差运算

11.24　习题

1. EXTRUDE 命令能拉伸哪些二维对象？拉伸时可输入负的拉伸高度吗？能指定拉伸锥角吗？
2. 用 REVOLVE 命令创建回转体时，旋转角的正方向如何确定？
3. 可将曲线沿一路径扫掠形成曲面吗？扫掠时，轮廓对象所在的平面一定要与扫掠路径垂直吗？
4. 可以拉伸或旋转面域形成三维实体吗？
5. 与实体显示有关的系统变量有哪些？它们的作用是什么？
6. 如何查询实体模型的体积？
7. 常用何种方法构建复杂的实心体模型？
8. 绘制图 11-62 所示立体的实心体模型。
9. 绘制图 11-63 所示立体的实心体模型。

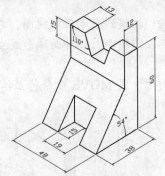

图11-62　创建实心体模型（1）

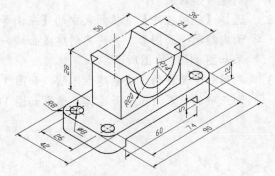

图11-63　创建实心体模型（2）

10. 绘制图 11-64 所示立体的实心体模型。
11. 绘制图 11-65 所示立体的实心体模型。

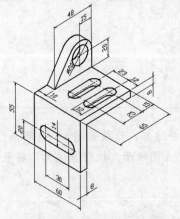

图11-64　创建实心体模型（3）

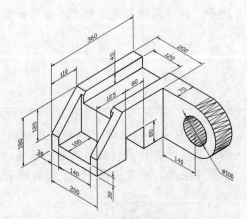

图11-65　创建实心体模型（4）